Machine Learning mit SAP HANA®

Benedict Baur

Willkommen bei Espresso Tutorials!

Unser Ziel ist es, SAP-Wissen wie einen Espresso zu servieren: Auf das Wesentliche verdichtete Informationen anstelle langatmiger Kompendien – für ein effektives Lernen an konkreten Fallbeispielen. Viele unserer Bücher enthalten zusätzlich Videos, mit denen Sie Schritt für Schritt die vermittelten Inhalte nachvollziehen können. Besuchen Sie unseren YouTube-Kanal mit einer umfangreichen Auswahl frei zugänglicher Videos: *https://www.youtube.com/user/EspressoTutorials*.

Kennen Sie schon unser Forum? Hier erhalten Sie stets aktuelle Informationen zu Entwicklungen der SAP-Software, Hilfe zu Ihren Fragen und die Gelegenheit, mit anderen Anwendern zu diskutieren:

http://www.fico-forum.de.

Eine Auswahl weiterer Bücher von Espresso Tutorials:

- Johannes Gerbershagen:
  SAP®-Praxishandbuch ABAP Core Data Services (CDS)
  http://5426.espresso-tutorials.de
- Tobias Steckenborn:
  Schnelleinstieg in SAP® Cloud Platform Workflow
  http://5427.espresso-tutorials.de
- Eik Sunke:
  Cloud-Entwicklung in SAP HANA®
  http://5516.espresso-tutorials.de
- Viktor Laufer, Rüdiger Deppe:
  ABAP-Programmierung unter SAP S/4HANA®
  http://5533.espresso-tutorials.de
- Tobias Steckenborn:
  Schnelleinstieg SAP Business Technology Platform (BTP) – Services und Integration
  http://5642.espresso-tutorials.de
- Johannes Gerbershagen:
  Praxishandbuch SAP® Gateway
  http://5648.espresso-tutorials.de

Bibliografische Information der Deutschen Nationalbibliothek
Die Deutsche Nationalbibliothek verzeichnet diese Publikation in der Deutschen Nationalbibliografie; detaillierte bibliografische Daten sind im Internet über https://portal.dnb.de abrufbar.

Benedict Baur
Machine Learning mit SAP HANA®

ISBN: 978-3-960121-23-7

Lektorat: Anja Achilles

Korrektorat: Bernhard Edlmann, Raubling

Coverdesign: Philip Esch

Coverfoto: © metamorworks, # 1182183209– istockphoto.com

Satz & Layout: Johann-Christian Hanke

1. Auflage 2022

URL: *www.espresso-tutorials.de*

Feedback:
Wir freuen uns über Fragen und Anmerkungen jeglicher Art. Bitte senden Sie diese an: *info@espresso-tutorials.com*.

Inhaltsverzeichnis

Vorwort

Machine Learning, Data Science und künstliche Intelligenz sind Technologieansätze, die in den letzten Jahren viel Aufmerksamkeit erfahren haben und deren Einsatz sich in Wirtschaft und Industrie zunehmend verbreitet.

Die SAP hat in den letzten Jahren in allen drei Bereichen neue Lösungen auf den Markt gebracht und bestehende Produkte weiterentwickelt. Insbesondere SAP HANA als leistungsfähige In-Memory-Datenbank, Datenplattform und Herzstück vieler moderner SAP-Produkte bietet vielfältige Machine-Learning-Algorithmen. Zentrale Bausteine sind die beiden HANA-nativen Bibliotheken *Predictive Analysis Library* und *Automated Predictive Library*. Diese können sowohl mit SQLScript als auch mit Non-SAP-Sprachen wie Python oder R verwendet werden.

Mit diesem Buch möchte ich Ihnen einen Überblick über die Möglichkeiten geben, die SAP HANA für den Einsatz von Machine Learning (ML) bietet, und anhand ausgewählter Beispiele zeigen, wie man die HANA-Algorithmen implementieren kann. Dadurch sollen Sie besser einschätzen lernen, wie Sie diese Techniken für eigene Szenarien einsetzen und etwaige Hürden bei der Implementierung leichter überwinden.

Im ersten Kapitel erläutere ich zunächst wichtige Begriffe und Vorgehensweisen des Machine-Learning-Prozesses. Sie werden lernen, wie Sie die Beispieldaten in Ihre HANA-Plattform importieren sowie notwendige Schemata und Tabellen erstellen. Diese Vorbereitungen dienen als Grundlage, um die praktischen Beispiele in den Folgekapiteln nachzuvollziehen. Sie erfahren außerdem, wie Sie die Python-Tools, z. B. das Jupyter Notebook, einsetzen und von dort eine Verbindung zur Ihrer HANA-Instanz aufbauen.

Kapitel 2 führt in die Verwendung der Predictive Analysis Library (PAL) ein. Durch ausgewählte Beispiele lernen Sie, wie die PAL-Funktionen in SQLScript aufgerufen werden. Kapitel 3 zeigt das entsprechende Vorgehen in SQLScript für die Automated Predictive Library. In Kapitel 4 erfahren Sie, wie Sie die HANA-Funktionen mit dem Python Machine Learning Client einsetzen können. Die Techniken für Text Mining werden in Kapitel 5 vorgestellt. Diese werden sowohl in SQLScript als auch in Python gezeigt. Kapitel 6 skizziert die Integrationsmöglichkeiten der ML-Techniken in diverse SAP-Produkte.

Sobald Sie das Einführungskapitel durchgearbeitet und die Beispieldaten importiert haben, können Sie die Folgekapitel weitgehend unabhängig voneinander lesen. Aus dem SAP-Bereich kommenden Lesern empfehle ich, mit Kapitel 2 anzufangen. Dieses Kapitel bietet eine gute Möglichkeit, sich mit dem Vorgehen im Bereich Machine Learning in der HANA-Umgebung vertraut zu machen. Leser, die bereits mit Machine Learning in Python gearbeitet haben und die HANA-Algorithmen direkt in Python ausprobieren möchten, können auch direkt in Kapitel 4 einsteigen.

Im Verlauf des Buches zeige ich verschiedene Code-Beispiele, mit denen Sie die Funktionen am eigenen System ausprobieren können. Im Quellcodeverzeichnis (Anhang B) sind die Listings zu einem Abschnitt jeweils als eine zusammenhängende Datei aufgeführt. Zusätzlich finden Sie im Quellcode-Repository die Listings noch mal als einzelne Dateien, um Ihnen das mühsame Abtippen zu ersparen.

Codebeispiele in Github

Sämtliche Codebeispiele des Buches und die im Quellcodeverzeichnis aufgeführten Skripte finden Sie in meinem Github-Repository: *https://github.com/drabap/mlhana*.

Danksagung

An dieser Stelle möchte ich mich bei meiner Familie und meinen Freunden für die Unterstützung beim Schreiben dieses Buches bedanken. Dem Verlag Espresso Tutorials danke ich für die Möglichkeit, ein Buch über diese spannenden Themen zu veröffentlichen, und vor allem Martin Munzel und Anja Achilles für die Geduld und Unterstützung beim Schreiben des Manuskripts. Insbesondere möchte ich Jörg Brandeis für die Bereitschaft danken, Teile des Manuskripts zu lesen und mir sein HANA-System für meine Machine-Learning-Entwicklungen bereitzustellen. Ebenso danke ich Dr. Zoufiné Lauer-Baré für inspirierende Diskussionen zu neuronalen Netzen und für seinen Review der Python-bezogenen Inhalte im Buch.

In den Text sind Kästen eingefügt, um wichtige Informationen besonders hervorzuheben. Jeder Kasten ist zusätzlich mit einem Piktogramm versehen, das diesen genauer klassifiziert:

Hinweis

Hinweise bieten praktische Tipps zum Umgang mit dem jeweiligen Thema.

Beispiel

Beispiele dienen dazu, ein Thema besser zu illustrieren.

! Achtung

Warnungen weisen auf mögliche Fehlerquellen oder Stolpersteine im Zusammenhang mit einem Thema hin.

Video

Schauen Sie sich ein Video zum jeweiligen Thema an.

Übungsaufgabe

Übungsaufgaben helfen Ihnen, Ihr Wissen zu festigen und zu vertiefen.

Die Form der Anrede

Um den Lesefluss nicht zu beeinträchtigen, verwenden wir im vorliegenden Buch bei personenbezogenen Substantiven und Pronomen zwar nur die gewohnte männliche Sprachform, meinen aber gleichermaßen Personen weiblichen und diversen Geschlechts.

Hinweis zum Urheberrecht

1 Einleitung

Zunächst erhalten Sie einen Überblick über die Möglichkeiten, die sich aus dem Einsatz von Machine Learning mit SAP HANA ergeben. Die relevanten Funktionen und Implementierungstechniken werden vorgestellt, zentrale Begriffe des Machine Learning anhand von typischen Anwendungsfällen erklärt und die technischen Vorbereitungen getroffen, mit denen Sie die Beispiele der Folgekapitel auf Ihrem eigenen HANA-System nachvollziehen können.

1.1 Machine Learning – ein Überblick

Machine Learning (ML), auf Deutsch: *maschinelles Lernen*, ist ein Teilgebiet der künstlichen Intelligenz, zu dem Techniken für die Untersuchung von Mustern und Zusammenhängen in Daten gezählt werden. Im betrieblichen Umfeld kommen diese Techniken insbesondere dann zum Einsatz, wenn aus Daten neue Erkenntnisse gewonnen oder Prognosen für die Zukunft getroffen werden sollen.

1.1.1 Anwendungsszenarien

Beispielhafte Anwendungsszenarien für Machine Learning sind:

- *Abwanderungsanalyse/Kündigungsvorhersage:* Vorhersage, welche Kunden einer Firma in der Zukunft (genauer: in einem gewissen Zeitraum ab heute) kündigen werden. Diese Informationen können zum Einleiten von Gegenmaßnahmen zur Verhinderung der drohenden Kündigung, z. B. Tarifanpassungen oder Treueprämien für kündigungsgefährdete Kunden, eingesetzt werden.
- *Segmentierung von Daten:* Unterteilung von Kunden mithilfe von Merkmalen in Gruppen, sogenannte Cluster. Diese Grup-

pen werden nach gemeinsamen Eigenschaften ausgewertet, um die Zusammensetzung des Kundenstamms besser zu verstehen.

- *Betrugserkennung:* Identifizierung betrügerischer Transaktionen bei Überweisungen oder elektronischen Zahlungsvorgängen.
- *Zeitreihenanalysen:* In zeitlich geordneten Daten (z. B. Umsätze nach Tagen oder Sensorwerte nach Stunden) werden Trends, periodische Schwankungen oder allgemeine zeitliche Muster erkannt.
- *Text Mining:* Daten in Textform, z. B. Anfragen, Kommentare, Nachrichten etc., werden automatisch verarbeitet, etwa zur Kategorisierung und zum Erkennen von gemeinsamen Inhalten.

Eine Zusammenfassung der verschiedenen Use-Cases stellt Abbildung 1.1 dar.

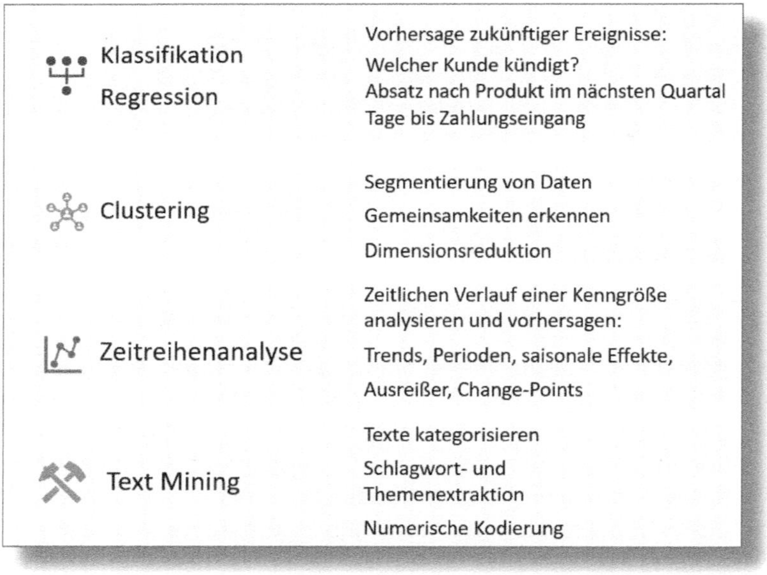

Abbildung 1.1: Anwendungsfälle für Machine Learning

Der Einsatz von ML-Techniken sollte dort in Betracht gezogen werden, wo hinreichend viele Daten zur Analyse einer Problemstellung vorliegen und eine klassische Programmierung expliziter Entscheidungsregeln oder Berechnungen nicht möglich ist oder zu kompliziert für eine Lösung der Problemstellung wäre. Der Nutzen von ML-Techniken besteht insbesondere darin, bisher unbekannte Zusammenhänge oder Gesetzmäßigkeiten in den Daten zu erkennen. Machine Learning ist somit eng verwandt mit den Bereichen Data Mining, Data Science und Advanced Analytics.

1.1.2 Funktionen von SAP HANA

SAP HANA bietet verschiedene eingebaute bzw. installierbare Funktionen für Machine Learning:

- *Predictive Analysis Library (PAL):* Diese Bibliothek verfügt über ein breites Repertoire an Algorithmen aus den Bereichen Statistik und Machine Learning. Die einzelnen Prozeduren lassen sich flexibel miteinander verknüpfen, um komplexe Szenarien abzubilden.
- *Automated Predictive Library (APL):* Diese Bibliothek stellt Prozeduren bereit, um weitgehend automatisiert Machine-Learning-Szenarien wie Klassifikationen, Regressionen, Cluster- oder Zeitreihenanalysen durchzuführen.
- *Text Mining:* Techniken zur Analyse von Texten, wie z. B. Dokumentensuche, Schlagwortextraktion oder Themenextraktion. Die Algorithmen werden z. T. über spezifische SQLScript-Syntax aufgerufen oder sind in bestimmten Prozeduren der PAL implementiert.

PAL und APL bilden jeweils eine eigene *Application Function Library (AFL)*. Bei einer AFL handelt es sich um eine von der SAP bereitgestellte Bibliothek von Funktionen zu einem bestimmten Themenkomplex, etwa Machine Learning. Die Funktionen einer AFL sind in C++ implementiert und werden direkt in der Datenbank ausgeführt.

Die APL kapselt die einzelnen Schritte des Machine Learning, wie das Vorbereiten der Eingabedaten, das Trainieren der Modelle und die Steuerung der Modellkomplexität. Zusätzlich werden relevante Erfolgskennzahlen für die Beurteilung des Modells automatisch berechnet. Dagegen müssen diese Schritte in der PAL jeweils einzeln durch Aufrufe der entsprechenden Prozeduren durchgeführt werden. Dafür erhalten Sie mit der PAL mehr Stellschrauben und Freiheiten bei der Entwicklung von ML-Modellen. Insbesondere können Sie aus verschiedenen Modelltypen und Algorithmen wählen, die die PAL unterstützt.

☛ PAL vs. APL

Beachten Sie, dass PAL und APL eigenständige Komponenten mit eigener Codebasis sind und sich somit in der jeweiligen Vorgehensweise zur Anwendung der Prozeduren deutlich voneinander unterscheiden.

Es stehen Ihnen verschiedene Ansätze zur Anwendung der HANA-nativen Algorithmen zur Verfügung:

1. Direkte Verwendung der PAL/APL-Prozeduren in SQLScript
2. Verwendung von APIs in Python bzw. R Script für den Aufruf der PAL/APL-Prozeduren

Die Nutzung von SQLScript erlaubt die direkte Integration der ML-Techniken in HANA-native Applikationen und HANA-Artefakte wie Datenbankprozeduren, Tabellenfunktionen oder Calculation Views. SQLScript bietet außerdem vielfältige Möglichkeiten zur Aufbereitung der Daten und Auswertung der ML-Modelle. Mit SQLScript können Sie darüber hinaus ML-Algorithmen in ABAP-verwaltete Objekte wie AMDPs (ABAP Managed Database Procedures) oder CDS-Tabellenfunktionen für ABAP CDS Views integrieren.

Mit dem *Python Machine Learning Client für SAP HANA* (kurz: *Python ML Client*) stellt die SAP eine Sammlung von Python-APIs bereit, mit denen Sie u. a. die nativen HANA-Prozeduren der PAL und APL direkt in Python verwenden können. Das Orchestrieren der einzelnen Schritte beim Machine Learning findet in Python statt, die Ausführung der ML-Algorithmen hingegen erfolgt in der HANA-Datenbank. Es werden hierbei exakt die gleichen nativen Prozeduren aufgerufen wie bei der Verwendung in SQLScript. Für die Sprache R Script gibt es den entsprechenden »R Machine Learning Client für SAP HANA«, der die analoge Funktionsweise in R realisiert. Die Verwendung des Python- bzw. R-Client für Machine Learning ist besonders für die explorative und experimentelle Phase der Entwicklung von ML-Modellen interessant, in der Sie auf diese Weise das Know-how von Data-Science-Experten, die häufig mit Python oder R arbeiten, für HANA-Szenarien nutzbar machen.

Abbildung 1.2 fasst die ML-Funktionen von SAP HANA und die Möglichkeiten zur Anbindung in den verschiedenen Sprachen zusammen.

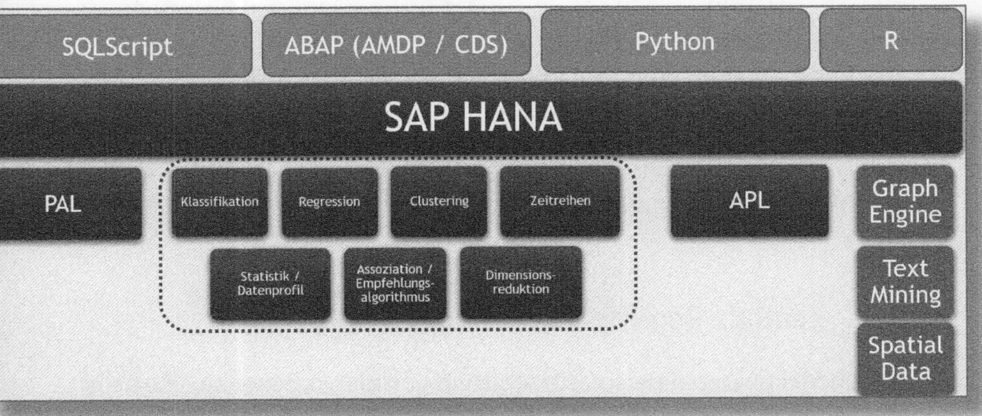

Abbildung 1.2: Architektur für Machine Learning mit SAP HANA

Warum lohnt es sich, Machine Learning in SAP HANA zu nutzen? Bei ML-Prozessen handelt es sich um sehr datenintensive Prozesse. Die direkte Ausführung in der Datenbank – statt in einem getrennten Applikationsserver oder Desktop-Tool – bietet Vorteile in Bezug auf die Performance und den Speicherverbrauch:

- Der Transfer von Rohdaten oder Zwischenergebnissen zwischen Datenbank und Applikationsserver entfällt.
- Die PAL/APL-Algorithmen sind für die Ausführung in der HANA-Datenbank optimiert und profitieren von Techniken wie der parallelisierten Ausführung.
- Durch die Verwendung von SQLScript ist eine nahtlose Integration in viele SAP-Applikationen möglich.

Auf der anderen Seite decken die HANA-Bibliotheken natürlich nicht alle im Machine Learning verfügbaren Algorithmen ab. Je nach Szenario sollten daher auch externe Techniken wie Python (oder R) in Betracht gezogen werden, z. B. für die Verwendung moderner Deep-Learning-Algorithmen. Der in Kapitel 4 vorgestellte Python ML Client ermöglicht einerseits die Nutzung der HANA-basierten ML-Algorithmen und andererseits die Konsumierung der HANA-Daten. Er bildet somit einen guten Baustein für eine hybride Architektur, bei der in einer (Python-)Umgebung sowohl die HANA-Algorithmen mit Ausführung in der Datenbank als auch die vielfältigen Python-Bibliotheken mit den HANA-Daten genutzt werden können.

1.2 Zentrale Begriffe und Methoden

An einem konkreten Beispiel möchte ich nun die Vorgehensweise beim Entwickeln von Machine-Learning-Modellen veranschaulichen und die zentralen Begriffe erläutern, für die ich mich insbesondere am Glossar aus dem Buch »Data Science für Unternehmen« von Provost und Fawcett [1] orientiert habe. Diese Begriffe und deren Bedeutung sind im Machine-Learning-Umfeld allgemein gültig.

1.2.1 Daten für Machine Learning

Einer der entscheidenden Faktoren für die Entwicklung von Machine-Learning-Modellen ist das Vorliegen von Daten in ausreichender Menge und Qualität.

Betrachten wir einen der im vorherigen Abschnitt erwähnten Use-Cases aus dem Bereich der Analyse von Kundendaten: Eine Firma mit einer mittleren oder großen Anzahl an Vertragskunden, z. B. eine Bank, eine Versicherung oder ein Telefonanbieter, möchte mithilfe von Daten vorhersagen, welche Kunden in einem bestimmten Zeitintervall in der Zukunft ihren Vertrag kündigen oder nach Ende der Vertragslaufzeit nicht verlängern werden. Dazu können beispielsweise folgende der Firma vorliegende Informationen genutzt werden:

- Alter eines Kunden,
- regionale Informationen wie der Wohnort oder das Herkunftsland des Kunden,
- die Anzahl der genutzten Produkte der Firma,
- die Dauer der Kundenbeziehung (seit Abschluss des ersten Vertrags),
- der Kontostand oder
- die Bonität (Credit Score).

Nehmen wir an, diese Daten liegen als Snapshot mit einem Stand von vor drei Monaten vor und bei jedem (damaligen) Kunden ist vermerkt, ob er in den darauffolgenden drei Monaten gekündigt hat. Diese Information bezeichnen wir als *Abwanderungskennzeichen* oder *Kündigungsflag*. Für die Vorhersage des zukünftigen Abwanderungsverhaltens soll ein Machine-Learning-Algorithmus zum Einsatz kommen, der ein passendes Modell aus diesen historischen Daten erstellt. Der entsprechende Vorgang nennt sich allgemein *Induktion* oder Modellentwicklung und kann auf verschiedene Arten durchgeführt werden, die im Folgeabschnitt erläutert werden. Abbildung 1.3 zeigt den Zusammenhang zwischen Daten, Modell und der Prognose.

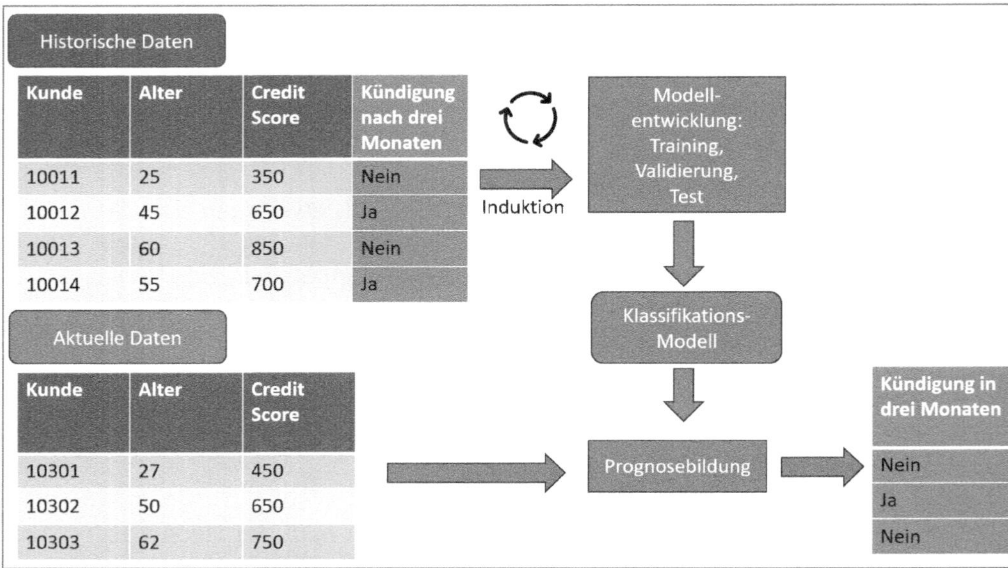

Abbildung 1.3: Vom Modell zur Prognose

Die meisten Machine-Learning-Algorithmen erwarten die Daten in Form einer Tabelle, bei der jede Zeile einem Datensatz (auch *Instanz* genannt) entspricht. In unserem Fall sind die Instanzen also die einzelnen Kunden. Sämtliche für die Modellentwicklung relevanten Informationen müssen durch Spalten der Tabelle repräsentiert sein. Diese Informationen werden als *Merkmale*, *Attribute*, *Features* oder auch *Variablen* bezeichnet. Bei den Variablen ist zwischen den *Eingabevariablen* und den *Ausgabe-* bzw. *Zielvariablen* zu unterscheiden. In unserem Fallbeispiel sind die Variablen wie »Alter«, »Land« oder »Credit Score« die Eingabevariablen, da diese vom Machine-Learning-Modell als Eingabedaten für die Prognosebildung verwendet werden sollen. Die Variable »Kündigungsflag« hingegen ist die Zielvariable. Das zu entwickelnde Machine-Learning-Modell soll pro Kunde den Wert der Zielvariablen vorhersagen bzw., mit welcher Wahrscheinlichkeit ein Kunde kündigen wird.

Bei den Variablen sind verschiedene Typen zu unterscheiden, die sich aus dem Datentyp ergeben:

- *kategorial (symbolisch):* eine text- oder zahlenartige Variable, die eine von endlich vielen möglichen Kategorien symbolisiert. Hier sind zwei Unterformen zu unterscheiden:
  - *nominal:* Die Werte sind nicht geordnet, bei einer Zahl ist die Größe der Zahl ohne Bedeutung.
  - *ordinal:* Die Werte sind geordnet, die Größe einer Zahl hat eine Bedeutung.
- *kontinuierlich (auch stetig, quantitativ):* eine numerische Variable, die ganzzahlige Werte (aus einem großem Wertebereich) oder Dezimalwerte annehmen kann.

Unterschied Eingabe- und Zielvariable

Die historischen Daten – der Snapshot aus der Vergangenheit – müssen sowohl die Eingabevariablen als auch die Zielvariable enthalten. Die aktuellen Daten der Kunden, die (noch) nicht gekündigt haben, können nur die Informationen zu den Eingabevariablen enthalten, da das Ereignis, dass ein Kunde kündigt, in der Zukunft liegt. Somit ist der Wert der Zielvariablen zum Zeitpunkt der Prognosebildung noch nicht bekannt. Das Machine-Learning-Modell soll den Wert dieser Variablen basierend auf den aktuell vorliegenden Informationen abschätzen.

Bei der Auswahl der Eingabevariablen in den historischen Daten ist also darauf zu achten, dass diese zum Zeitpunkt der Prognose wirklich vorliegen können.

Kategoriale Variable: nominal vs. ordinal

Das Merkmal »Land« ist ein typisches Beispiel für eine kategoriale Variable. In SAP-Systemen sind Bundesländer (oder allgemein Regionen von Ländern) numerisch kodiert. Die relative Größe dieser Ländercodes hat allerdings keine Bedeutung. Somit muss diese Spalte als nominale kategoriale Variable verwendet werden.

Der Typ der Variablen ist durch den Datentyp meist schon festgelegt. Bei numerischen ganzzahligen Datentypen (z. B. INTEGER) hingegen können Sie wählen, ob die zugehörige Variable als nominal, ordinal oder kontinuierlich betrachtet werden soll. Die korrekte Wahl ergibt sich pro Variable aus der Bedeutung der Werte und dem möglichen Wertebereich, siehe etwa Hinweiskasten »Kategoriale Variable: nominal vs. ordinal«. Bei den PAL-Algorithmen müssen Sie lediglich für die numerischen ganzzahligen Variablen angeben, ob diese als kategoriale nominale oder als stetige Variable behandelt werden sollen, siehe Abschnitt 2.1. Bei den APL-Algorithmen müssen Sie pro Variable den Typ explizit angeben, siehe dazu Abschnitt 3.2.1.

Wie kommt man nun von den erfassten Daten zum fertigen Prognosemodell? Hierfür sorgt der sich anschließende *Trainings-* bzw. *Lernprozess*. Für unsere Betrachtung sind zwei Arten von Lernverfahren relevant: das *beaufsichtigte* und das *unbeaufsichtigte* Lernen.

1.2.2 Beaufsichtigtes Lernen

Beim beaufsichtigten Lernen (engl.: *supervised learning*) wird ein Modell entwickelt, das auf Basis der Eingabevariablen den Wert der Zielvariablen möglichst gut vorhersagen soll. Es sind zwei Unterarten des beaufsichtigten Lernens zu unterscheiden:

- *Klassifikationsanalyse/-problem:* Die Zielvariable ist kategorial
- *Regressionsanalyse/-problem:* Die Zielvariable ist kontinuierlich

Die Vorhersage des Kündigungsverhaltens ist ein Klassifikationsproblem, da die Zielvariable »Kündigung« nur die Ausprägungen »JA«/»NEIN« (bzw. *0* und *1*) hat. Die Ausprägungen einer kategorialen Zielvariable nennt man auch Klassen, woraus sich die Bezeichnung Klassifikationsproblem ableitet.

Beispiele für Regressionsprobleme sind die Schätzung des Kontostands eines Kunden oder die Vorhersage einer Temperatur an einer Messstation zu einem bestimmten Zeitpunkt. Bei Klassifikationsproblemen wird die Zielvariable auch *Label* (oder *Beschriftung*) genannt.

Ein Modell wird auf Basis eines *Modelltyps* erstellt. Der Modelltyp bestimmt die innere Struktur des Modells und den Algorithmus für den Trainingsprozess. Im beaufsichtigen Lernen sind folgende Algorithmen bzw. Modelltypen weit verbreitet:

- Nächste-Nachbarn-Klassifizierung
- Entscheidungsbaum
- Künstliches neuronales Netz
- Support Vector Machine
- Logistische Regression

Jeder Modelltyp verfügt über interne Koeffizienten bzw. Freiheitsgrade, die beim Trainingsprozess passend für die jeweilige Problemstellung bestimmt werden müssen. Man sagt auch, das Modell *lernt*, den korrekten Wert der Zielvariablen vorherzusagen, oder das Modell wird an die Daten *angepasst*.

Ausgangspunkt für den Lernprozess ist eine gegebene Menge von Grunddaten, bei denen für jeden Datensatz der korrekte Wert der Zielvariable bekannt ist. Bei Klassifikationsproblemen spricht man auch von *beschrifteten Daten*, da gewissermaßen jeder Datensatz mit der korrekten Klassenzuordnung »beschriftet« ist.

Betrachten wir zunächst einen vereinfachten zweistufigen Prozess bestehend aus Trainings- und Testphase: Aus der zur Verfügung stehenden Menge an Grunddaten, bei denen für jeden Datensatz der korrekte Wert der Zielvariablen bekannt ist, werden zwei disjunkte Untermengen gebildet:

1. Trainingsdaten:

In der Trainingsphase werden die Modellkoeffizienten vom Trainingsalgorithmus so angepasst, dass das Modell die Zielvariable für die Trainingsdaten möglichst gut prognostiziert. Durch Vergleich von prognostiziertem und tatsächlichem Wert der Zielvariablen für die Datensätze lassen sich die *Korrektklassifikationsrate* (auch *Treffsicherheit*) oder umgekehrt der *Klassifikationsfehler* bestimmen. Berechnet man den Klassifikationsfehler für die Trainingsdaten, spricht man vom *Trainingsfehler*. Der Trainingsfehler entspricht also dem Anteil der falsch klassifizierten Trainingsdaten, die Korrektklassifikationsrate dem Anteil der korrekt klassifizierten Sätze.

2. Testdaten:

Um einschätzen zu können, ob ein Modell für die Prognosebildung anhand neuer Daten geeignet ist, muss es auf eine Menge von Testdaten angewendet werden, die während des Trainingsprozesses – bewusst – zurückgehalten wurde. Durch Vergleich der Prognose des Modells mit dem korrekten Ist-Wert lässt sich nun der *Testfehler* oder *Generalisierungsfehler* bestimmen. Dieser beschreibt, wie gut sich das gefundene Modell auch für neue Daten verallgemeinern lässt, also solche, die nicht für das Training verwendet wurden. Damit kann die *Verallgemeinerungsfähigkeit* des Modells bzw. die *Leistung des Modells für die Testdaten* beschrieben werden. Eine hohe Korrektklassifikationsrate für die Testdaten zeigt, dass sich die beim Training gefundenen Zusammenhänge innerhalb der Trainingsdaten verallgemeinern lassen und nicht nur rein zufällige Muster sind.

Trainings- und Testdaten bei der Kündigungsvorhersage

Betrachten Sie das Beispiel aus Abbildung 1.3 zur Entwicklung eines Modells für die Kündigungsvorhersage: Die (kategoriale) Zielvariable ist in der orangefarbenen Spalte »Kündigung nach drei Monaten« (kurz EXITED) mit den zwei Ausprägungen »JA«/»NEIN« dargestellt. Der korrekte Wert der Zielvariablen ist nur für die Kundensätze in den historischen Daten bekannt. Die Trainings- und Testdaten werden beide aus den historischen Daten gebildet, aber als disjunkte Mengen. In der Trainingsphase wird der Wert der Zielvariablen für jeden Satz der Trainingsdaten verwendet, um das Modell an die Daten anzupassen. Die Testdaten dürfen nicht in der Trainingsphase bei der Anpassung des Modells verwendet werden, sondern erst in der Testphase, in der sie zum Vergleich des tatsächlichen Kündigungsverhaltens und des vom Modell prognostizierten Kündigungsverhaltens eingesetzt werden.

Die Korrektklassifikationsrate allein ist nicht immer ausreichend, um die Leistung eines Modells genau genug zu beurteilen. Es gibt daher weitere Kennzahlen, sogenannte *Gütekriterien*, die zur Beurteilung herangezogen werden können. Auch diese basieren auf dem Vergleich von Prognose- und Ist-Wert für die Datensätze einer Testdatenmenge. Eine wichtige Technik hierbei ist die *Konfusionsmatrix* (auch bekannt als *Verwechslungsmatrix* oder *Wahrheitsmatrix*), die den Anteil der korrekt klassifizierten Datensätze in den einzelnen Klassen zählt. Die Konfusionsmatrix und daraus abgeleitete Gütekriterien werde ich in Abschnitt 2.1 einführen.

Viele Modelltypen lassen sich vor dem Training durch *Hyperparameter* konfigurieren. Bei Entscheidungsbäumen lässt sich dadurch z. B. die Struktur des erstellten Baums beeinflussen, bei neuronalen Netzen kann u. a. die Architektur (bzw. Topologie) aus der Anzahl und Größe der versteckten Schichten festgelegt werden. Diese Hyperparameter werden beim Trainingsprozess nicht automatisch bestimmt. Durch Einführung einer weiteren Menge, der *Validierungsdaten*, lässt sich aber die Leistung von Modellen mit verschiedenen Konfigurationen der Hyperparameter vergleichen. Hierfür werden die Korrektklassifikationsrate oder andere Gütekriterien auf Basis der Validierungsdaten berechnet und der Einfluss der Hyperparameter untersucht. Dies ergibt einen dreistufigen Prozess:

1. *Lernphase:* Modelle mit verschiedenen Hyperparameterkonfigurationen mit den Trainingsdaten trainieren

2. *Validierungsphase:* Leistung der verschiedenen Modelle anhand der Validierungsdaten vergleichen; Konfiguration der Hyperparameter, die zum besten Modell führen, bestimmen und fixieren

3. *Testphase:* Leistung des Modells mit den in der Validierungsphase gewählten Hyperparametern für die Testdaten bestimmen

Der letzte Schritt, die Testphase, ist der Realitätscheck, um die Eignung des Modells zu bewerten. Hat das Vorgehen aus Lernphase und Validierungsphase zum gewünschten Resultat geführt? Lässt sich das Modell praktisch verwenden, liefert es also für neue Daten gute Prognosen? Lern- und Validierungsphase müssen nicht zwangsläufig nacheinander ablaufen. Denkbar ist auch, erst mal mit wenigen Konfigurationen für die Hyperparameter in die Lernphase zu starten. Dann können in der Validierungsphase vielversprechende Konfigurationen identifiziert und auf dieser Basis weitere Konfigurationen trainiert und bewertet werden. Die APL führt die Trainings- und Validierungsphase automatisch abwechselnd aus und wiederholt beide Phasen, bis ein geeignetes Modell gefunden ist bzw. gewisse Stoppkriterien erreicht werden. Auch viele PAL-Algorithmen bieten die Möglichkeit, die Optimierung der Hyperparameter zu übernehmen, siehe hierzu insbesondere Abschnitt 4.3.1.

Abbildung 1.4 veranschaulicht das mehrstufige Vorgehen aus Trainings-, Validierungs- und der abschließenden Testphase.

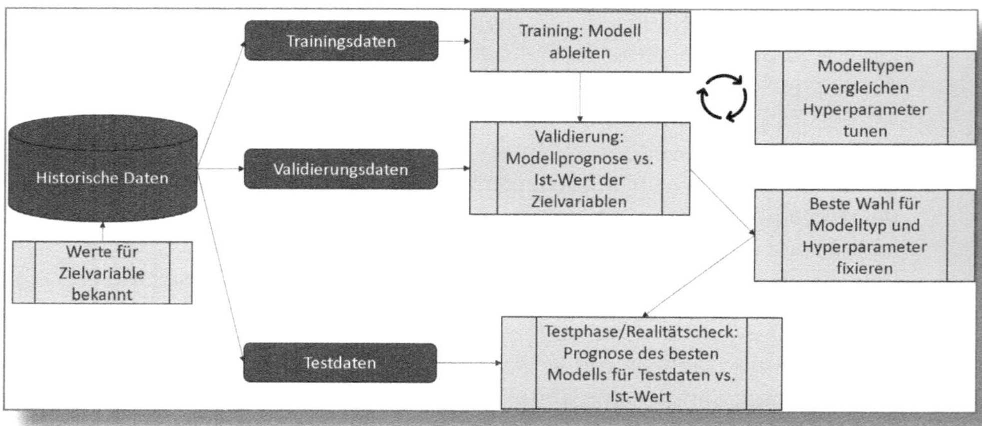

Abbildung 1.4: Mehrstufiges Vorgehen mit Training, Validierung und Test

Den Vorgang, das fertige Modell auf (neue) Daten zur Prognosebildung anzuwenden, nennt man *Inferenz*. Bei Klassifikationsalgorithmen wird auch der Begriff *Scoring* verwendet.

1.2.3 Unbeaufsichtigtes Lernen

Weitere wichtige Machine-Learning-Verfahren werden unter dem Begriff *unbeaufsichtigtes Lernen* zusammengefasst. Bei diesen Verfahren wird keine Zielvariable angegeben, sondern alle (selektierten) Features werden als Eingabevariablen verwendet. Diese Verfahren finden Einsatz in explorativen Analysen, etwa um Muster und Zusammenhänge in Daten zu erkennen, oder für die Dimensionsreduktion, d. h. das Komprimieren der Features auf eine kleinere Anzahl von (transformierten) Features. Wichtig sind insbesondere die *Clustering-Algorithmen*, die die Eingabedaten in Untergruppen segmentieren. Dadurch lassen sich z. B. Gruppen von Kunden mit ähnlichem Verhalten identifizieren. Auch beim Clustering wird ein Modell erstellt, das anschließend auf neue Daten angewandt wird, um diese den bereits erstellten Clustern zuzuweisen.

☛ Vertiefende Betrachtung der ML-Lernverfahren

Techniken für das beaufsichtigte Lernen stelle ich Ihnen im Detail in den Abschnitten 2.1, 3.2, 4.3 und 5.4 vor. Beispiele für das unbeaufsichtigte Lernen – insbesondere die Clustering-Verfahren – finden Sie in den Abschnitten 2.2, 4.3.2, und 5.3.

1.3 Beispieldaten mit Eclipse importieren

In diesem Abschnitt zeige ich, wie Sie die notwendigen Datenbanktabellen für die Beispiele in den Folgekapiteln erstellen und die Beispieldaten in die HANA-Datenbank importieren. Für den Import der Daten und die Ausführung der SQL-Beispiele im Buch verwende ich die Eclipse-Entwicklungsumgebung mit installierten SAP-HANA-Tools. Alternativ können Sie den webbasierten »SAP HANA Database Explorer«

des SAP Business Application Studio (bzw. der Web IDE) oder die Software »DBeaver« verwenden. Für die SQL-Beispiele genügt zumeist der Einsatz einer SQL-Konsole in Eclipse (bzw. den anderen Tools).

Um die Ergebnisse der Beispiele zu visualisieren, nutze ich teilweise die Funktion »Datenvorschau« (Data preview) für HANA-Tabellen. Deren Verwendung beschreibe ich zwar spezifisch für Eclipse, der webbasierte Database Explorer bietet aber ähnliche Visualisierungsmöglichkeiten. DBeaver enthält in der kostenfreien Community-Edition leider keine Visualisierungsmöglichkeiten, wohl aber in der kostenpflichtigen Version.

Um die folgenden Schritte nachzuvollziehen, benötigen Sie Zugriff auf eine HANA-Datenbank. Ich gehe im Weiteren davon aus, dass Sie sich in Eclipse mit dem HANA-System verbunden haben. Der Import der Daten erfordert noch keine besonderen Dienste in der HANA-Datenbank. Wie Sie die Machine-Learning-Funktionen prüfen und ggf. aktivieren, finden Sie in Abschnitt 7.1.

Öffnen Sie nun in Eclipse eine SQL-Konsole, die mit Ihrem HANA-System verbunden ist, und führen Sie in dieser das Skript `Ch_1_Create_ML_Datamodel.sql` aus, das Sie im Quellcode-Verzeichnis (Anhang B) finden (Abbildung 1.5).

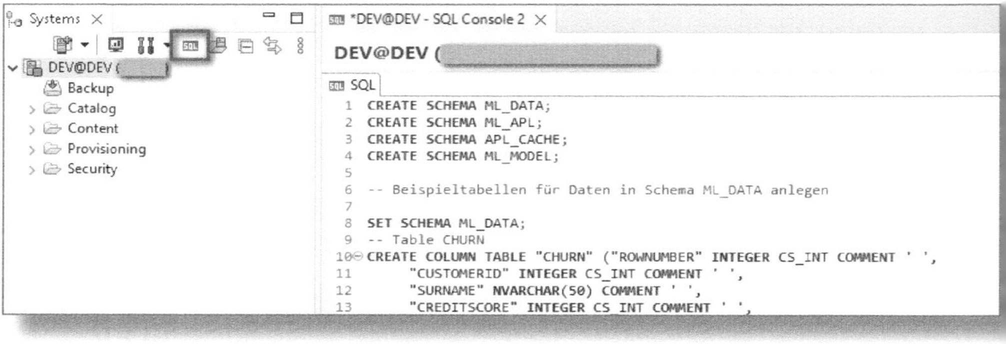
Systems
DEV@DEV
Backup
Catalog
Content
Provisioning
Security
*DEV@DEV - SQL Console 2
DEV@DEV
SQL
CREATE SCHEMA ML_DATA;
CREATE SCHEMA ML_APL;
CREATE SCHEMA APL_CACHE;
CREATE SCHEMA ML_MODEL;
-- Beispieltabellen für Daten in Schema ML_DATA anlegen
SET SCHEMA ML_DATA;
-- Table CHURN
CREATE COLUMN TABLE "CHURN" ("ROWNUMBER" INTEGER CS_INT COMMENT ' ',
"CUSTOMERID" INTEGER CS_INT COMMENT ' ',
"SURNAME" NVARCHAR(50) COMMENT ' ',
"CREDITSCORE" INTEGER CS_INT COMMENT ' ',

Abbildung 1.5: Vorbereitende Schritte in der SQL-Konsole

Wenn das Skript erfolgreich durchläuft, werden vier neue Schemata angelegt:

- APL_CACHE
- ML_APL
- ML_DATA
- ML_MODEL

Eventuell erhalten Sie eine Fehlermeldung, weil das Schema APL_CACHE bereits existiert. Dies ist aber kein Problem, da es nur zur temporären Ablage der APL verwendet wird. Falls die drei anderen Schemata schon in Ihrem System existieren, passen Sie das Skript so an, dass Schemata mit anderen Namen erstellt werden. Allerdings müssen Sie dann auch die Folgeskripte so anpassen, dass diese die richtigen Schemata verwenden.

Im Schema ML_DATA sehen Sie drei zunächst leere Tabellen:

- CHURN
- IRIS
- MALL_CUSTOMERS

Diese füllen Sie nun mit Beispieldaten aus den folgenden externen Quellen:

- **CHURN:** Beispieldatenmenge »Churn modeling« [2]: *https://www.kaggle.com/shubh0799/churn-modelling?select=Churn_Modelling.csv*.

  Die zugehörige CSV-Datei finden Sie auch im Quellcodeverzeichnis (Anhang B) unter Ch_1_Churn_Modelling.csv.

- **IRIS:** Beispieldatenmenge »Iris Flower Dataset« [3]: Die CSV-Datei finden Sie im Quellcodeverzeichnis unter dem Namen *Ch_1_Iris_Plantid.csv*. Die Originaldatei von *https://www.kaggle.com/datasets/arshid/iris-flower-dataset* wurde um die Schlüsselspalte PLANTID zur eindeutigen Identifizierung jedes Datensatzes ergänzt.

- **MALL_CUSTOMERS:** Datenmenge »Customer Mall Segmentation« [4]: *https://kurzelinks.de/qdz4* (verweist auf die CSV-Datei *Mall_Customers.csv* aus dem Github-Repository: *https://github.com/SteffiPeTaffy/machineLearningAZ/*).

Ich zeige Ihnen nun, wie Sie in Eclipse die CSV-Datei »Churn Modeling« in die HANA-Tabelle CHURN importieren.

Wählen Sie im Menü den Punkt FILE • IMPORT. Im Dialogfenster wählen Sie SAP HANA CONTENT • DATA FROM LOCAL FILE (siehe Abbildung 1.6).

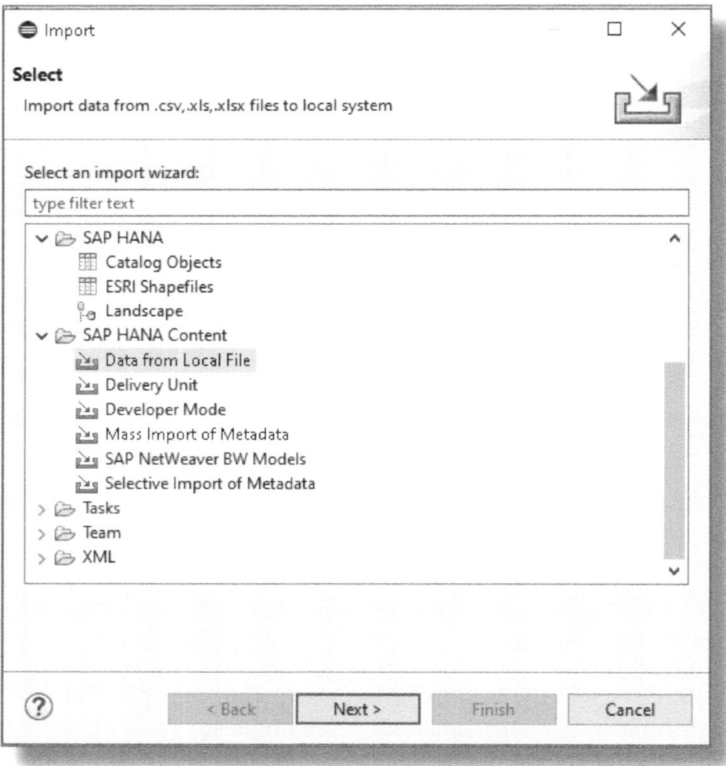

Abbildung 1.6: Der Importdialog für SAP HANA

Im nächsten Schritt wählen Sie das Zielsystem aus und klicken auf NEXT. Abbildung 1.7 zeigt den sich öffnenden Dialog zur Auswahl der Datei. Suchen Sie die CSV-Datei auf Ihrem Rechner und tragen Sie sie unter SOURCE FILE ❶ ein. Im Bereich FILE DETAILS wählen Sie als Trennzeichen *Comma (,)* und aktivieren die Option HEADER ROW EXISTS ❷. Im Bereich TARGET TABLE entscheiden Sie sich für EXISTING und tragen die Tabelle *CHURN* im Schema *ML_DATA* ein ❸.

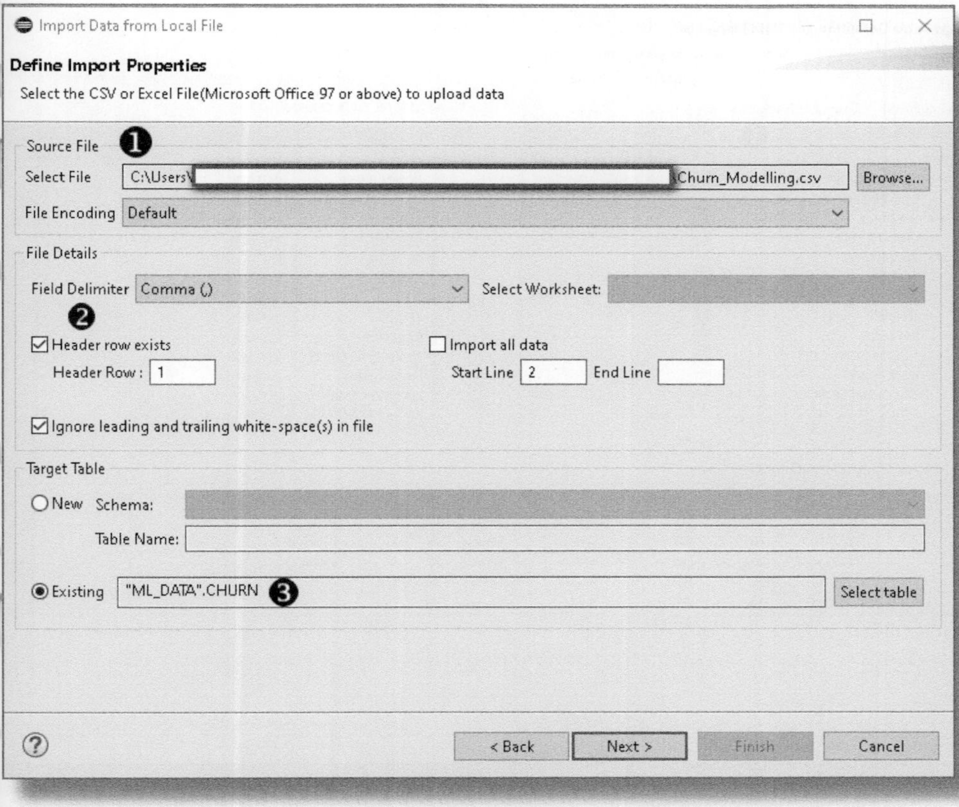

Abbildung 1.7: Auswahl der Quelldatei und Zieltabelle

Im nächsten Dialogfenster (Abbildung 1.8) sehen Sie die Spalten der Quelle und der Zieltabelle. Klicken Sie auf das Hierarchiesymbol ❶ und wählen Sie im sich öffnenden Kontextmenü die Option MAP BY NAME. Die Quelldatei und die Zieltabelle haben die gleichen Spaltennamen, somit werden alle Quellfelder übernommen. Durch Klick auf FINISH starten Sie den Datenimport.

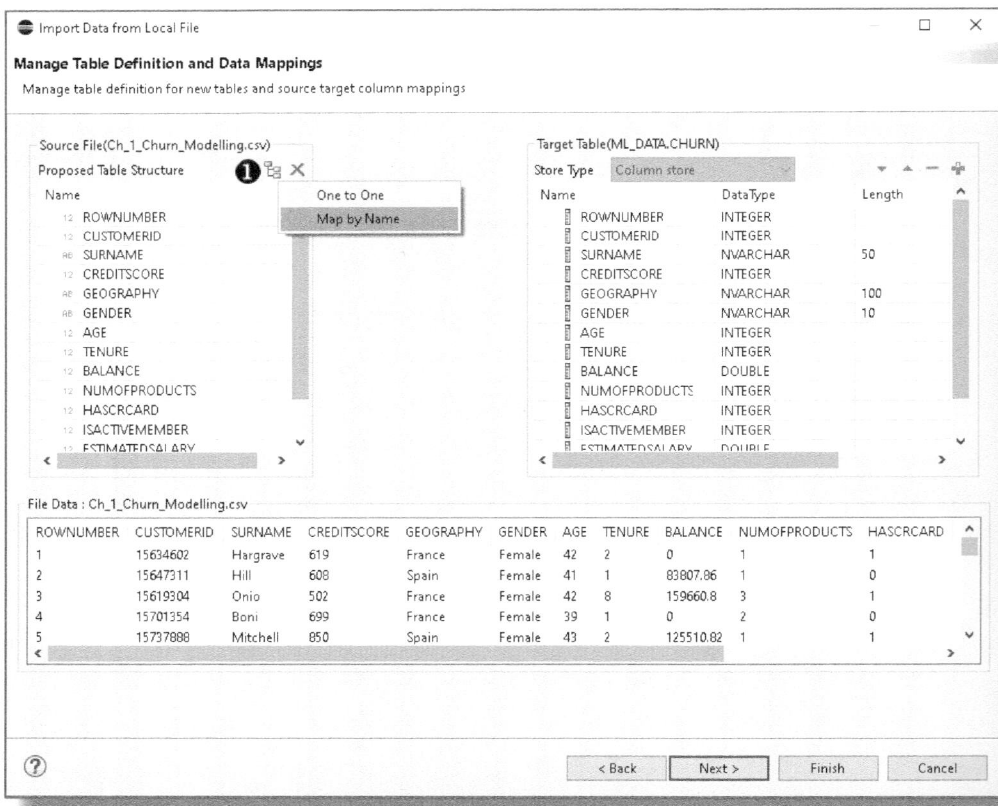

Abbildung 1.8: Mapping der Spalten und Starten des Imports

Im JOB LOG können Sie den Status des Imports verfolgen. Wenn alles gut läuft, erhalten Sie die Meldung COMPLETED SUCCESSFULLY, siehe Abbildung 1.9.

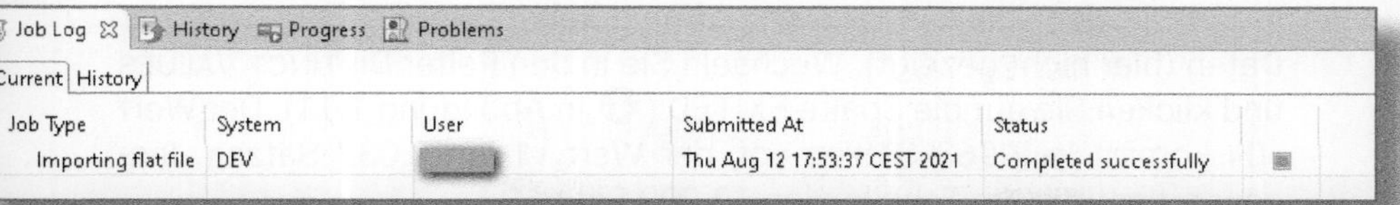

Abbildung 1.9: Status des Imports

Importieren Sie die beiden weiteren CSV-Dateien analog in die jeweiligen Tabellen.

Prüfen Sie nun, ob die Tabelle korrekt gefüllt wurde: Suchen Sie dazu im Ordner CATALOG unterhalb des Schemas ML_DATA die Tabelle CHURN und wählen Sie im Kontextmenü OPEN DATA PREVIEW aus, siehe Abbildung 1.10.

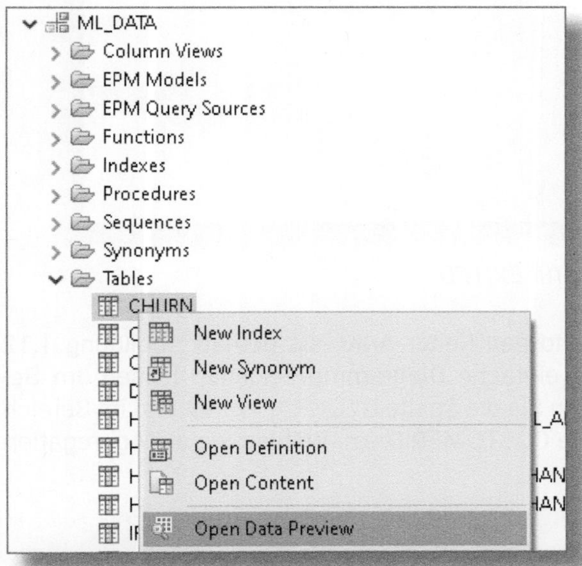

Abbildung 1.10: Funktion »Data Preview« öffnen

Wenn Sie den Reiter RAW DATA öffnen, sehen Sie eine Auswahl der Daten (hier nicht gezeigt). Wechseln Sie in den Reiter DISTINCT VALUES und klicken Sie auf die Spalte EXITED (❶ in Abbildung 1.11). Der Wert »0« kommt in 7.963 Sätzen vor, der Wert »1« in 2.037 Sätzen. Insgesamt enthält die Tabelle also 10.000 Sätze.

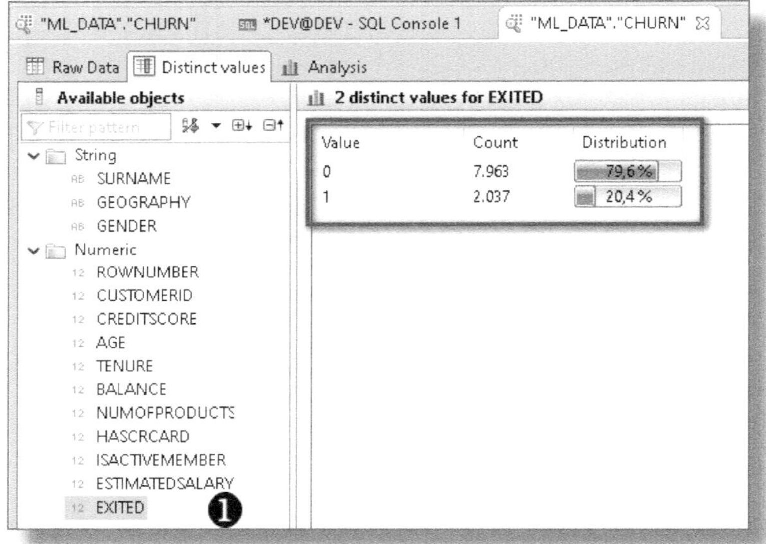

Abbildung 1.11: Werte für EXITED

Rufen Sie anschließend den Reiter ANALYSIS gemäß Abbildung 1.12 auf. Hier können Sie einfache Diagramme zeichnen lassen. Im Bereich LABELS AXIS fügen Sie die Spalte GEOGRAPHY ❶ und im Bereich VALUES AXIS die Spalte CUSTOMERID ein. Wählen Sie als Aggregation COUNT ❷ aus.

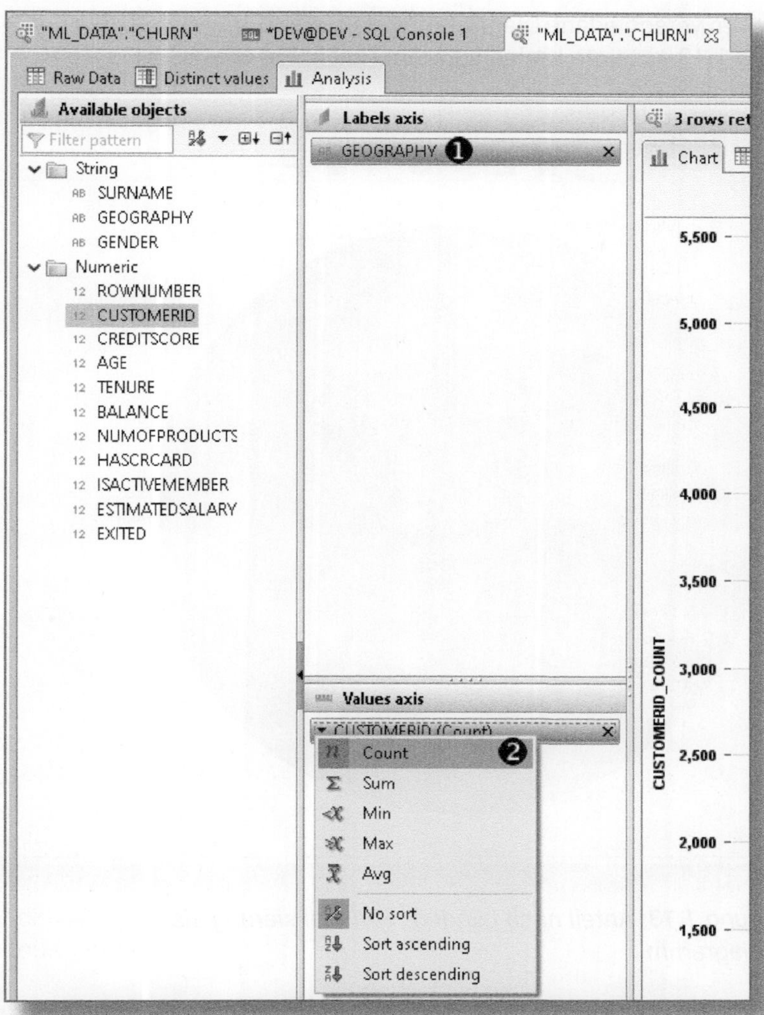

Abbildung 1.12: Konfiguration im Reiter »Analysis«

Es stehen verschiedene Diagrammtypen zur Verfügung, z. B. das in Abbildung 1.13 gezeigte Kreisdiagramm (engl.: Pie chart).

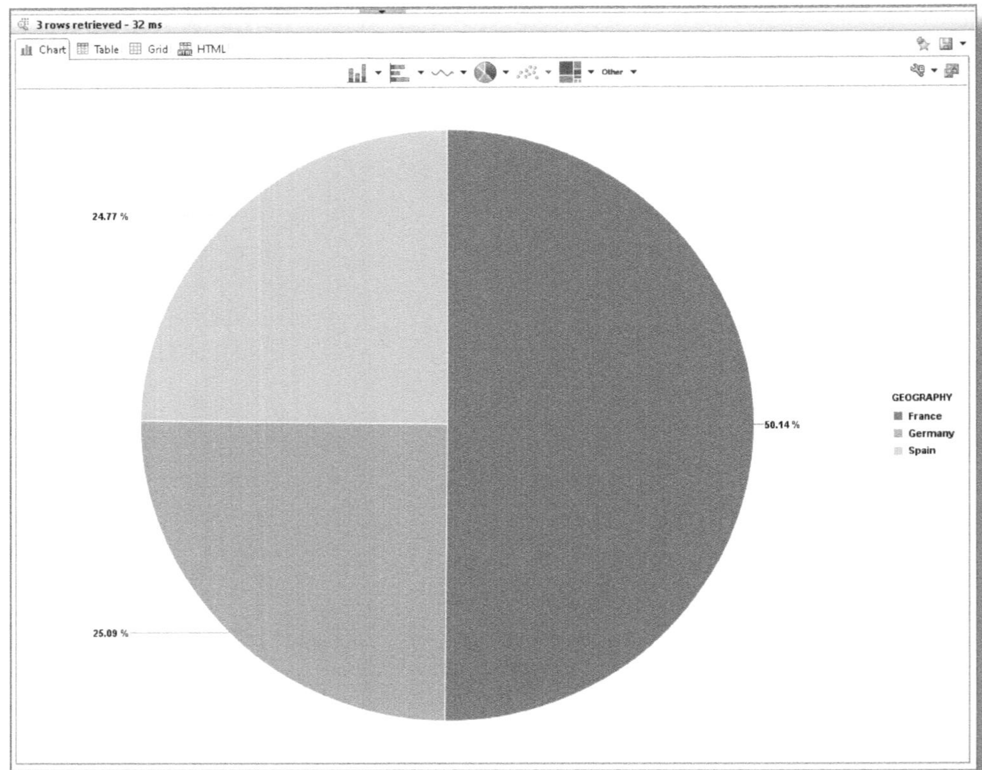

Abbildung 1.13: Anteil nach Ländern – Visualisierung als Kreisdiagramm

1.4 Python-Tools verwenden

Während der frühen Entwicklungsphase von Machine-Learning-Modellen überwiegt oft eine eher experimentelle Vorgehensweise, bei der verschiedene Visualisierungstechniken zur Analyse der Daten zum Einsatz kommen und diverse Algorithmen ausprobiert werden. In Python können Sie die dafür notwendigen Schritte aus Programmieren und Evaluieren gut iterativ durchführen. In den letzten Jahren hat sich insbesondere das Tool *Jupyter Notebook* als sehr hilfreich erwiesen. Dabei handelt es sich um ein interaktives, webbasiertes Notizbuch, das Elemente wie Codeblöcke, Visualisierungen und beschreibende Textblöcke vereinigt. Insbesondere im Data-Science-Umfeld wird das Jupyter Notebook gerne in verschiedenen Phasen des Entwicklungsprozesses von ML-Verfahren verwendet: in der anfänglichen experimentellen Phase zum Analysieren der Daten, dann zum prototypischen Entwickeln von ML-Verfahren und nach abgeschlossener Entwicklung zur Präsentation des erzielten Nutzens der ML-Verfahren mithilfe eindrucksvoller Visualisierungen. Während Jupyter Notebooks zunächst nur in der Wissenschaft anzutreffen waren, hat ihre Verbreitung in den letzten Jahren auch im betrieblichen und industriellen Umfeld zugenommen.

Mit dem Python ML Client (vgl. Abschnitt 1.1.2), der über das Paket `hana-ml` bereitgestellt wird, ermöglicht SAP Python-Anwendern den einfachen Zugriff auf die HANA-Funktionen [5]. Der Python ML Client bietet folgende Funktionen, die in den jeweiligen Unterpaketen zu finden sind:

- `dataframe`: Modellierung von SQL-Abfragen mit Python
- `algorithms.pal`: API für die PAL-Algorithmen
- `algorithms.apl`: API für die APL-Algorithmen
- `visualizers`: Visualisieren von Daten
- `text.tm`: Text-Mining-Algorithmen
- `model_storage`: Speichern von trainierten Modellen

Darüber hinaus existieren weitere Unterpakete, die hier nicht im Detail betrachtet werden: Das Paket `artifacts` erlaubt das Generieren von ABAP- oder HANA-Artefakten zur Integration der Machine-Learning-Funktionen in ABAP- oder HANA-Applikationen. Das Paket `graph` unterstützt die Verarbeitung von Graph-basierten Daten, das Paket `spatial` stellt Funktionen zum Analysieren von räumlichen Daten zur Verfügung.

Verbindung zur HANA-Datenbank aufbauen

Mit den folgenden Schritten bauen Sie, ausgehend vom Jupyter Notebook (oder jeder anderen Python-Umgebung), eine Verbindung zur HANA-Datenbank auf. Diese Schritte bilden die Grundlage für die in Kapitel 4 gezeigten Techniken. Wie Sie eine Python-Umgebung mit dem Jupyter Notebook und den notwendigen Paketen einrichten, erfahren Sie in Kapitel 7.

Öffnen Sie nun die Anwendung Jupyter Notebook. Wenn Sie – wie in Kapitel 7 beschrieben – den Anaconda Navigator zur Verwaltung der Python-Umgebungen verwenden, wird Ihnen das Jupyter Notebook direkt auf dem Reiter HOME angeboten.

Sobald das Jupyter Notebook gestartet ist, sehen Sie ein leeres neues Notizbuch wie in Abbildung 1.14. Dieses besteht zunächst aus einem ungefüllten Codeblock, markiert durch den Text IN [ ], der die Eingabebereitschaft des Blocks anzeigt.

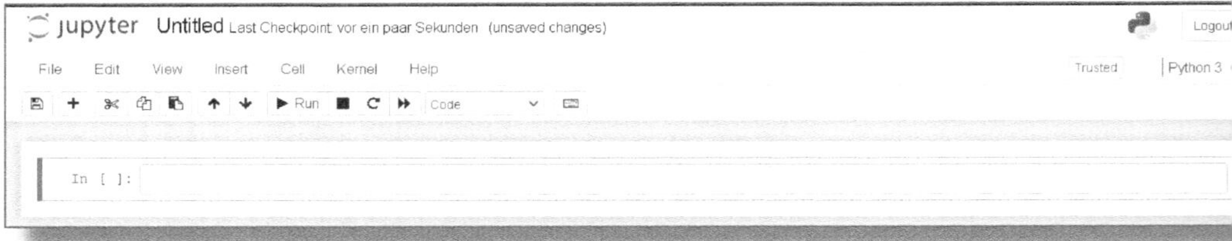

Abbildung 1.14: Ein neues Jupyter Notebook

In diesen Codeblock tippen Sie nun die Befehle für die Verbindung zu Ihrer HANA-Instanz gemäß Listing 1.1 ein. Denken Sie daran, bei `address`, `port` und `user` Ihre spezifischen Angaben für das HANA-System zu hinterlegen.

```
from hana_ml import dataframe

connection = dataframe.ConnectionContext(
    address = '<HOST>',
    port = '<PORT>',
    user = '<USER>')
```

Listing 1.1: Verbindung zur HANA-Instanz von Python aus herstellen

Indem Sie auf RUN klicken (❶ in Abbildung 1.15), führen Sie diesen Codeblock aus. Sie werden nun nach dem Passwort für Ihren Benutzer gefragt (❷). Geben Sie es ein und bestätigen Sie mit `Enter`. Wenn keine Fehlermeldung erscheint und neben dem Codeblock in der Klammer [ ] eine Zahl anstelle des Sternchens steht, wurde der Code erfolgreich ausgeführt (❸).

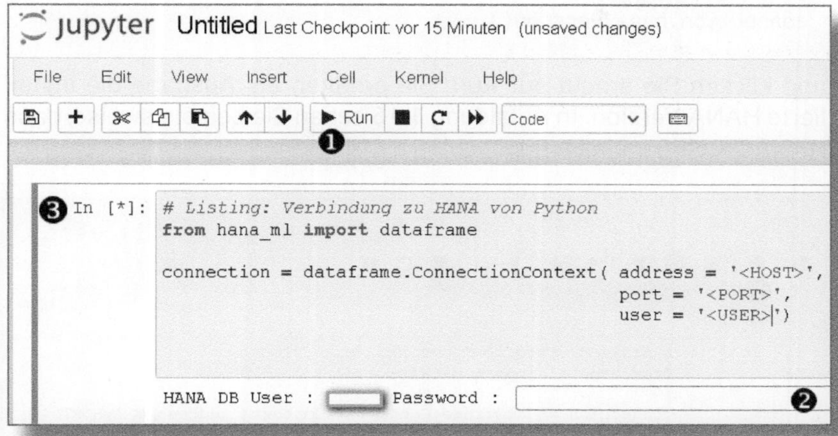

Abbildung 1.15: Verbindung zur HANA-Datenbank

👉 Einen oder mehrere Blöcke ausführen

Beachten Sie, dass der Befehl RUN immer nur den aktuell gewählten Codeblock ausführt und dann zum nächsten Code springt. Dies ist bei einer schrittweisen Ausführung äußerst hilfreich. Das Jupyter Notebook bietet aber auch Funktionen, um mehrere Blöcke oder alle Blöcke im Notebook automatisch hintereinander auszuführen. Machen Sie sich dazu mit den verschiedenen Befehlen in den beiden Menüzeilen vertraut.

Verbindung testen

Um die Verbindung zu testen, können wir die HANA-Version abfragen. Fügen Sie dazu unterhalb einen neuen Codeblock ein, indem Sie auf das Plus-Symbol klicken (❶ in Abbildung 1.16).

Ergänzen Sie in dem neuen Codeblock den Befehl

```
connection.hana_version()
```

und klicken Sie erneut auf RUN. Sie erhalten als Ausgabe die installierte HANA-Version. In Abbildung 1.16 sehen Sie beispielsweise, dass HANA 2.0 SP5 installiert ist.

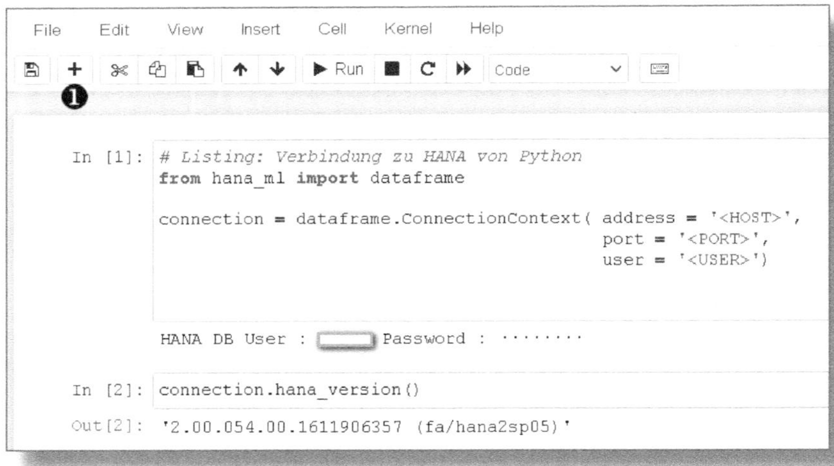

Abbildung 1.16: Abfragen der HANA-Version

Tabelleninhalt abfragen

Mit dem folgenden Befehl können Sie den Inhalt einer Tabelle abfragen, etwa der im vorherigen Abschnitt importierten Tabelle CHURN im Schema ML_DATA:

```
connection.table( table = 'CHURN',
 schema = 'ML_DATA').collect()
```

Im Jupyter Notebook erscheint daraufhin auszugsweise der Inhalt der Tabelle, siehe Abbildung 1.17.

```
In [3]: connection.table(table = 'CHURN', schema = 'ML_DATA').collect()
Out[3]:
```

	ROWNUMBER	CUSTOMERID	SURNAME	CREDITSCORE	GEOGRAPHY	GENDER	AGE	TENURE	BALANCE	NU
0	1	15634602	Hargrave	619	France	Female	42	2	0.00	
1	2	15647311	Hill	608	Spain	Female	41	1	83807.86	
2	3	15619304	Onio	502	France	Female	42	8	159660.80	
3	4	15701354	Boni	699	France	Female	39	1	0.00	
4	5	15737888	Mitchell	850	Spain	Female	43	2	125510.82	
...	...	...	...	...	...	...	...	...	...	
9995	9996	15606229	Obijiaku	771	France	Male	39	5	0.00	
9996	9997	15569892	Johnstone	516	France	Male	35	10	57369.61	
9997	9998	15584532	Liu	709	France	Female	36	7	0.00	
9998	9999	15682355	Sabbatini	772	Germany	Male	42	3	75075.31	
9999	10000	15628319	Walker	792	France	Female	28	4	130142.79	

10000 rows × 14 columns

Abbildung 1.17: Tabellen abfragen in Python

Am Ende schließen Sie die aktive Verbindung mit dem Befehl `connection.close()`, siehe Abbildung 1.18.

```
In [4]: connection.close()
```

Abbildung 1.18: Schließen der Verbindung

Verbindungsparameter lokal hinterlegen

Falls Sie die Verbindungsdaten nicht in jedem Jupyter Notebook erneut eintragen möchten, können Sie mit dem Dienst *HDB-Userstore* die Verbindungsparameter lokal auf Ihrem Computer speichern und über einen eindeutigen Schlüssel darauf zugreifen. Die dazu notwendigen Schritte zeige ich nun. Die Anleitung basiert auf dem Blog »Machine learnings of hana, odbc, and macos« [6].

Öffnen Sie eine Kommandozeile und navigieren Sie zum Installationsverzeichnis des Programms »SAP HANA DB Client« (`hdbclient`). In der Regel finden Sie dieses unter »C:\Program Files\sap\hdbclient«. Hinweise zur Installation der HANA-Clients finden Sie in Abschnitt 7.2. Führen Sie folgenden Befehl aus:

```
hdbuserstore SET DEV <HOST>:<PORT> <USER> <PASS>
```

Ersetzen Sie jeweils:

- HOST: durch die Adresse der HANA-Datenbank,
- PORT: durch den Port,
- USER: durch Ihren Benutzernamen,
- PASS: durch Ihr Passwort.

Die erfolgreiche Ausführung können Sie mit folgendem Befehl prüfen:

```
hdbuserstore list
```

Sie sollten als Rückgabe die neu angelegte Verbindung erhalten, siehe Abbildung 1.19.

Abbildung 1.19: Die neue Verbindung im HDBUSERSTORE

Der folgende Befehl in der Kommandozeile verwendet die neue Verbindung und ruft die ersten zehn Einträge der Tabelle CHURN ab:

```
hdbsql -U DEV -C "SELECT TOP 10 * FROM ML_DATA.CHURN"
```

Im Jupyter Notebook können Sie nun den Befehl zum Öffnen der Verbindung, den ich in Listing 1.1 gezeigt habe, durch diese Codezeile ersetzen:

```
connection = dataframe.ConnectionContext( KEY = 'DEV')
```

Beim Öffnen der Verbindung werden Sie erneut nach dem Passwort gefragt, siehe Abbildung 1.20. Nach erfolgreichem Verbindungsaufbau können Sie analog die anderen vorher gezeigten Listings, etwa zum Ermitteln der HANA-Version oder Abfragen der Daten, verwenden.

Zusatz: Verbindungsdaten im HDB User Store speichern

```
from hana_ml import dataframe

# DEV ersetzen durch Name des Verbindungsschlüssel
connection = dataframe.ConnectionContext( KEY = 'DEV')
```

```
HANA DB User :  Password :
```

Abbildung 1.20: Verbindung mittels HDB User Store

2 Predictive Analysis Library mit SQLScript

Die Predictive Analysis Library (PAL) enthält eine Vielzahl von Machine-Learning-Verfahren und Methoden zur statistischen Auswertung von Daten. Ich zeige in diesem Kapitel, wie Sie diese Funktionen mit SQLScript in SAP HANA verwenden und Algorithmen für verschiedene Einsatzszenarien implementieren.

Die Funktionen der PAL, die ein breites Spektrum der häufig im ML-Umfeld eingesetzten Algorithmen und Techniken umfassen, gliedern sich in die folgenden Bereiche:

- Clustering-Algorithmen
- Klassifikations-Algorithmen
- Regressions-Algorithmen
- Assoziations-Algorithmen
- Algorithmen zur Zeitreihenanalyse
- Techniken zur Datenvorbereitung
- Statistische Berechnungen
- Algorithmen für die Analyse von sozialen Netzwerken
- Empfehlungsalgorithmen
- Vermischtes
- Prozeduren mit einheitlichen Interfaces (Unified Interfaces) für Klassifikation und Clustering, verfügbar ab SAP HANA 2.0 SPS05

Die Clustering-Algorithmen enthalten z. B. den bekannten K-Means-Algorithmus, während den Klassifikations-Algorithmen Verfahren wie Entscheidungsbäume oder neuronale Netze zugeordnet sind. Viele der Klassifikations-Algorithmen lassen sich auch als Regressions-Algorithmen einsetzen. Der Bereich Datenvorbereitung wiederum bietet verschiedene Techniken, z. B. Partitionierungsverfahren zum Unterteilen der Grunddaten in Trainings- und Testdaten oder Verfahren zum Behandeln fehlender Werte in den Daten.

Im Bereich Klassifikations-Algorithmen werden neben Trainingsalgorithmen auch Prozeduren zum Bewerten der trainierten Modelle angeboten, etwa zur Berechnung der Konfusionsmatrix (siehe nächster Abschnitt) oder von Profit-Kurven. Die Prozeduren im Bereich »einheitliche Interfaces« erlauben es, verschiedene Algorithmen mit derselben Prozedur zu verwenden. Dadurch lassen sich verschiedene Algorithmen für eine Problemstellung mit wenig Code-Aufwand ausprobieren.

Tabelle 2.1 zeigt Beispiele für den einzelnen Bereichen zugeordnete Algorithmen.

Bereich	Beispiele
Clustering	K-Means, Latent Dirichlet Allocation, DBScan, Anomalien-Erkennung
Klassifikation/Regression	Entscheidungsbaum, Multilayer Perceptron (Neuronales Netz), Multilineare Regression, Support Vector Machine
Zeitreihen	ARIMA, Exponentielle Glättung, Hierarchischer Forecast
Datenvorbereitung	Diskretisierung (Binning), Partitionierung, Behandlung fehlender Werte, Hauptkomponentenzerlegung (PCA)
Statistik	Korrelationsberechnung, Uni-/Multivariate Datenanalyse, Distributionsfitting
Verschiedenes	Modellvisualisierung (für Entscheidungsbäume), ABC-Analyse
Unified Interfaces	Klassifikation, Clustering und Zeitreihenanalyse mit einheitlichen Interfaces

Tabelle 2.1: Auswahl der verfügbaren Algorithmen

In den nächsten Abschnitten werfen wir einen genaueren Blick auf die Klassifikationsprobleme und Clusteranalysen.

2.1 Entscheidungsbäume für Klassifkationsprobleme

Bei den Verfahren des beaufsichtigten Lernens (siehe Abschnitt 1.2.2) geht es darum, Vorhersagemodelle zu entwickeln, die den Wert einer Zielvariablen auf Basis von Eingabevariablen prognostizieren. Wie schon im Einführungskapitel beschrieben, gibt es zwei grundlegende Problemstellungen beim beaufsichtigten Lernen:

- Klassifikationsprobleme für diskrete oder kategoriale Zielvariablen
- Regressionsprobleme für kontinuierliche Zielvariablen

Viele Algorithmen, wie Entscheidungsbäume oder neuronale Netze, lassen sich für beide Problemstellungen einsetzen.

Regression oder Klassifikation?

Betrachten Sie das Beispiel der Kündigungsanalyse aus Abschnitt 1.2.1, insbesondere Abbildung 1.3: Die dort skizzierte Datensammlung von aktiven und ehemaligen Kunden enthält Informationen wie Alter, Kontostand oder die Anzahl der genutzten Produkte. Zusätzlich gibt es ein Attribut »Kündigungsflag« (Spalte EXITED), das anzeigt, ob ein Kunde in den letzten drei Monaten gekündigt hat (entspricht der Ausprägung *1*) oder als Kunde dem Unternehmen treu geblieben ist (entspricht der Ausprägung *0*).

Dieses Attribut ist die Zielvariable, für die ein Prognosemodell erstellt werden soll. Das Modell prognostiziert auf Basis der informativen Merkmale, der Eingabevariablen, für jeden Kunden den Wert der Zielvariablen. Ein solches Modell ist ein Klassifikationsmodell, da die Zielvariable nur zwei mögliche Ausprägungen hat – im Beispiel entsprechend den Klassen »Kündigung«/»keine Kündigung«.

Möchten Sie hingegen das Attribut »Kontostand« vorhersagen, benötigen Sie ein Regressionsmodell, da dieses Attribut den Typ »Dezimalzahl« hat und somit als kontinuierliche Variable betrachtet werden muss.

Die Entwicklung des Modells läuft in zwei Schritten ab: Zunächst wird ein Klassifikationsmodell mit Trainingsdaten unter Verwendung der für jeden Datensatz bekannten, korrekten Klassenzuordnung trainiert. Dann wird das trainierte Modell durch eine Prognosebildung mittels Testdaten geprüft. Durch den Vergleich der tatsächlichen und der vom Modell vorhergesagten Klassenzuordnung ergibt sich die Verallgemeinerungsfähigkeit des Modells. Für die Testdaten ist demnach – ebenso wie für die Trainingsdaten – die Kenntnis der korrekten Klassenzuordnung notwendig, sie wird aber dem Modell während des Trainings nicht bekannt gemacht. Man bezeichnet die Testdaten daher auch als *zurückgehaltene Daten*, da sie während des Trainingsprozesses nicht verwendet werden dürfen.

Aus der PAL verwenden wir für das weitere Vorgehen die folgenden Funktionen:

- `_SYS_AFL.PAL_DECISION_TREE`: Trainieren eines Entscheidungsbaums
- `_SYS_AFL.PAL_DECISION_TREE_PREDICT`: Prognosebildung mit einem trainierten Entscheidungsbaum
- `_SYS_AFL.PAL_CONFUSION_MATRIX`: Berechnung der Konfusionsmatrix für die Beurteilung der Prognosegüte eines Modells

Lassen Sie uns das Vorgehen am Beispiel der Kündigungsvorhersage auf Basis der HANA-Tabelle CHURN (siehe Abschnitt 1.3 für den Import) aus dem Datenbankschema ML_DATA betrachten. Ich zeige Ihnen, wie Sie mit PAL einen Entscheidungsbaum trainieren, der das Kündigungsverhalten vorhersagt. Den trainierten Entscheidungsbaum wenden Sie dann auf eine Testmenge von Kundendaten an. Zum besseren Verständnis ist in Abbildung 2.1 ein Beispiel für einen einfachen Entscheidungsbaum gezeigt, der die Kunden auf Basis der Merkmale Bonität, Land und Alter klassifiziert.

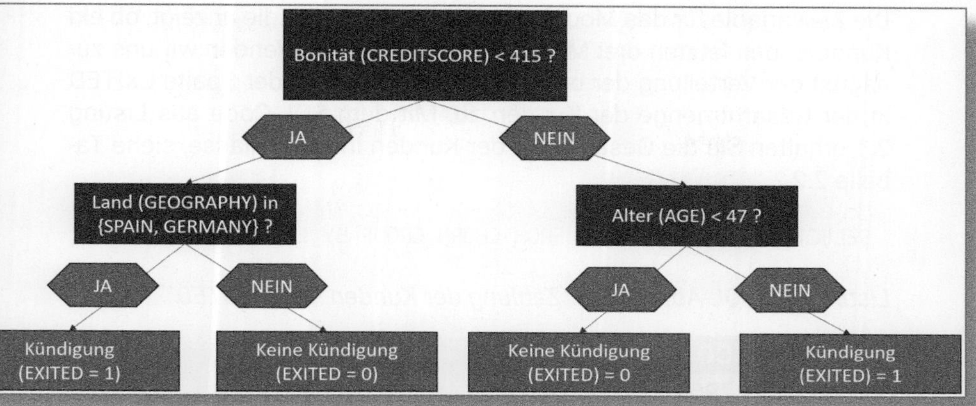

Abbildung 2.1: Ein einfacher Entscheidungsbaum

2.1.1 Trainieren eines Entscheidungsbaums

Stellen Sie zunächst eine Verbindung zu Ihrem HANA-System her und öffnen Sie eine SQL-Konsole im Schema ML_DATA.

Betrachten wir die Tabelle CHURN, von der Sie einen Auszug in Abbildung 2.2 sehen.

CUSTOMERID	GEOGRAPHY	AGE	BALANCE	NUMOFPROD...	EXITED
15.634.602	France	42	0	1	1
15.647.311	Spain	41	83.807,86	1	0
15.619.304	France	42	159.660,8	3	1
15.701.354	France	39	0	2	0
15.737.888	Spain	43	125.510,82	1	0
15.574.012	Spain	44	113.755,78	2	1
15.592.531	France	50	0	2	0
15.656.148	Germany	29	115.046,74	4	1

Abbildung 2.2: Auszug aus der Tabelle CHURN

Die Zielvariable für das Modell ist die Spalte EXITED, die anzeigt, ob ein Kunde in den letzten drei Monaten gekündigt hat. Wenden wir uns zunächst der Verteilung der beiden Klassen (*0* und *1*) der Spalte EXITED in der Gesamtmenge der Kunden zu. Mit dem SQL-Code aus Listing 2.1 erhalten Sie die Gesamtzahl der Kunden in jeder Klasse, siehe Tabelle 2.2.

```
SELECT EXITED, count(*) FROM CHURN GROUP BY EXITED
```

Listing 2.1: SQL-Abfrage zur Zählung der Kunden nach EXITED

EXITED	COUNT(*)
0	7963
1	2037

Tabelle 2.2: Verteilung des Merkmals EXITED in den Kundendaten

Die Klasse *0* (keine Kündigung) kommt in den Kundendaten deutlich häufiger vor als die Klasse *1* (Kündigung). Zum Trainieren eines Modells eignet sich aber eine Datenmenge besser, in der die Häufigkeiten der einzelnen Klassen in etwa ausgeglichen sind.

☛ Auswirkung von unausgewogenen Klassenverteilungen auf das trainierte Modell

Klingt das Erstellen einer ausgeglichenen Trainingsdatenmenge in Ihren Ohren manipulativ, als würde man damit die reale Situation verfälschen? Keine Sorge!

Da die Trainingsdaten nicht zur finalen Bewertung der Leistung des Modells verwendet werden, hat man eine gewisse Freiheit, sie für den Testzweck geeignet anzupassen.

Wenn in den Trainingsdaten eine Klasse sehr dominant ist, besteht die Gefahr, dass das trainierte Modell bevorzugt diese Klasse prognostiziert, um eine hohe Korrektklassifizierungsrate für die Trainingsdaten zu erreichen.

> Instanzen, die zu der selteneren Klasse gehören, werden dann bei der späteren produktiven Anwendung des Modells nur ungenügend erkannt. Oft ist aber gerade die Erkennung dieser selteneren Klasse, etwa die einer drohenden Kündigung oder betrügerischen Banküberweisung, essenziell.
>
> Es ist daher tatsächlich ein gängiges Verfahren, diesem Problem zu begegnen, indem die Trainingsdaten so aus der Grundmenge gebildet werden, dass die Häufigkeiten der einzelnen Klassen ausgewogen sind, z. B. annähernd übereinstimmen [1, S. 230ff.].

Mit dem Code in Listing 2.2 können Sie eine solche ausgewogene Trainingsdatenmenge erstellen. Zur Vereinfachung bilde ich hier eine Trainingsmenge, in der beide Klassen sogar gleich häufig sind. Betrachten wir das Coding im Detail: Durch verschiedene SELECT-Anweisungen werden schrittweise die folgenden Tabellenvariablen aufgebaut:

- `lt_input`: enthält von der Tabelle CHURN alle Spalten, die als Eingabevariablen verwendet werden, und die Spalte EXITED, die die Zielvariable darstellt.
- `lt_id_train`: enthält die Kundennummern (Spalte CUSTOMERID) von *1000* Kunden, die gekündigt haben, und von *1000* weiteren Kunden ohne Kündigung aus der Tabellenvariable `lt_input`. Die Tabellenvariable `lt_id_train` umfasst somit exakt die Kundennummern der Datensätze, die für das Training verwendet werden sollen.
- `lt_input_train`: enthält diejenigen Datensätze aus `lt_input`, deren Kundennummern in `lt_id_train` vorkommen. Diese Sätze werden für das Training des Modells verwendet.
- `lt_input_test`: enthält die Datensätze aus `lt_input`, die nicht für das Training ausgewählt wurden, also das Komplement zu `lt_input_train`.

Die Daten in `lt_input_train` werden als Trainingsdaten beim Aufruf der Trainingsprozedur `PAL_DECISION_TREE` angegeben. Die Daten der

Tabellenvariable `lt_input_test` hingegen verwenden Sie später in Abschnitt 2.1.2 für die Bewertung des Modells.

Beachten Sie, dass ich die SQL-Anweisungen in einem *anonymen Block* kapsele, der durch die Anweisung `DO BEGIN` geöffnet und durch die Anweisung `END;` geschlossen wird, siehe Listing 2.2. Im weiteren Verlauf fügen Sie die Quellcodes aus Listing 2.3 und Listing 2.4 jeweils **am Ende** des anonymen Blockes vor dem Signalwort `END` ein.

```
SET SCHEMA ML_DATA;

DO
BEGIN

lt_input = SELECT CUSTOMERID,
    CREDITSCORE,
    GEOGRAPHY,
    GENDER,
    AGE,
    TENURE,
    BALANCE,
    NUMOFPRODUCTS,
    HASCRCARD,
    ISACTIVEMEMBER,
    ESTIMATEDSALARY,
    EXITED FROM CHURN;

-- Ausgewogene Trainingsmenge erstellen
lt_id_train = SELECT TOP 1000 CUSTOMERID FROM :lt_input
    WHERE EXITED = 1
    UNION SELECT TOP 1000 CUSTOMERID FROM :lt_input
    WHERE EXITED = 0;

lt_input_train = SELECT * FROM :lt_input AS a
    WHERE EXISTS (SELECT CUSTOMERID FROM :lt_id_train AS b
        WHERE b.CUSTOMERID = a.CUSTOMERID);

lt_input_test = SELECT * FROM :lt_input AS a
    WHERE NOT EXISTS (
        SELECT CUSTOMERID FROM :lt_id_train AS b
```

```
        WHERE b.CUSTOMERID = a.CUSTOMERID);

-- Optional: Ausgabe der Trainingsdatenmenge:
-- SELECT * FROM :lt_input_train;

-- Hier Code der unten folgenden Listings einfügen
END;
```

Listing 2.2: Erstellen einer ausgewogenen Trainingsdatenmenge

👉 Anonyme Blöcke und Tabellenvariablen verwenden

Mit SQLScript lassen sich komplexe SQL-Anweisungen elegant in einzelne Anweisungen zerlegen. Hierzu sind anonyme Blöcke sehr hilfreich, da sie – auch ohne die Erstellung von Datenbankprozeduren – die Nutzung von Tabellenvariablen zum Referenzieren von Zwischenergebnissen erlauben. Mehr dazu finden Sie im Buch »SQLScript für SAP HANA« von Jörg Brandeis [7]. Dort wird auch beschrieben, wie man ab SAP HANA 2.0 SPS04 schreibende Operationen (Einfügen etc.) auf Tabellenvariablen ausführen kann. Dadurch lässt sich die in Listing 2.3 eingeführte temporäre Tabelle für die Parameter durch eine Tabellenvariable ersetzen.

👉 Kompletter Code zum Trainieren und Testen

Den kompletten Quellcode für das hier behandelte Beispiel finden Sie im Quellcodeverzeichnis (Anhang B) in der Datei *Ch_2_1_PAL_Churn_Dec_Tree_Train_Test.sql*. Diese beinhaltet sowohl das Training als auch das im nächsten Abschnitt behandelte Testen des Modells.

Die Prozedur `PAL_DECISION_TREE` besitzt zwei Eingabeparameter, siehe Tabelle 2.3. Der Parameter `DATA` erwartet eine Tabelle mit den Trainingsdaten. Hierfür verwenden Sie die Tabellenvariable `lt_input_train` aus Listing 2.2.

Name	Typ	Beschreibung
DATA	Tabelle	Trainingsdaten
PARAMETER	Tabelle	Tabelle mit Hyperparametern zur Konfiguration des Trainingsalgorithmus

Tabelle 2.3: Eingabeparameter von PAL_DECISION_TREE

Das Eingabeargument `PARAMETER` enthält die Hyperparameter, mit denen Sie den Trainingsalgorithmus konfigurieren können. Die Prozedur erwartet für dieses Argument eine Tabelle mit den folgenden Spalten:

- NAME: Name des Hyperparameters
- INT_VALUE: Angabe des Parameterwertes als Ganzzahl
- DOUBLE_VALUE: Angabe des Parameterwertes als Dezimalzahl
- STRING_VALUE: Angabe des Parameterwertes als zeichenartiges Objekt

Ein Beispiel für eine solche Parametertabelle sehen Sie in Abbildung 2.3.

NAME	INT_VALUE	DOUBLE_VALUE	STRING_VALUE
ALGORITHM	1	?	?
HAS_ID	1	?	?
CATEGORICAL_VARIABLE	?	?	EXITED
CATEGORICAL_VARIABLE	?	?	HASCRCARD
CATEGORICAL_VARIABLE	?	?	ISACTIVEMEMBER

Abbildung 2.3: Tabelle PARAMETER

Jede Zeile der Tabelle `PARAMETER` entspricht einem *Hyperparameter*. Diese Parameter beeinflussen den Ablauf des Trainings, die Verwendung der Variablen und die Struktur des erstellten Baums. Tabelle 2.4 zeigt eine Beispielkonfiguration.

Parameter	Wert	Beschreibung
ALGORITHM	1	Algorithmus zur Erstellung des Entscheidungsbaums
HAS_ID	1	Erste Spalte ist Schlüssel und soll ignoriert werden
CATEGORICAL_VARIABLE	EXITED	Kategoriale Variablen
CATEGORICAL_VARIABLE	HASCRCARD	
CATEGORICAL_VARIABLE	ISACTIVEMEMBER	

Tabelle 2.4: Einträge des Eingabeargumentes PARAMETER

Der verpflichtende Parameter *ALGORITHM* legt fest, welcher Algorithmus zum Aufbau des Entscheidungsbaums benutzt wird. Es stehen folgende Parameterwerte zur Verfügung:

- 1: *C4.5*
- 2: *CHAID*
- 3: *CART* (unterstützt Regression und Klassifikation)

☛ Wissenswertes zu Entscheidungsbäumen

Mit der Wahl eines Algorithmus (Hyperparameter *ALGORITHM*) legen Sie die Strategie fest, mit der aus den Trainingsdaten die Entscheidungsregeln zur Prognose der Zielgröße extrahiert werden. Somit werden durch verschiedene Algorithmen auch unterschiedliche Entscheidungsbäume aufgebaut. Je nach Algorithmus ist sowohl eine Klassifikations- als auch eine Regressionsanalyse möglich. Eine anschauliche Erklärung zu Entscheidungsbäumen bietet Ihnen das Buch »Data Science für Unternehmen« [1, S. 92]. In der genannten Referenz werden diese als »Baumstrukturmodelle« bezeichnet.

Der optionale Parameter *HAS_ID* gibt an, ob die erste Spalte der Eingabedaten eine reine Identifikationsspalte (z. B. der Primärschlüssel) ist und somit beim Training ignoriert werden soll.

Mit dem Parameter *CATEGORICAL_VARIABLE* können Sie für Spalten vom Typ `INTEGER` festlegen, dass diese als kategoriale Variable behandelt werden sollen. Dies ist insbesondere bei Variablen hilfreich, die eine boolsche Information *(WAHR/FALSCH)* darstellen oder bei denen der Wert keine Größenangabe, sondern nur eine Kategorienzuordnung darstellt.

Integer-Spalten als kategoriale oder ordinale Variablen

Die Spalte HASCRCARD (hat Kreditkarte) stellt eine boolsche JA/NEIN-Information dar. Sie hat nur die Ausprägungen *0* und *1*. Der Trainingsalgorithmus soll sie also als kategoriale Variable behandeln. Die Spalte NUMOFPRODUCTS wird hingegen als nicht-kategoriale Variable interpretiert, da hier auch die Größe der Zahl relevant sein kann.

Standardmäßig bildet die letzte Spalte der Eingabedaten die Zielvariable. Gemäß Listing 2.2 steht für unser Beispiel die Spalte EXITED am Ende. Sie können aber durch Angabe des Parameters *DEPENDENT_VARIABLE* (in der Eingabetabelle `PARAMETER`) auch eine andere Spalte als Zielvariable definieren.

In Listing 2.3 sehen Sie den SQL-Code zum Aufbau der lokalen Tabellenvariablen `lt_parameters_tbl`. Diese verwenden Sie beim Aufruf von `PAL_DECISION_TREE` als Eingabetabelle für das Eingabeargument `PARAMETER`. Fügen Sie – wie oben beschrieben – den SQL-Code am Ende (vor dem `END`-Befehl) von Listing 2.2 ein.

```
-- Einfügen in Quellcode aus Listing 2.2 vor END

CREATE LOCAL TEMPORARY COLUMN TABLE
    #PAL_PARAMETER_TBL(
        NAME VARCHAR (50),
        INT_VALUE INTEGER,
```

```
        DOUBLE_VALUE DOUBLE,
        STRING_VALUE VARCHAR (100));

INSERT INTO #PAL_PARAMETER_TBL VALUES
    ('ALGORITHM', 1, NULL, NULL);
INSERT INTO #PAL_PARAMETER_TBL VALUES
    ('HAS_ID', 1, NULL, NULL);

INSERT INTO #PAL_PARAMETER_TBL VALUES
    ('CATEGORICAL_VARIABLE', NULL, NULL, 'EXITED');
INSERT INTO #PAL_PARAMETER_TBL VALUES
    ('CATEGORICAL_VARIABLE', NULL, NULL, 'HASCRCARD');
INSERT INTO #PAL_PARAMETER_TBL VALUES
    ('CATEGORICAL_VARIABLE', NULL, NULL, 'ISACTIVEMEMBER');

lt_parameter_tbl = SELECT * FROM #PAL_PARAMETER_TBL;

-- Optional: Ausgabe der Parameter-Tabelle
-- SELECT * FROM :lt_parameter_tbl;
```

Listing 2.3: Vorbereiten der Parameter-Tabelle

Nachdem Sie die Tabellenvariablen `lt_input_train` und `lt_parameter_tbl` gefüllt haben, können Sie das Training durch Aufruf der Prozedur `PAL_DECISION_TREE` starten. Ergänzen Sie dazu das Coding aus Listing 2.4 hinter dem Code von Listing 2.3.

```
_SYS_AFL.PAL_DECISION_TREE (
    :lt_input_train,
    :lt_parameter_tbl,
    lt_model,
    lt_decision_rules,
    lt_confusion_matrix_train,
    lt_statistics,
    lt_cross_validation);

-- Optional: Ausgabe der Entscheidungsregeln und der
-- Konfusionsmatrix
SELECT * FROM :lt_decision_rules;
SELECT * FROM :lt_confusion_matrix_train;
```

Listing 2.4: Aufruf der Trainingsprozedur

Die Prozedur `PAL_DECISION_TREE` liefert fünf tabellenartige Rückgabeparameter, die den entsprechenden Tabellenvariablen zugewiesen werden, siehe Tabelle 2.5.

Parameter	Beschreibung
MODEL	Das trainierte Modell
DECISION_RULES	Entscheidungsregeln des Baums
CONFUSION_MATRIX	Konfusionsmatrix für die Trainingsdaten
STATISTICS	Statistiken bei Kreuzvalidierung
CROSS_VALIDATION	Beste Parameterwahl bei Kreuzvalidierung (hier nicht betrachtet)

Tabelle 2.5: Rückgabeparameter von DECISION_TREE

Der Parameter `MODEL` enthält das trainierte Modell, das im nächsten Abschnitt als Eingabe für die `PREDICT`-Prozedur eingesetzt wird.

Speichern des Modells zur späteren Verwendung

Da die Modellbeschreibung im Rückgabeparameter MODEL in Tabellenform vorliegt, können Sie sie direkt in einer HANA-Tabelle speichern und bei einer späteren Verwendung wieder laden. Es werden zwei Modellformate unterstützt: *JSON* und *PMML*. Das Modellformat steuern Sie durch Angabe des Konfigurationsparameters *MODEL_FORMAT* im Eingabeparameter `PARAMETER` der Trainingsprozedur.

In dem Rückgabeparameter `DECISION_RULES` werden die Entscheidungsregeln, nach denen der Entscheidungsbaum einen Kunden den Klassen *0* bzw. *1* zuordnet, in lesbarer Form ausgegeben. Ein Ausschnitt der Regeln ist in Abbildung 2.4 dargestellt.

	ROW_INDEX	RULES_CONTENT
1	0	(NUMOFPRODUCTS<1.5) && (CREDITSCORE<409.5) => 1
2	1	1.5=<NUMOFPRODUCTS<2.5) && (CREDITSCORE<409.5) => 1
3	2	(NUMOFPRODUCTS>=2.5) && 37.5=<AGE<42.5) => 1
4	3	(NUMOFPRODUCTS>=2.5) && 42.5=<AGE<66.5) => 1
5	4	(NUMOFPRODUCTS>=2.5) && (AGE>=66.5) => 1
6	5	(NUMOFPRODUCTS<1.5) && (CREDITSCORE>=409.5) && 37.5=<AGE<42.5) && (ESTIMATEDSALARY<303.5) => 1
7	6	(NUMOFPRODUCTS<1.5) && (CREDITSCORE>=409.5) && (AGE>=66.5) && (ISACTIVEMEMBER=0) => 1
8	7	1.5=<NUMOFPRODUCTS<2.5) && (CREDITSCORE>=409.5) && (AGE<37.5) && (TENURE>=9.5) => 0
9	8	1.5=<NUMOFPRODUCTS<2.5) && (CREDITSCORE>=409.5) && (AGE>=66.5) && (ISACTIVEMEMBER=0) => 1
10	9	(NUMOFPRODUCTS>=2.5) && (AGE<37.5) && (BALANCE>=87316.2) && (GENDER=Male) => 1
11	10	(NUMOFPRODUCTS<1.5) && (CREDITSCORE>=409.5) && 42.5=<AGE<66.5) && (ISACTIVEMEMBER=1) && (ESTIMATEDSALARY<303.5) => 1
12	11	(NUMOFPRODUCTS<1.5) && (CREDITSCORE>=409.5) && (AGE>=66.5) && (ISACTIVEMEMBER=1) && (GEOGRAPHY=France) => 0
13	12	(NUMOFPRODUCTS<1.5) && (CREDITSCORE>=409.5) && (AGE>=66.5) && (ISACTIVEMEMBER=1) && (GEOGRAPHY=Germany) => 1
14	13	1.5=<NUMOFPRODUCTS<2.5) && (CREDITSCORE>=409.5) && (AGE>=66.5) && (ISACTIVEMEMBER=1) && (HASCRCARD=0) => 0
15	14	(NUMOFPRODUCTS>=2.5) && (AGE<37.5) && (BALANCE<87316.2) && (ISACTIVEMEMBER=1) && (GEOGRAPHY=Spain) => 0
16	15	(NUMOFPRODUCTS>=2.5) && (AGE<37.5) && (BALANCE<87316.2) && (ISACTIVEMEMBER=0) && (HASCRCARD=1) => 1
17	16	(NUMOFPRODUCTS>=2.5) && (AGE<37.5) && (BALANCE>=87316.2) && (GENDER=Female) && (ISACTIVEMEMBER=1) => 1

Abbildung 2.4: Entscheidungsregeln für die Klassifikation

Der Rückgabeparameter `CONFUSION_MATRIX` weist die *Konfusionsmatrix* aus. Diese Matrix zählt die Häufigkeit der Kombinationen aus tatsächlicher Klasse (Spalte ACTUAL_CLASS) und vorhergesagter Klasse (Spalte PREDICTED_CLASS) in der Trainingsmenge. Damit kann ermittelt werden, wie viele Sätze durch das Klassifikationsmodell korrekt und wie viele falsch klassifiziert werden. Einen beispielhaften Inhalt sehen Sie in Tabelle 2.6.

ACTUAL_CLASS	PREDICTED_CLASS	COUNT
1	1	831
1	0	169
0	1	195
0	0	805

Tabelle 2.6: Konfusionsmatrix für die Trainingsdatenmenge

In der Spalte ACTUAL_CLASS steht die tatsächliche Ausprägung der Zielvariable, also der Wert aus der Spalte EXITED in den Trainingsdaten. Die Spalte PREDICTED_CLASS enthält den vom trainierten Entscheidungsbaum vorhergesagten Wert. In der Spalte COUNT wird gezählt, wie oft die jeweilige Kombination aus ACTUAL_CLASS und PREDICTED_CLASS in den Trainingsdaten vorkommt.

Eine korrekte Klassifizierung liegt somit vor, wenn die Einträge in ACTUAL_CLASS und PREDICTED_CLASS übereinstimmen. Eine einfache Kennzahl zur Beurteilung des Modells ist die bereits in der Einleitung erwähnte Korrektklassifikationsrate (engl.: *accuracy*). Sie gibt an, wie hoch der Anteil der korrekt klassifizierten an der Gesamtzahl aller Datensätze ist. Für die Klasse *1* liegt dieser Anteil bei 831 Datensätzen und somit bei ca. *82 %*, für die Klasse *0* bei 805 Datensätzen. Das Modell klassifiziert also einen Großteil der Trainingsdaten korrekt. Allerdings bedeutet ein gutes Klassifikationsergebnis für die Trainingsdaten nicht unbedingt, dass das Modell auch gute Prognosen für neue Daten liefert, die während des Trainings nicht berücksichtigt wurden. Dazu ist es notwendig, das Modell auf Testdaten anzuwenden und dort die Korrektklassifizierungsrate neu zu ermitteln. Darum kümmern wir uns im nächsten Abschnitt.

Steuerung der Modellkomplexität

Der konstruierte Entscheidungsbaum lässt sich durch einige weitere Hyperparameter beeinflussen. So kann etwa die maximale Größe des Baums begrenzt oder ein *Pruning (Stutzen)* nach dem Training durchgeführt werden, das den Baum durch einen simpleren Baum mit ähnlich guter Prognoseleistung ersetzt.

Eine einfache Methode zur Steuerung der Komplexität des Baums bietet der Hyperparameter *MAX_DEPTH*, der die maximal erlaubte Tiefe des Baums vorgibt. Die Tiefe eines Baums entspricht der höchsten Anzahl an Vergleichsbedingungen in den Entscheidungsregeln, also der Anzahl der Verzweigungen entlang eines Pfades. Der einfache Baum in Abbildung 2.1 hat beispielsweise eine Tiefe von *2*, da es pro Pfad nur zwei Entscheidungsregeln gibt. Sie können den Hyperparameter *MAX_DEPTH* durch Erweiterung von Listing 2.3 als ganzzahligen Wert beim Training festlegen. Weitere Hyperparameter finden Sie in der PAL-Dokumentation [9] unter PAL PROCEDURES • CLASSIFICATION ALGORITHMS • DECISION TREES.

! Overfitting vs. Underfitting

Wenn die Korrektklassifizierungsrate für Ihre Trainingsdaten sehr hoch, für die Validierungs- oder Testdaten hingegen deutlich niedriger sein sollte, ist das sogenannte *Overfitting* (Überanpassung) eingetreten. Durch die Wahl geeigneter Regularisierungsparameter können Sie das vermeiden, siehe [1]. Welche Regularisierungsparameter geeignet sind, hängt vom Modelltyp ab. Sie werden als Hyperparameter beim Training angegeben.

Wenn allerdings die Korrektklassifizierungsrate bereits für die Trainingsdaten zu niedrig ist, spricht man vom *Underfitting* (Unteranpassung). Auch in diesem Fall lohnt es sich, an den Hyperparametern zu schrauben, etwa einen anderen Algorithmus für die Extraktion der Entscheidungsregeln zu wählen (gemäß Tabelle 2.4 und den sich anschließenden Erläuterungen). Underfitting kann aber auch ein Hinweis darauf sein, dass der Modelltyp nicht geeignet ist oder die verwendeten Eingabevariablen der Grunddaten nicht ausreichen, die Zielvariable zu erklären.

2.1.2 Testen des trainierten Modells

In diesem Abschnitt wenden Sie das trainierte Modell (aus dem vorherigen Abschnitt) auf neue Daten an, die dem Lernalgorithmus zum Zeitpunkt des Trainings nicht präsentiert wurden. Durch den Vergleich zwischen vorhergesagter und tatsächlicher Klasse lässt sich die Verallgemeinerungsfähigkeit des Modells beurteilen.

Die Prognosebildung wird durch die Prozedur `SYS_AFL.PAL_DECISION_TREE_PREDICT` durchgeführt. Diese Methode hat folgende Eingabeargumente:

- `DATA`: die Tabelle mit den Eingabedaten für die Prognose
- `MODEL`: das trainierte Modell für die Prognosebildung
- `PARAMETER`: Parametertabelle zur Steuerung der Prognose

Im Eingabeparameter DATA übergeben Sie genau die Datensätze der Tabelle CHURN, die beim Training nicht verwendet wurden. Diese befinden sich – nach Ausführung des Codes aus Abschnitt 2.1.1 – in der Tabellenvariablen lt_input_test (vgl. Listing 2.2). Anders als bei den Trainingsdaten wird aber die letzte Spalte EXITED nicht übergeben. Diese soll nun vom Modell prognostiziert werden.

Den Befehl zum Aufbau der Eingabedaten finden Sie in Listing 2.5. Fügen Sie, wie gehabt, die Anweisung an das Ende des anonymen Blocks, den Sie im letzten Abschnitt erstellt haben. Beachten Sie, dass auch die weiteren Listings in diesem Abschnitt (Listing 2.6 bis Listing 2.9) immer innerhalb des anonymen Blocks aus Listing 2.2 ergänzt werden.

```
lt_input_prediction = SELECT CUSTOMERID,
    CREDITSCORE,
    GEOGRAPHY,
    GENDER,
    AGE,
    TENURE,
    BALANCE,
    NUMOFPRODUCTS,
    HASCRCARD,
    ISACTIVEMEMBER,
    ESTIMATEDSALARY FROM :lt_input_test;
```

Listing 2.5: Vorbereitung der Eingabedaten für die Prognosebildung

Im Eingabeparameter MODEL wird das zu verwendende trainierte Modell mitgegeben. Nutzen Sie die lokale Tabellenvariable lt_model aus Listing 2.4, in der das Modell nach dem Training gespeichert wurde. Die Tabelle PARAMETER übergeben Sie leer. Das trainierte Modell lässt sich nun mit dem Coding aus Listing 2.6 ausführen.

```
-- Leere Parametertabelle erzeugen
lt_parameters_predict = SELECT * FROM #PAL_PARAMETER_TBL
    WHERE NULL IS NOT NULL;

_SYS_AFL.PAL_DECISION_TREE_PREDICT(:lt_input_prediction,
    :lt_model,
```

```
    :lt_parameters_predict,
    lt_pal_result);
```

Listing 2.6: Anwenden des trainierten Modells auf Testdaten

Die Funktion `PAL_DECISION_TREE_PREDICT` hat einen Rückgabeparameter `RESULT`. Dieser wird der Tabellenvariablen `lt_pal_result` zugewiesen. In dieser Tabelle ist zu jedem Kunden (identifiziert durch CUSTOMERID) die vorhergesagte Klassenzuordnung eingetragen. Durch eine `SELECT`-Abfrage wie in Listing 2.7 können Sie sich die ersten 20 Einträge ausgeben lassen.

```
SELECT TOP 20 * FROM :lt_pal_result;
```

Listing 2.7: Abfrage der Prognoseergebnisse

Das Ergebnis sehen Sie in Abbildung 2.5: Die Spalte SCORE enthält die vorhergesagte Klasse, die Spalte CONFIDENCE Werte zwischen *0* und *1*. Letztere beschreibt, wie sicher die Prognose des Modells auf Basis der zugrunde liegenden Entscheidungsregeln ist.

	CUSTOMERID	SCORE	CONFIDENCE
1	15.732.199	0	1
2	15.749.050	1	0,6666666666666666
3	15.781.586	0	1
4	15.617.078	1	0,8928571428571429
5	15.723.339	1	0,6666666666666666
6	15.671.322	1	0,5
7	15.793.854	0	0,75
8	15.756.539	0	1
9	15.625.916	1	0,5833333333333334
10	15.683.195	0	1
11	15.721.719	0	1
12	15.641.690	0	1
13	15.634.896	0	1
14	15.671.590	0	1
15	15.778.287	0	0,9642857142857143
16	15.609.510	0	0,6666666666666666
17	15.742.229	0	0,6666666666666666
18	15.658.532	0	0,8888888888888888
19	15.590.993	1	1
20	15.565.701	1	1

Abbildung 2.5: Prognoseergebnisse

Als Nächstes berechnen wir auch für die Testdaten eine Konfusionsmatrix unter Verwendung der Funktion PAL_CONFUSION_MATRIX und können damit die Verallgemeinerungsfähigkeit des Modells beurteilen. Diese Methode hat die folgenden Eingabeparameter:

- DATA: Tabelle, in der für jeden Testdatensatz die vorhergesagte Klassenzuordnung in der Spalte PREDICTED_LABEL und die tatsächliche Klassenzuordnung in der Spalte ORIGINAL_LABEL steht.
- PARAMETER: Tabelle, in der Sie Parameter zur Berechnung bestimmter Gütekriterien (s. u.) mitgeben können. Für unsere Betrachtung sind diese Parameter aber nicht relevant.

Zunächst verknüpfen Sie die Prognoseergebnisse der Tabelle lt_pal_result mit der tatsächlichen Klassenzuordnung aus der Tabelle CHURN. Dieses Ergebnis wird in der Tabellenvariablen lt_input_confusion gespeichert. Damit können Sie, wie in Listing 2.8 gezeigt, die Methode PAL_CONFUSION_MATRIX aufrufen.

```
lt_input_confusion = SELECT CHURN.CUSTOMERID,
    CONCAT('',CHURN.EXITED) AS original_label,
    t_predicted.SCORE AS predicted_label
    FROM CHURN
    JOIN :lt_pal_result AS t_predicted
    ON CHURN.CUSTOMERID = t_predicted.CUSTOMERID;

lt_parameter_table = SELECT * FROM #pal_parameter_tbl
    WHERE NULL IS NOT NULL;

_SYS_AFL.PAL_CONFUSION_MATRIX(:lt_input_confusion,
    :lt_parameter_table,
    lt_confusion_matrix,
    lt_classification_report);

SELECT * FROM :lt_confusion_matrix;
```

Listing 2.8: Berechnung der Konfusionsmatrix

Betrachten wir die Konfusionsmatrix der Testdaten, siehe Tabelle 2.7. Die Spalte ORIGINAL_LABEL entspricht der Spalte ACTUAL_CLASS und die Spalte PREDICTED_LABEL der Spalte PREDICTED_CLASS von Tabelle 2.6. Der Anteil der falschen Klassifikationen im Vergleich zur Trainingsmenge hat erwartungsgemäß zugenommen: So werden nun *1860* Kunden, die nicht gekündigt haben, fälschlicherweise der Klasse »Kündigung« zugeordnet. Die Testdaten umfassen *8000* Sätze, von denen *5876* (*5103* nicht kündigende und *773* kündigende Kunden) korrekt klassifiziert werden. Die Korrektklassifikationsrate liegt bei ca. *73,5 %* und ist somit für die Testdaten erwartungsgemäß schlechter als die weiter oben ermittelte Rate für die Trainingsdaten, da die Testdaten nicht für das Training verwendet wurden. Ihr Wert erlaubt aber eine realistischere Beurteilung der Verwendbarkeit des Modells.

ORIGINAL_LABEL	PREDICTED_LABEL	COUNT
0	0	5103
0	1	1860
1	0	264
1	1	773

Tabelle 2.7: Konfusionsmatrix für die Testdaten

☛ Klassenverteilung in den Testdaten

Anhand von Tabelle 2.7 werden Sie erkennen, dass die Klasse *1* in den Testdaten unterrepräsentiert ist, da sie nur einen Anteil von ca. *13 %* (statt *20 %* in den Grunddaten) hat.

Das liegt daran, dass die Testdaten als Komplement zu den Trainingsdaten gebildet wurden, in denen wir absichtlich den Anteil der Klasse *1* erhöht haben.

Die berechnete Korrektklassifizierungsrate für die Testdaten erlaubt somit nur eine eingeschränkte Aussage darüber, welche Genauigkeit das Modell in der Praxis erreichen würde. Insbesondere Fehlklassifikationen von Instanzen der Klasse *1* würden weniger stark ins Gewicht fallen.

Um dem entgegenzuwirken, können Sie je nach Anwendungsfall die Testdaten mit einer für die Gesamtheit repräsentativen Klassenverteilung oder auch mit einer ausgewogenen Klassenverteilung (analog zu den Trainingsdaten) bilden.

Bei der Beurteilung von Klassifikationsmodellen ist es wichtig, die Treffsicherheit des Modells für die *einzelnen* Klassen mit geeigneten Gütekriterien zu ermitteln.

Ausgefeilte Methoden zur Bewertung eines Klassifikationsmodells berücksichtigen darüber hinaus weitere Faktoren, etwa die erwartete Verteilung der Klassen in den Daten oder die Kosten, die durch Falschklassifikationen entstehen [1, S. 238ff.].

Gütekriterien für die Bewertung von Klassifikationsmodellen

Neben der im letzten Abschnitt eingeführten Korrektklassifizierungsrate sind bei Klassifikationsproblemen weitere Gütekriterien gebräuchlich, mit denen ein Modell insbesondere danach beurteilt werden kann, wie gut die Instanzen einzelner Klassen passend eingeordnet werden. Das Ausgabeargument `CLASSIFICATION_REPORT` der Prozedur `PAL_CONFUSION_MATRIX` gibt drei häufig verwendete Kennzahlen aus (siehe »Beurteilung eines binären Klassifikators« [8]):

- *Recall:* Empfindlichkeit oder Sensitivität
- *Precision:* Genauigkeit
- *F Measure:* F-Maß

Tabelle 2.8 zeigt das Ergebnis einer SELECT-Abfrage auf die Tabellenvariable `lt_classification_report` (Listing 2.9). Zusätzlich löscht das gezeigte Listing als Aufräumaktion die temporäre Tabelle #PAL_PARAMETER_TBL. Damit ist der anonyme Block aus Trainings- und Testphase nun fertig aufgebaut und lässt sich bei Bedarf erneut ausführen.

```
SELECT * FROM :lt_classification_report;

-- Clean-up: Temporäre Tabelle für Parameter löschen
DROP TABLE #PAL_PARAMETER_TBL;
```

Listing 2.9: Abfrage des Klassifikationsreports und Clean-up

CLASS	RECALL	PRECISION	F_MEASURE	SUPPORT
0	73,29 %	95,08 %	0,82774	6963
1	74,54 %	29,36 %	0,42125	1037

Tabelle 2.8: Ausgabe des Klassifikationsreports der Testdaten

Die Bedeutung der Kennzahlen lässt sich am besten an einem einfachen Beispiel veranschaulichen: Die Kennzahl »Recall« für die Klasse *1* zählt, wie viele der Kunden, die tatsächlich in Klasse *1* sind, vom Klassifikationsmodell korrekt in Klasse *1* eingeordnet werden. Aus der Konfusionsmatrix für die Testdaten (Tabelle 2.7) können wir ablesen, dass es insgesamt *1037* Kunden in Klasse *1* gibt, von denen *773* korrekt eingeordnet werden. Wir erhalten also als Recall *74,54 %*, siehe Formeln in Abbildung 2.6.

$$\mathit{Recall}\ (\mathit{Klasse}\ 1)$$

$$= \frac{\mathit{Count}\ (\mathit{Predicted}_{\mathit{Label}} = \mathit{Original}_{\mathit{Label}} = 1)}{\mathit{Count}\ (\mathit{Original}_{\mathit{Label}} = 1)}$$

$$= \frac{773}{773 + 264} \approx 74{,}54\%$$

Abbildung 2.6: Recall für Klasse 1

Die Kennzahl »Precision« verwendet als Basis die Prognosen des Modells: Für die Klasse *1* wird gezählt, wie viele der Kunden, die vom Modell in Klasse *1* eingeordnet werden, tatsächlich zur Klasse *1* gehören. Erneut lesen wir aus der Konfusionsmatrix (Tabelle 2.7) ab, dass das Klassifikationsmodell von den Testdaten insgesamt *2633* Kunden in die Klasse *1* eingeordnet hat, von denen insgesamt *773* tatsächlich der Klasse *1* angehören. Wie in Abbildung 2.7 abzulesen ist, ergibt sich somit die Precision von *29,36 %*.

$$Precision\ (Klasse\ 1) = \frac{Count\ (\ Predicted_{Label} = Original_{Label} = 1\ )}{Count\ (\ Predicted_{Label} = 1\ )} = \frac{773}{773 + 1860} \approx 29{,}36\%$$

Abbildung 2.7: Precision für Klasse 1

Wie gut ist dieses Modell nun geeignet? Der Recall von ca. *75 %* bedeutet, dass ein Großteil der zur Abwanderung geneigten Kunden vom Modell erkannt wird und entsprechende Maßnahmen zur Verhinderung der drohenden Kündigung eingeleitet werden können. Umgekehrt bedeutet die Precision von ca. *30 %* für Klasse *1*, dass das Modell **zu oft** eine drohende Kündigung meldet: In *70 %* der gemeldeten Fälle liegt nämlich keine Kündigungsgefahr vor und nach diesem Modell getroffene Maßnahmen zur Verhinderung einer Kündigung wären für viele Kunden unnötig. Im weiteren Verlauf des Buches werde ich das Beispiel der Kündigungsvorhersage weiter betrachten und darstellen, wie Sie auch andere Modelltypen für diese Aufgabe einsetzen können.

Bewertung von binären Klassifizierern

Die hier verwendeten Erfolgskennzahlen wie Korrektklassifizierungsrate, Recall etc. werden im Wikipedia-Artikel »Beurteilung eines binären Klassifikators« [8] gut erklärt. Wie man vorgeht, die Eignung eines Klassifikationsmodells fachlich zu bewerten, wird in [1, S. 227ff.] ausführlich erläutert.

2.2 Clusteranalysen mit K-Means

Clusteranalysen bilden neben Klassifikationsanalysen einen wichtigen Grundpfeiler des Data Mining. Sie gehören zu den unbeaufsichtigten

Lernverfahren und dienen u. a. dem explorativen Analysieren von Daten.

Häufige Anwendungsfälle sind:

- das Erkennen von Mustern und Zusammenhängen in Daten,
- das Identifizieren von Gruppen von Datensätzen mit gemeinsamen Merkmalen oder ähnlichen Eigenschaften,
- das Komprimieren von Daten und die Vorverarbeitung für andere Machine-Learning-Verfahren.

Die PAL bietet verschiedene Clustering-Verfahren, wie etwa:

- K-Means,
- Density Based Clustering (DBSCAN),
- Self-Organizing Maps,
- Agglomerate Hierarchical Clustering,
- Anomaly Detection.

Auf den Algorithmus DBSCAN gehe ich in Abschnitt 4.3.2 ein. In diesem Abschnitt fokussiere ich auf die Verwendung des K-Means-Algorithmus. Dieser segmentiert die Grunddaten in eine festgelegte Zahl von Clustern, indem er jeden Datensatz einem eindeutigen Cluster zuordnet. Die Cluster werden durch Mittelpunkte charakterisiert, die der Algorithmus während der Ausführung selbstständig berechnet.

Clusteranalyse für Kundendaten

Betrachten wir unsere Beispieldatenmenge mit den Kundendaten aus Abschnitt 1.2.1, die in der HANA-Tabelle CHURN vorliegen. Die Kunden werden durch verschiedene Attribute (Alter, Bonität, Gehalt, Kontostand etc.) beschrieben. Diese Attribute bilden die Eingabevariablen für den Cluster-Algorithmus. Bei der Clusteranalyse geht es darum, Kunden anhand ähnlicher Eigenschaften (in Bezug auf die Attribute) zu gruppieren und somit die Kundenstruktur besser zu verstehen.

Ein mögliches Ergebnis zeigt Abbildung 2.8. Nach Durchführung des Clustering-Algorithmus ist jeder Kunde genau einem Cluster (entspricht einer Kundengruppe) zugeordnet. Das Streudiagramm zeigt die Kunden nach den Attributen »Alter« und »Bonität« und weist (durch Färbung der Punkte) die Clusterzuordnung aus. In diesem idealisierten Beispiel ähneln sich die Kunden innerhalb eines Clusters in Bezug auf die beiden genannten Attribute:

- Cluster 1: Jüngere Kunden mit niedriger Bonität
- Cluster 2: Jüngere Kunden mit hoher Bonität
- Cluster 3: Ältere Kunden mit hoher Bonität

Der Mittelpunkt (Zentrum) jedes Clusters (durch Kreuze in der Abbildung markiert) wird durch die für Kunden verwendeten Attribute berechnet: Für die numerischen Eingabevariablen wird der Mittelwert über alle Kunden im jeweiligen Cluster gebildet, für die kategorialen Variablen wird der häufigste Wert im Cluster verwendet.

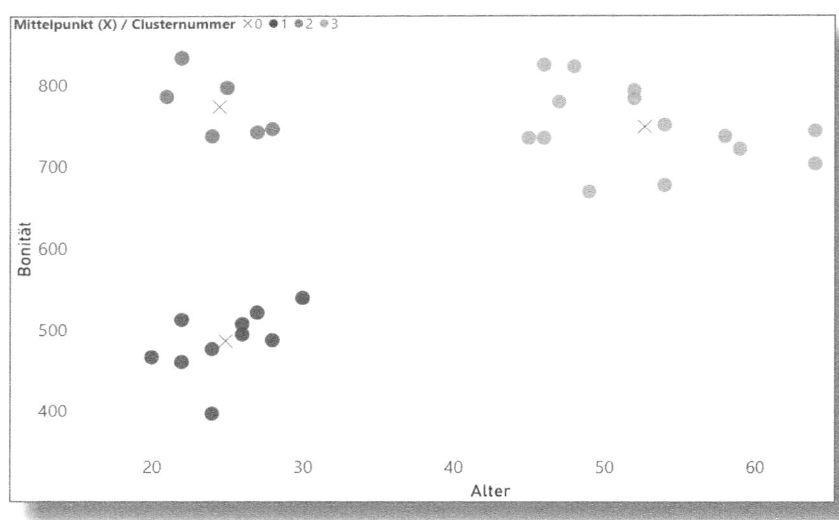

Abbildung 2.8: Beispielhaftes Clustering nach Alter und Bonität

Der K-Means-Algorithmus wird durch die Prozedur `_SYS_AFL.PAL_KMEANS` aufgerufen. Diese verfügt über zwei Eingabeparameter `DATA` und `PARAMETER`, siehe Tabelle 2.9.

Name	Typ	Beschreibung
DATA	Tabelle	Eingabedaten für das Clustering
PARAMETER	Tabelle	Hyperparameter

Tabelle 2.9: Eingabeparameter von K-Means

Im Eingabeparameter `PARAMETER` werden die Hyperparameter für das Clustering festgelegt. Eine Auswahl der möglichen Parameter sehen Sie in Tabelle 2.10. Das Eingabeargument `PARAMETER` füllen Sie mit dem analogen Quellcode wie in Listing 2.3 im vorherigen Abschnitt, indem Sie die für K-Means notwendigen Parameter eintragen. Beachten Sie, dass Sie je nach Typ des Parameters die Spalten INT_VALUE, DOUBLE_VALUE oder STRING_VALUE füllen müssen.

Parameter	Beschreibung	Typ	Beispiel
GROUP_NUMBER	Clusterzahl	INT	*5*
GROUP_NUMBER_MIN	Minimale Clusterzahl	INT	*2*
GROUP_NUMBER_MAX	Maximale Clusterzahl	INT	*10*
DISTANCE_LEVEL	Methode zur Distanzberechnung	INT	*2*
INIT_TYPE	Initialisierungsvorgehen	INT	*4*
CATEGORICAL_VARIABLE	Kategoriale Variablen	STRING	*leer*
THREAD_RATIO	Anteil der verwendeten Prozesse	DOUBLE	*0,5*
NORMALIZATION	Numerische Variablen normieren	INT	*0*

Tabelle 2.10: Konfigurationsparameter für K-Means

Einen beispielhaften Aufbau der Parametertabelle sehen Sie in Abbildung 2.9.

PARAM_NAME	INT_VALUE	DOUBLE_VALUE	STRING_VALUE
GROUP_NUMBER	4	?	?
INIT_TYPE	3	?	?
DISTANCE_LEVEL	2	?	?
THREAD_RATIO	?	0,5	?

Abbildung 2.9: Beispiel einer Parametertabelle

Betrachten wir die Parameter im Detail:

- *GROUP_NUMBER:* legt die Anzahl der zu bildenden Cluster fest.
- *GROUP_NUMBER_MIN, GROUP_NUMBER_MAX:* Alternativ zu einer festen Clusterzahl im Parameter *GROUP_NUMBER* können Sie einen Bereich für die Anzahl der zu bildenden Cluster vorgeben. Dabei bestimmen der Parameter *GROUP_NUMBER_MIN* die Mindestzahl und der Parameter *GROUP_NUMBER_MAX* die Maximalzahl der zu bildenden Cluster.
- *DISTANCE_LEVEL:* Methode zur Berechnung des Abstands zwischen den Datensätzen. Mögliche Werte sind:
  - *1:* Manhattan-Distanz,
  - *2:* Euklidische Distanz,
  - *3:* Minkowski-Distanz,
  - *4:* Chebyshev-Distanz,
  - *6:* Cosinus-Distanz.
- *INIT_TYPE:* Strategie für die initiale Wahl der Mittelpunkte zu Beginn des Algorithmus:
  - *1:* Selektion der ersten *k* Sätze der Eingabedaten als initiale Mittelpunkte der Cluster, wobei *k* die durch den Parameter *GROUP_NUMBER* vorgegebene Zahl der Cluster ist,
  - *2, 3:* zufällige Auswahl aus den Datensätzen,
  - *4:* Selektion gemäß einem patentierten Verfahren.

- *CATEGORICAL_VARIABLE:* analoge Verwendung wie bei den Klassifikationsalgorithmen. Legt fest, welche numerischen Variablen als kategorial betrachtet werden sollen.
- *THREAD_RATIO:* steuert den Parallelisierungsgrad bei der Ausführung des Algorithmus. Ein höherer Wert entspricht einer stärkeren Parallelisierung und bewirkt somit eine schnellere Ausführung sowie, als Folgeeffekt, eine höhere Systemauslastung.
- *NORMALIZATION:* Mit diesem Parameter können die Werte von numerischen Variablen reskaliert werden. Das ist hilfreich, wenn sich die Skalen der Variablen stark unterscheiden, etwa AGE im Bereich (18, 100) und BALANCE im Bereich (0, 250.000). Erlaubte Werte sind:
  - *0:* keine Normalisierung,
  - *1:* satzweise Normalisierung,
  - *2:* spaltenbasierte Normalisierung.

Details zu K-Means

Grundlegend für die Funktionsweise des Clustering-Algorithmus ist die Berechnung von Abständen zwischen den Datensätzen der Eingabedaten. Für die Berechnung dieser Abstände gibt es verschiedene Strategien, die Sie durch den Parameter *DISTANCE_LEVEL* festlegen können: Die *euklidische Distanz* entspricht dem gewohnten Abstandsbegriff. Die *Manhattan-Distanz* lässt sich als Schachbrettmetrik veranschaulichen. Die *Cosinus-Distanz* misst nicht die absoluten Abstände, sondern die Ähnlichkeit zwischen Instanzen durch das Skalarprodukt. Sie ist besonders für die Bereiche Bildverarbeitung und Text Mining interessant [1, S. 196ff.].

Ausgehend von der initialen Wahl der Mittelpunkte der Cluster (auf Basis des Parameters *INIT_TYPE*) wird jeder Datensatz demjenigen Cluster zugewiesen, zu dessen Mittelpunkt er den kleinsten Abstand hat. Die Mittelpunkte der Cluster werden nun auf Basis der zugewiesenen Datensätze neu berechnet und die Zuweisung der Datensätze entsprechend den veränderten Mittelpunkten geprüft und ggf. aktualisiert. Dieses Vorgehen wird mehrfach wiederholt, bis sich die Mittelpunkte und Zuweisungen zu den Clustern nicht mehr ändern. Eine anschauliche Beschreibung von K-Means und anderen Clustering-Verfahren finden Sie in [1, S. 209ff.].

Analog zum Training der Entscheidungsbäume im letzten Abschnitt kapsele ich die einzelnen Schritte – also das Vorbereiten der Parameter, Selektieren der Daten und Durchführen des Clusterings – in einem anonymen Block. In Listing 2.10 sehen Sie dessen strukturellen Aufbau. Befüllen Sie zunächst die Tabellenvariable `lt_parameter` mit den in Abbildung 2.9 gezeigten Eingabeparametern (im Listing 2.10 ausgelassen, analog zu Listing 2.3).

Die Eingabedaten für das Clustering bilden Sie, indem Sie in der Variablen `lt_churn` alle Kunden aus der Datenbanktabelle CHURN selektieren, die der WHERE-Bedingung *BALANCE > 0* genügen. Durch Angabe der Spaltennamen im SELECT-Statement bestimmen Sie, welche Spalten als Eingabevariablen für das Clustering verwendet werden sollen. Die erste Spalte ist die Schlüsselspalte zur Identifizierung der Kunden und dient nicht als Eingabevariable. Der Cluster-Algorithmus wird durch die Prozedur `PAL_KMEANS` gestartet.

```
SET SCHEMA ML_DATA;

-- Vor erneutem Durchlauf: Tabellen löschen

-- Diesen Quelltext einkommentieren ab zweitem Durchlauf
-- DROP TABLE #PAL_PARAMETER_TBL;
-- DROP TABLE CLUST_RES_CHURN;
-- Falls Modell gespeichert wird => auch diese Tabelle
-- löschen
-- DROP TABLE ML_DATA.PAL_KMEANS_MODEL;

DO BEGIN

-- Aufbau der Parametertabelle
-- Auslassung, siehe Quellcodeverzeichnis
```

```
lt_churn = SELECT CUSTOMERID,
    GEOGRAPHY,
    AGE,
    TENURE,
    BALANCE,
    NUMOFPRODUCTS,
    ESTIMATEDSALARY
    FROM CHURN WHERE BALANCE > 0;

CALL _SYS_AFL.PAL_KMEANS(:lt_churn,
    :lt_parameter,
    lt_result,
    lt_centers,
    lt_model,
    lt_statistics,
    lt_placeholder);

-- Optional: Ausgabe von Zuweisung (LT_RESULT) und
-- Zentrumspunkten (LT_CENTERS)
--SELECT * FROM :lt_result;
--SELECT * FROM :lt_centers;

-- Einfügen: Auswertung aus weiteren Listings unten
--    Abfrage lt_statistics, Modell speichern etc.
END;
```

Listing 2.10: Aufruf von K-Means

☛ Gesamter Quellcode zu K-Means

In der Datei *Ch_2_2_PAL_Churn_Kmeans.sql* im Quellcodeverzeichnis (Anhang B) finden Sie alle Listings dieses Abschnitts zusammengefasst zu einem lauffähigen Skript. Beachten Sie, bei mehrmaliger Ausführung die Befehle zum Löschen der Tabellen am Anfang der Datei zu aktivieren.

Die Cluster-Prozedur füllt die in Tabelle 2.11 gezeigten Rückgabeparameter.

Name	Typ	Beschreibung
RESULT	Tabelle	Clusterzuweisung
CENTERS	Tabelle	Clusterzentren
MODEL	Tabelle	Modell
STATISTICS	Tabelle	statistische Informationen

Tabelle 2.11: Rückgabeparameter von K-Means

In der Tabelle CENTERS sind die Mittelpunkte (auch *Zentren* genannt) der einzelnen Cluster angegeben, deren Lage durch die gleichen Spalten wie jene der Eingabedaten DATA beschrieben wird (siehe hierzu auch den Beispielkasten »Clusteranalyse für Kundendaten«). In der Tabelle RESULT finden Sie die Zuordnung der Quellsätze zu den Clustern. Die Identifikation erfolgt stets über die erste Spalte in DATA, die als Schlüsselspalte genutzt wird.

Indem Sie die Rückgabeparameter CENTERS (Tabellenvariable `lt_centers`) und RESULT (Tabellenvariable `lt_result`) verknüpfen, können Sie das Clustering-Ergebnis auswerten. Mit Listing 2.11 zählen Sie beispielsweise, wie viele Kunden den einzelnen Clustern zugeordnet sind. Oder Sie schätzen aus der Lage der Mittelpunkte der Cluster ab, durch welche Merkmale sich die Kunden verschiedener Cluster voneinander unterscheiden, siehe Abbildung 2.10. In der Spalte AGE erkennt man kaum einen Unterschied zwischen den Mittelpunkten, dafür aber in den Spalten BALANCE und ESTIMATEDSALARY.

```
lt_cen_count = SELECT CLUSTER_ID,
    count(*) AS COUNT_MEM FROM :lt_result
    GROUP BY CLUSTER_ID;

lt_cen_res = SELECT cen.CLUSTER_ID,
    COUNT_MEM,
    cen.AGE,
    cen.BALANCE,
    cen.ESTIMATEDSALARY
    FROM :lt_centers AS cen
    JOIN :lt_cen_count AS cen_count
```

```
    ON cen.CLUSTER_ID = cen_count.CLUSTER_ID;

SELECT * FROM :lt_cen_res ORDER BY COUNT_MEM;
```

Listing 2.11: Clusterzentren ausgeben und Zuweisungen zählen

CLUSTER_ID	COUNT_MEM	AGE	BALANCE	ESTIMATEDSALARY
2	1.951	39,05740645822655	119.275,4028651972	169.334,17839056905
3	1.921	39,16189484643415	120.899,90698073927	31.934,52469547111
0	1.265	39,50591949486977	92.305,36359116025	98.741,63959747434
1	1.246	39,159163987138...	147.068,29976688107	101.331,19177652732

Abbildung 2.10: Clusterzentren mit Zählung

Um den Aufbau der einzelnen Cluster besser zu verstehen, sollten Sie die Attribute der Eingabedaten und die Clusterzuweisungen zueinander in Beziehung setzen. Dazu verknüpfen Sie die Quelldaten (Tabelle CHURN), die sämtliche Attribute der Kunden enthalten, mit der Clusterzuweisung in `lt_result`. In Listing 2.12 sehen Sie den entsprechenden Code, den Sie wiederum innerhalb des anonymen Blocks einbauen. Das Ergebnis wird in der Datenbanktabelle CLUST_RES_CHURN gespeichert, damit wir es im nächsten Schritt visualisieren können. In Abbildung 2.11 sehen Sie zu jeder Kundennummer (CUSTOMERID) die Clusterzuweisung (CLUSTER_ID).

```
lt_churn_w_clust = SELECT clust_assign.CLUSTER_ID,
    clust_assign.DISTANCE,
    churn.*
    FROM :lt_result AS clust_assign
    JOIN :lt_churn AS churn
    ON clust_assign.CUSTOMERID = churn.CUSTOMERID;

-- Zuordnung Datensatz zu Cluster ausgeben
SELECT * FROM :lt_churn_w_clust;

-- Speichern in Tabelle
CREATE TABLE CLUST_RES_CHURN AS (
    SELECT * FROM :lt_churn_w_clust);
```

Listing 2.12: Clusterzuordnung mit Quelldaten verknüpfen und speichern

CLUSTER_ID	DISTANCE	CUSTOMERID	GEOGRAPHY	AGE	TENURE	BALANCE	NUMOFPRODUCTS	ESTIMATEDSALARY
0	16.207,883565481383	15.647.311	Spain	41	1	83.807,86	1	112.542,58
1	17.814,560863747105	15.619.304	France	42	8	159.660,8	3	113.931,57
1	30.979,039790388833	15.737.888	Spain	43	2	125.510,...	1	79.084,1
2	20.341,38361858714	15.574.012	Spain	44	8	113.755,...	2	149.756,71
0	30.688,443435380967	15.656.148	Germany	29	4	115.046,...	4	119.346,88
1	26.863,885101657794	15.792.365	France	44	4	142.051,...	2	74.940,5
1	32.122,852897942754	15.592.389	France	27	2	134.603,...	1	71.725,73
0	20.948,145120245546	15.767.821	France	31	6	102.016,...	2	80.181,12

Abbildung 2.11: Quelldaten mit Clusterzuordnung

Nun können Sie die Daten der HANA-Tabelle CLUST_RES_CHURN, die das Ergebnis der letzten Abfrage enthält, mit der – in Abschnitt 1.3 beschriebenen – Funktion DATA PREVIEW in Eclipse visualisieren. Suchen Sie dazu die Tabelle CLUST_RES_CHURN im Schema ML_DATA und öffnen Sie im Kontextmenü die Funktion OPEN DATA PREVIEW, siehe Abbildung 2.12.

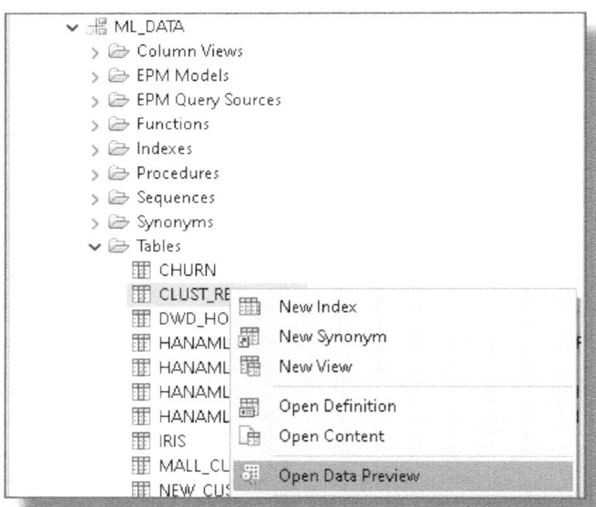

Abbildung 2.12: Data Preview für das Cluster-Ergebnis

Im Reiter ANALYSIS stehen Ihnen verschiedene Diagrammtypen zur Verfügung, u. a.:

- Heatmap,
- Boxplot,
- Streudiagramm.

Abbildung 2.13 zeigt ein Beispiel für ein Streudiagramm. Um dieses Bild zu sehen, gehen Sie wie folgt vor: Fügen Sie im Bereich LABELS AXIS ❶ die Attribute *CLUSTER_ID* und *CUSTOMERID* aus dem Spaltenvorrat (AVAILABLE OBJECTS) hinzu. Achten Sie darauf, dass *CLUSTER_ID* an erster Stelle steht, damit die Einfärbung der Punkte die Clusterzuweisung widerspiegelt. Im Bereich VALUES AXIS ❷ ergänzen Sie *BALANCE* und *ESTIMATEDSALARY*. Wählen Sie nun durch Klick auf das entsprechende Icon ❸ den Diagrammtyp Streudiagramm.

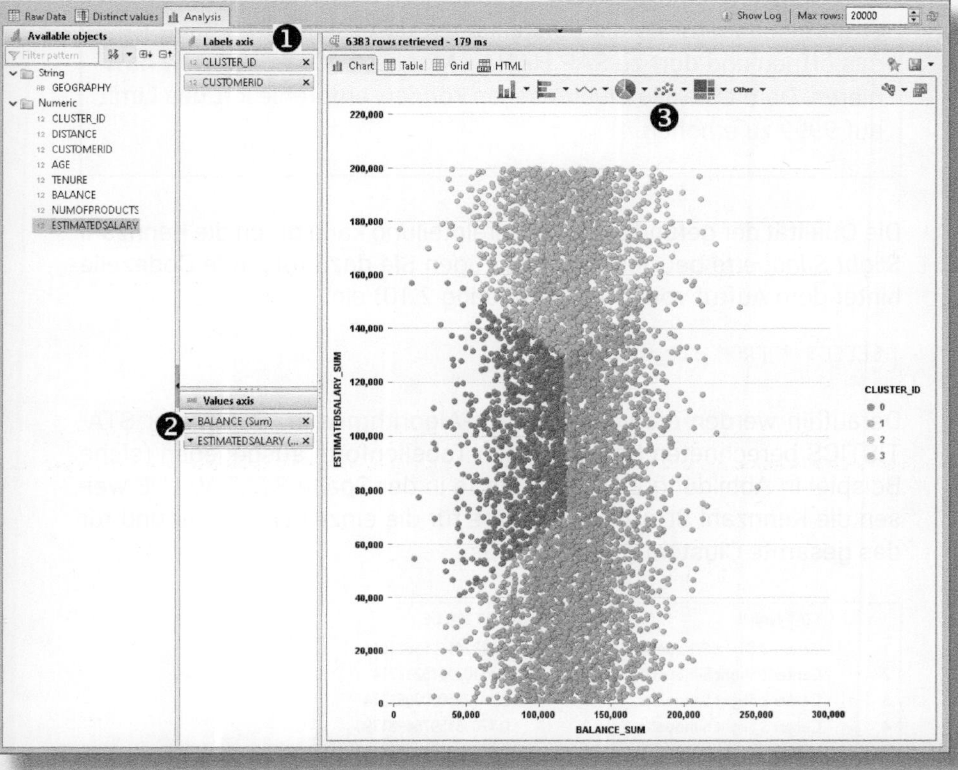

Abbildung 2.13: Streudiagramm des Clustering

Das Ergebnis des Clustering lässt sich so interpretieren:

- Die Abgrenzung der einzelnen Cluster erfolgt auf Basis der Merkmale BALANCE und ESTIMATEDSALARY.
- Cluster *3* enthält Kunden mit niedrigeren Gehältern, Cluster *0* und *1* diejenigen mit mittleren und Cluster *2* diejenigen mit den höheren Gehältern.
- Cluster *0* und *1* werden zusätzlich durch das Merkmal BALANCE voneinander abgegrenzt.

Zeilenlimit in der Datenvorschau

Standardmäßig ist Eclipse so eingestellt, dass in der Datenvorschau maximal 5000 Zeilen sichtbar sind. Sie können dieses Limit entfernen, indem Sie die Einstellungen unter WINDOW • PREFERENCES öffnen und dort zu SAP HANA • MODELER • DATA PREVIEW navigieren. Damit Sie alle Cluster sehen können, empfehle ich, das Limit auf *9999* zu erhöhen.

Die Qualität der gefundenen Clustereinteilung kann durch die Kennzahl *Slight Silhouette* beurteilt werden. Fügen Sie dazu folgende Codezeile hinter dem Aufruf von K-Means (Listing 2.10) ein:

```
SELECT * FROM :lt_statistics;
```

Daraufhin werden die vom K-Means-Algorithmus im Parameter STATISTICS berechneten Kennzahlen in Tabellenform ausgegeben (siehe Beispiel in Abbildung 2.14). Die Werte in der Spalte STAT_VALUE weisen die Kennzahl SLIGHT SILHOUETTE für die einzelnen Cluster und für das gesamte Clustering (Zeile 5) aus.

	STAT_NAME	STAT_VALUE
1	Center 0 Slight Silhouette	0.5332616555627016
2	Center 1 Slight Silhouette	0.451020675211714
3	Center 2 Slight Silhouette	0.4457060009082274
4	Center 3 Slight Silhouette	0.47038159766981796
5	SlightSilhouette	0.4786900080284559

Abbildung 2.14: Berechnung der Slight Silhouette

Die Kennzahl misst, wie stark die Datenpunkte durch das Clustering voneinander separiert werden. Der beste Wert ist *1*, der schlechteste *-1*. Die genaue Formel und mehr Erläuterungen finden Sie in der Beschreibung von K-Means in der PAL-Dokumentation der SAP [9].

Experimente mit K-Means

Probieren Sie das Clustering-Verfahren ein wenig aus, indem Sie verschiedene Werte für die Clusterzahl (`GROUP_NUMBER`) und die anderen Parameter wählen. Versuchen Sie es auch mit anderen Diagrammtypen wie Boxplot oder Heatmap.

Das erzeugte Clustering-Modell (Rückgabeparameter MODEL von `PAL_KMEANS`) lässt sich zur späteren Verwendung in einer Tabelle speichern. Fügen Sie dazu folgende Codezeile im anonymen Block von Listing 2.10 hinter dem Aufruf der Prozedur `PAL_KMEANS` ein:

```
CREATE TABLE ML_DATA.PAL_KMEANS_MODEL AS (SELECT * FROM
:lt_model);
```

Auf Basis eines solchen gespeicherten Clustering-Modells können Sie mithilfe der Prozedur `_SYS_AFL.PAL_CLUSTER_ASSIGNMENT` die Clusterzuweisung für neue Punkte ermitteln, die nicht beim Ausführen des Clustering-Algorithmus verwendet wurden. Diese Prozedur wird ähnlich wie die K-Means-Prozedur aufgerufen. Im Skript *Ch_2_2_PAL_Churn_Cluster_Assignment.sql* aus dem Quellcodeverzeichnis (Anhang B) sind der Aufruf und die notwendigen Schritte zur Vorbereitung dargestellt.

Beachten Sie folgende Punkte bei der Anwendung von K-Means:

- Die gefundene Segmentierung ist empfindlich gegenüber Ausreißern und Rauschen in den Daten, da beide Phänomene die Lage der Mittelpunkte stark beeinflussen.
- Der Algorithmus *DBSCAN* hingegen ist robuster gegenüber einem Rauschen in den Daten und kann Ausreißer beim Clustering herausfiltern.

- Das Ergebnis von K-Means hängt stark von den gewählten Startpunkten ab. Sie sollten daher verschiedene Initialisierungsstrategien (Parameter `INIT_TYPE`) ausprobieren und das Clustering mehrfach ausführen.
- Der Algorithmus *Accelerated K-Means* bietet eine beschleunigte Implementierung und reduziert die Verarbeitungszeit bei großen Datenmengen.
- Mit dem Algorithmus *Anomaly Detection* können Sie Ausreißer und Anomalien in Daten untersuchen. Diese Anomalienerkennung stellt die Prozedur `_SYS_AFL.PAL_ANOMALY_DETECTION` bereit. Die Implementierung basiert auf dem K-Means-Algorithmus.

3 Automated Predictive Library mit SQLScript

Die Automated Predictive Library (APL) unterstützt Sie bei der Behandlung typischer Machine-Learning-Fragestellungen, wie Cluster- oder Klassifikationsanalysen, und zeichnet sich durch einen hohen Automatisierungsgrad der verschiedenen Schritte beim Machine Learning aus. Während bei den PAL-Funktionen der verwendete Algorithmus meist explizit festgelegt werden muss, selektieren die APL-Funktionen den für die Aufgabenstellung passenden Algorithmus automatisch. Dadurch können die APL-Funktionen auch ohne tiefere Detailkenntnis in den zugrunde liegenden ML-Techniken verwendet werden.

Die APL unterstützt folgende Analyseszenarien bzw. zugehörige Modelltypen:

- Klassifikations- bzw. Regressionsanalyse
- Clustering
- Zeitreihenanalyse
- Empfehlungsalgorithmen
- Analyse von (sozialen) Netzwerken

Für jedes dieser Szenarien implementiert die APL im Wesentlichen einen Trainingsalgorithmus, der die Erstellung von Modellen unterschiedlicher Komplexität erlaubt. Die Steuerung der Komplexität sowie das Tunen der Hyperparameter eines Modells erfolgen ebenso automatisch durch die APL wie die Berechnung hilfreicher Kennzahlen und Statistiken zur Bewertung des Modells oder zur Analyse des Einflusses von Eingabevariablen.

Die Funktionen der APL sind in zwei Kategorien unterteilt:

- Predictive Business Functions
- Predictive Model Functions

Die *Predictive Business Functions* behandeln bestimmte fachliche Fragestellungen, z. B. bzgl. der Einflussfaktoren auf eine Zielgröße oder der Vorhersage für eine Zeitreihe. Um diese Fragestellungen zu beantworten, wird in der Regel im Hintergrund ein Machine-Learning-Modell trainiert. Ein direkter Zugriff des Anwenders auf das Modell ist aber nicht notwendig.

Die *Predictive Model Functions* decken alle Funktionen rund um das Trainieren, Testen und Anwenden von Machine-Learning-Modellen für die oben genannten Analyseszenarien ab.

3.1 Ad-hoc-Analysen mit Predictive Business Functions

Predictive Business Functions bieten einen vereinfachten Zugriff auf die Data-Mining-Funktionen der APL. Die für ein spezifisches Analyseszenario relevanten Machine-Learning-Funktionen werden in einer Prozedur gekapselt, sodass Sie mit wenig Implementierungsaufwand erste Erkenntnisse aus Ihren Daten ziehen können.

Folgende Funktionen werden angeboten, in Klammern ist der technische Name der APL-Prozedur angegeben:

- Datenprofil erstellen (`PROFILE_DATA`): verschiedene Statistiken zu Daten berechnen, z. B. die Häufigkeit bestimmter Werte einer Variablen
- Einflussfaktoren berechnen (`KEY_INFLUENCERS`): Einfluss von Eingabevariablen auf eine Zielvariable berechnen
- Vorhersage erstellen (`FORECAST`): eine Zeitreihenvorhersage erstellen
- Profitkurven berechnen (`DEBRIEF_APPLY_RESULT`): trainiert ein Prognosemodell und berechnet daraus Profitkurven

- Einflussfaktoren extrahieren (GET_KEY_INFLUENCERS_FROM_MODEL): Einflussfaktoren auf Basis eines bereits trainierten Modells ermitteln
- Assoziationsregeln berechnen (PROFILE_DATA_AND_GET_ASSOCIATIONRULES): wie PROFILE_DATA; zusätzlich werden Assoziationsregeln bei Transaktionsdaten ermittelt
- Empfehlungsalgorithmus (RECOMMEND): Assoziationsregeln auf Basis von transaktionalen Daten berechnen
- Scoring-Gleichung (SCORING_EQUATION): Scoring-Gleichung aus einem Regressions-/Klassifikationsmodell extrahieren

Diese Funktionen sind hilfreich, um bei Beginn des Machine-Learning-Prozesses einen ersten Eindruck von den Daten zu bekommen, etwa durch statistische Informationen über die Verteilung der Daten (PROFILE_DATA), Einflüsse zwischen den Variablen (KEY_INFLUENCERS) oder den erzielbaren Nutzen eines Klassifikationsmodells (DEBRIEF_APPLY_RESULT). Zugleich eignen sich die Funktionen auch für Ad-hoc-Analysen, etwa eine Zeitreihenvorhersage (FORECAST) oder die Extraktion von Assoziationsregeln (RECOMMEND) aus den Daten.

In den folgenden Abschnitten betrachten wir die Prozeduren PROFILE_DATA und KEY_INFLUENCERS genauer.

Die Dokumentation der Predictive Business Functions finden Sie im APL Developer Guide [10], Abschnitt FUNCTION REFERENCE • PREDICTIVE BUSINESS FUNCTIONS.

3.1.1 Statistiken und Datenprofil berechnen

Die Funktion »Profile Data« liefert Ihnen statistische Aussagen über die einzelnen Variablen einer Datenmenge.

Für kategoriale Variablen wird die Häufigkeit jeder Kategorie in den Daten ausgegeben. Bei kontinuierlichen Variablen wird zunächst der

Wertebereich in Intervalle unterteilt und dann angegeben, wie oft der Wert eines Datensatzes in dieses Intervall fällt. Zusätzlich werden für jede kontinuierliche Variable die folgenden Kennzahlen berechnet:

- Minimum
- Maximum
- Mittelwert
- Standardabweichung

Ich zeige den Aufruf anhand der aus dem letzten Kapitel bekannten Tabelle CHURN, die Informationen über das Abwanderungsverhalten von Kunden enthält.

Die Funktion zur Datenprofilerstellung lässt sich mit folgender nativer Datenbankprozedur aufrufen:

```
"SAP_PA_APL"."sap.pa.apl.base::PROFILE_DATA"
```

Diese verfügt über vier Eingabeparameter, die größtenteils leer übergeben werden können, siehe Listing 3.1. Dieser Code erstellt im Schema ML_APL vier Tabellen, die als Input für die Prozedur `PROFILE_DATA` verwendet werden.

```
SET SESSION 'APL_CACHE_SCHEMA' = 'APL_CACHE';
SET SCHEMA ML_APL;

-- Bei zweitem Aufruf: Erst Tabellen löschen
-- DROP TABLE ML_APL.FUNC_HEADER;
-- DROP TABLE ML_APL.PROFILE_DATA_CONFIG;
-- DROP TABLE VARIABLE_ROLES;
-- DROP TABLE VARIABLE_DESC;

CREATE TABLE FUNC_HEADER LIKE
"SAP_PA_APL"."sap.pa.apl.base::BASE.T.FUNCTION_HEADER";
INSERT INTO FUNC_HEADER VALUES ('Oid', '#42');
INSERT INTO FUNC_HEADER VALUES ('LogLevel', '8');
```

```
CREATE TABLE PROFILE_DATA_CONFIG LIKE "SAP_PA_APL".
"sap.pa.apl.base::BASE.T.OPERATION_CONFIG_EXTENDED";

CREATE TABLE VARIABLE_ROLES LIKE "SAP_PA_APL".
"sap.pa.apl.base::BASE.T.VARIABLE_ROLES_WITH_COMPOSITES_OID";

CREATE TABLE VARIABLE_DESC LIKE "SAP_PA_APL"."sap.pa.apl.
base::BASE.T.VARIABLE_DESC_OID";
```

Listing 3.1: Vorbereiten der Eingabeparameter für PROFILE_DATA

Die meisten anderen Prozeduren der APL verfügen über analoge Eingabeparameter in Form von Tabellen mit gleicher oder ähnlicher Struktur. Je nach Szenario werden diese Tabellen anders gefüllt, und es stehen andere Konfigurationsparameter zur Verfügung. In Abschnitt 3.2 gehe ich näher auf die Bedeutung der Eingabeparameter ein, für die Betrachtung hier ist ein tieferes Verständnis nicht notwendig.

Nun können Sie mit dem Code aus Listing 3.2 die Prozedur `PROFILE_DATA` aufrufen. Der Aufruf erfolgt – analog zu Kapitel 2 – in Form eines anonymen Blocks. Durch die SELECT-Anweisungen werden die Rückgabeparameter ausgegeben. Der Inhalt des für uns besonders interessanten Rückgabeparameters `INDICATORS` wird zusätzlich in der Tabelle ML_APL.INDICATORS gespeichert.

```
DO BEGIN

lt_header = SELECT * FROM FUNC_HEADER;
lt_config = SELECT * FROM PROFILE_DATA_CONFIG;
lt_variable_desc = SELECT * FROM VARIABLE_DESC;
lt_variable_roles = SELECT * FROM VARIABLE_ROLES;

"SAP_PA_APL"."sap.pa.apl.base::PROFILE_DATA"(:lt_header,
    :lt_config,
    :lt_variable_desc,
    :lt_variable_roles,
    'ML_DATA',
    'CHURN',
    out_operation_log,
    out_summary,
```

```
    out_indicators,
    out_variable_desc);

-- Bei zweitem Aufruf => Tabelle löschen
-- DROP TABLE ML_APL.INDICATORS;

CREATE TABLE ML_APL.INDICATORS AS
    (SELECT * FROM :out_indicators);

-- Ergebnisse ausgeben
SELECT * FROM :out_operation_log;
SELECT * FROM :out_summary;
SELECT * FROM :out_indicators;
SELECT * FROM :out_variable_desc;

END;
```

Listing 3.2: Aufruf PROFILE_DATA in anonymem Block

Der Rückgabeparameter `INDICATORS` ist eine Tabelle mit folgenden Spalten:

- OID: eindeutige Kennung des Ausführungslaufs; diese wurde in Listing 3.1 in der Tabelle `FUNC_HEADER` festgelegt
- VARIABLE: eine Spalte der analysierten Eingabedaten (hier die Daten der Tabelle CHURN)
- TARGET: nicht relevant für diese Prozedur
- KEY: der Name des Indikators, z. B. *CategoryFrequency* oder *Mean*
- VALUE: Wert des Indikators
- DETAIL: weitere Details zum Indikator, z. B. die zugehörige Merkmalsausprägung oder das Intervall zu einer kontinuierlichen Variablen

Gesamter Quellcode für »Profile Data«

Sie finden den gesamten Quellcode für dieses Beispiel in der Datei *Ch_3_1_1_ProfileData.sql* im Quellcodeverzeichnis (Anhang B).

Die Ausgabe in INDICATORS für eine **kategoriale Variable**, z. B. die Variable *EXITED*, sehen Sie in Abbildung 3.1: Der Indikator CATEGORYFREQUENCY (Spalte KEY) zeigt pro Ausprägung (Spalte DETAIL) einer Variablen deren relative Häufigkeit (Spalte VALUE) in den Daten. Nach Umrechnung in Prozent und Rundung der in Abbildung 3.1 gezeigten Werte sieht man, dass *20,4 %* der Kunden in die Kategorie der Kündigenden (EXITED = *1*) und *79,6 %* in die Kategorie der nicht Kündigenden (EXITED = *0*) fallen.

Der Indikator TARGETKEY markiert die Kategorie mit der geringsten Häufigkeit. Beim Trainieren eines binären Klassifizierers (siehe Folgeabschnitt) wird diese Kategorie standardmäßig als *Zielkategorie* gewählt.

OID	VARIABLE	TAR...	KEY	VALUE	DETAIL
2	EXITED	?	TargetKey	1	
2	EXITED	?	CategoryFrequency	0.7963000000000001	0
2	EXITED	?	CategoryFrequency	0.2036999999999999	1

Abbildung 3.1: Ergebnis von PROFILE_DATA für kategoriale Variablen (Rückgabeparameter INDICATORS)

Für eine **kontinuierliche Variable** werden zusätzliche Indikatoren berechnet:

- *Min:* kleinster Wert der Variablen
- *Max:* größter Wert
- *Mean:* Mittelwert
- *StandardDeviation:* Standardabweichung
- *CategoryFrequency:* relative Häufigkeit eines Wertebereichs in den Daten

Da ein reines Zählen der Ausprägungen bei einer kontinuierlichen Variablen nicht sinnvoll ist, unterteilt der Algorithmus zunächst den Wertebereich einer Variablen in einzelne Intervalle. Diese werden in der Spalte DETAIL ausgegeben (siehe ❶ in Abbildung 3.2). Anschließend werden die Datensätze der Eingabedaten gemäß dem Wert der betrachteten Variablen in diese Intervalle eingeteilt, und es wird gezählt, wie viele Datensätze in die jeweiligen Intervalle fallen. Daraus ergibt sich die relative Häufigkeit eines Intervalls, also der prozentuale Anteil der Daten, deren Werte für diese Variable in dieses Intervall fallen. Diese relative Häufigkeit wird mit dem Indikator CATEGORYFREQUENCY ❷ in der Spalte VALUE ausgewiesen. Nach Rundung und Umrechnung in Prozent der Werte aus VALUE erhalten wir als Ergebnis für das vorliegende Beispiel, dass *4,3 %* der Kunden einen Kreditscore (VARIABLE = *CREDITSCORE*) im Bereich von *411* bis *485* und *8,6 %* der Kunden im Bereich *514* bis *554* haben, siehe die blau markierten Zeilen in Abbildung 3.2.

OID	VARIABLE	TARGET	KEY	VALUE	DETAIL
#42	CREDITSCORE	?	Min	350	
#42	CREDITSCORE	?	Max	850	
#42	CREDITSCORE	?	Mean	650.52880000000232	
#42	CREDITSCORE	?	StandardDeviation	96.648465950370706	❶
#42	CREDITSCORE	?	CategoryFrequency	0.0028999999999999998	[350 ; 411[
#42	CREDITSCORE	? ❷	CategoryFrequency	0.042799999999999998	[411 ; 485]
#42	CREDITSCORE	?	CategoryFrequency	0.040599999999999997	]485 ; 514]
#42	CREDITSCORE	?	CategoryFrequency	0.086099999999999996	]514 ; 554]
#42	CREDITSCORE	?	CategoryFrequency	0.060100000000000001	]554 ; 578]
#42	CREDITSCORE	?	CategoryFrequency	0.054199999999999998	]578 ; 594]
#42	CREDITSCORE	?	CategoryFrequency	0.059299999999999999	]594 ; 611]

Abbildung 3.2: Ausgabe von PROFILE_DATA für kontinuierliche Variable

Mit ein paar Handgriffen in SQLScript lassen sich die Intervallgrenzen aus der Spalte `DETAIL` extrahieren und eine schöne Visualisierung zaubern. Das Diagramm in Abbildung 3.3 zeigt die Häufigkeitsverteilung der Werte von CREDITSCORE.

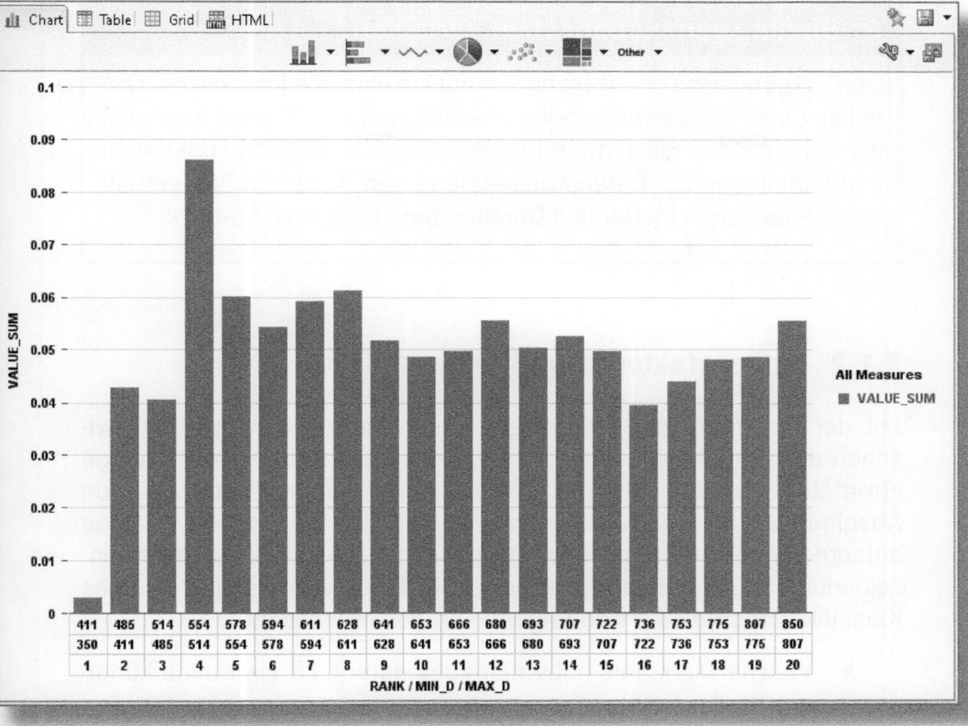

Abbildung 3.3: Verteilung der Variable CREDITSCORE nach Intervallen

☛ Ergänzender Quellcode zur Extraktion der Intervallgrenzen

Den Code zur Extraktion der Intervallgrenzen aus der Tabelle ML_APL.INDICATORS finden Sie im Skript *Ch_3_1_1_ProfileData_ExtractIntervall.sql* im Quellcodeverzeichnis (Anhang B).

Binning von numerischen Variablen

Den Vorgang, eine numerische Variable in einzelne Intervalle aufzuteilen, nennt man *Binning* oder *Diskretisierung*. In Kapitel 4 werden wir sehen, dass die Python-Bibliotheken u. a. Binning-Funktionen und Funktionen zur Datenprofilierung bieten. Auch die PAL enthält diese Funktionen im Bereich Datenvorbereitung bzw. Statistik.

3.1.2 Einflussfaktoren ermitteln

Mit der Funktion »Key Influencer« lassen sich Abhängigkeiten zwischen den Eingabevariablen und der Zielvariablen einer Datenmenge ermitteln. Betrachten Sie das Beispiel der Kündigungsprognose aus Abschnitt 2.1 oder dem nächsten Abschnitt 3.2: Die Eingabevariablen entsprechen den Merkmalen der Kunden, die Zielvariable ist die Kennzeichnung »Kündigungsflag« (Spalte EXITED). Beim Entwickeln eines Klassifikationsmodells sind folgende Fragen interessant:

- Welche Merkmale haben Einfluss darauf, ob ein Kunde kündigen wird?
- Welche Merkmale verwendet das Klassifikationsmodell für die Prognose?
- Gibt es Untergruppen von Kunden, bei denen ein überdurchschnittliches Risiko zur Kündigung besteht?

Diese Fragen lassen sich mit der Analyse der Einflussgrößen ermitteln. Die Prozedur `KEY_INFLUENCERS` trainiert auf Basis einer Eingabedatenmenge zunächst ein Prognosemodell zur Kündigungsvorhersage und extrahiert aus diesem Modell die Einflussgrößen, die das Modell zur Prognose verwendet. Auf diese Weise wird der mehrstufige Prozess für die Entwicklung und Auswertung des Modells gekapselt, und Sie erhalten mit wenig Aufwand Erkenntnisse darüber, welche Faktoren das Risiko einer Kündigung bestimmen.

Ich zeige Ihnen den Aufruf anhand der Tabelle CHURN als Eingabetabelle.

Zunächst müssen Sie die Eingabeparameter vorbereiten. Sie können dazu den Code aus Listing 3.1 aus dem vorherigen Abschnitt mit folgender Modifikation anwenden: Die Tabelle PROFILE_DATA_CONFIG wird ersetzt durch die Tabelle OPERATION_CONFIG. In dieser muss nun der zu verwendende Modelltyp des Prognosemodells angegeben werden, siehe Listing 3.3.

```
-- Beim zweiten Aufruf: Tabelle vorher löschen
-- DROP TABLE OPERATION_CONFIG;
CREATE TABLE OPERATION_CONFIG LIKE "SAP_PA_APL".
"sap.pa.apl.base::BASE.T.OPERATION_CONFIG_DETAILED";

INSERT INTO OPERATION_CONFIG VALUES ('APL/ModelType',
    'binary classification', null);
```

Listing 3.3: Modelltyp angeben bei KEY_INFLUENCERS

Als Modelltyp verwende ich *binary classification* (binäres Klassifikationsmodell), da die Zielvariable EXITED der Tabelle CHURN zwei mögliche Ausprägungen hat.

Als Zielvariable wird standardmäßig die letzte Spalte in der Eingabetabelle verwendet. Sie können eine andere Spalte als Zielvariable definieren, indem Sie den Eingabeparameter `VARIABLE_ROLES` der Prozedur `KEY_INFLUENCERS` entsprechend füllen. Wie das genau aussieht und welche Konfigurationsmöglichkeiten die einzelnen Parameter bieten, werden wir in Abschnitt 3.2 näher betrachten.

Nun können Sie die Prozedur `KEY_INFLUENCERS` mithilfe des Codings in Listing 3.4 aufrufen.

```
DO BEGIN

lt_header = SELECT * FROM FUNC_HEADER;
```

```
lt_config = SELECT * FROM OPERATION_CONFIG;
lt_variable_desc = SELECT * FROM VARIABLE_DESC;
lt_variable_roles = SELECT * FROM VARIABLE_ROLES;

"SAP_PA_APL".
"sap.pa.apl.base::KEY_INFLUENCERS"(:lt_header,
    :lt_config,
    :lt_variable_desc,
    :lt_variable_roles,
    'ML_DATA',
    'CHURN',
    out_operation_log,
    out_summary,
    out_indicators,
    out_influencers,
    out_continuous_groups,
    out_other_groups);

-- Direkte Ausgabe der Ergebnisse
-- SELECT * FROM :out_operation_log;
-- SELECT * FROM :out_summary;
SELECT * FROM :out_indicators;
SELECT * FROM :out_influencers;
-- SELECT * FROM :out_continuous_groups;
-- SELECT * FROM :out_other_groups;

END;
```

Listing 3.4: Aufruf von KEY_INFLUENCERS

☛ Quellcode für den Aufruf der Prozedur KEY_INFLUENCERS

Den gesamten Quellcode zu diesem Beispiel finden Sie in der Datei *Ch_3_1_2_Key_Influencers.sql* im Quellcodeverzeichnis (Anhang B).

Die in Abbildung 3.4 gezeigte Tabellenvariable `OUT_INFLUENCERS` enthält die Werte des Ausgabeparameters `INFLUENCERS` der Prozedur `KEY_INFLUENCERS`. Sie sehen die Liste der Variablen, die für die Prognose verwendet werden, und welche Bedeutung das Prognosemodell diesen beimisst. Die Variablen sind nach Wichtigkeit (RANK ❶) absteigend sortiert. Je größer der Wert in der Spalte CONTRIBUTION ❷, desto größer der Einfluss auf das Prognoseergebnis. In unserem Beispiel sind die drei wichtigsten Informationen für die Prognose:

1. das Alter des Kunden (AGE),
2. die Anzahl der Produkte, die der Kunde nutzt (NUMOFPRODUCTS),
3. der Aktivitätsgrad des Kunden (ISACTIVEMEMBER).

	OID	TARGET	❶ RANK	VARIABLE	STORAGE	VALUETYPE	CONTRIBUTION
1	#42	EXITED	1	AGE	integer	continuous	❷ 0,2859602250324126
2	#42	EXITED	2	NUMOFPRODUCTS	integer	ordinal	0,24804056346771863
3	#42	EXITED	3	ISACTIVEMEMBER	integer	nominal	0,1311771875624216
4	#42	EXITED	4	GEOGRAPHY	string	nominal	0,08258931866191882
5	#42	EXITED	5	GENDER	string	nominal	0,07793770540620354
6	#42	EXITED	6	BALANCE	number	continuous	0,06665512577412364
7	#42	EXITED	7	ESTIMATEDSALARY	integer	continuous	0,02442359693877809
8	#42	EXITED	8	CUSTOMERID	integer	continuous	0,023413528037693202
9	#42	EXITED	9	ROWNUMBER	integer	continuous	0,021963452670773834
10	#42	EXITED	10	CREDITSCORE	integer	continuous	0,015551551505585405
11	#42	EXITED	11	HASCRCARD	integer	nominal	0,011305245480944734
12	#42	EXITED	12	TENURE	integer	ordinal	0,009983201138975908
13	#42	EXITED	13	SURNAME	string	nominal	0,000999298322450011

Abbildung 3.4: Ausgabeparameter INFLUENCERS

Wie die in Abschnitt 3.1.1 beschriebene Funktion »Profile Data« unterteilt auch die Funktion »Key Influencers« die Wertebereiche der kontinuierlichen Eingabevariablen in einzelne Intervalle und ordnet die Sätze der Eingabedaten diesen Intervallen zu. Dadurch werden pro (kontinuierlicher) Variable Gruppen aus den Daten gebildet, z. B. nach Alter oder Bonität. Bei den kategorialen Variablen erfolgt die Gruppenbildung durch Zusammenfassen der für eine Variable erlaubten Werte, z. B. Kundengruppen nach Land. Der Ausgabeparameter `INDICATORS` beinhaltet eine Vielzahl weiterer Detailinformationen, die den Zusammenhang zwischen Eingabevariablen und der Zielvariablen auf Basis dieser Gruppen transparent machen. Fokussieren Sie sich zunächst auf die folgenden Informationen, die durch die Schlüssel (Spalte KEY ❶ in Abbildung 3.5) identifiziert werden:

- GROUPFREQUENCY: Häufigkeit einer Gruppe
- GROUPTARGETMEAN: Häufigkeit der Zielkategorie innerhalb einer Gruppe
- GROUPNORMALPROFIT: Einfluss der Gruppe auf die Zielvariable
- GROUPSIGNIFICANCE: Wichtigkeit der Gruppe, berechnet aus der GROUPFREQUENCY und dem GROUPNORMALPROFIT

	OID	VARIABLE	TARGET	KEY ❶	VALUE	DETAIL ❷
343	#42	AGE	EXITED	GroupFrequency	0.36627906976744184	[18 ; 34]
344	#42	AGE	EXITED	GroupNormalProfit	-0.12529295114476294	[18 ; 34]
345	#42	AGE	EXITED	GroupTargetMean ❹	0.077519379844961239	[18 ; 34]
346	#42	AGE	EXITED	GroupFrequency	0.2332341806381828	[35 ; 39]
347	#42	AGE	EXITED	GroupNormalProfit	-0.071218128091173435	[35 ; 39]
348	#42	AGE	EXITED	GroupTargetMean	0.13159420289855073	[35 ; 39]
349	#42	AGE	EXITED	GroupFrequency	0.078691184424012975	[40 ; 41]
350	#42	AGE	EXITED	GroupNormalProfit	-0.0052178292715111263	[40 ; 41]
351	#42	AGE	EXITED	GroupTargetMean	0.19759450171821305	[40 ; 41]
352	#42	AGE	EXITED	GroupFrequency	0.1099242833964305	[42 ; 45]
353	#42	AGE	EXITED	GroupNormalProfit	0.088700584139427135	[42 ; 45]
354	#42	AGE	EXITED	GroupTargetMean	0.29151291512915128	[42 ; 45]
355	#42	AGE	EXITED	GroupFrequency	0.067198485667928604	]45 ; 49]
356	#42	AGE	EXITED	GroupNormalProfit	0.2257590975817044	]45 ; 49]
357	#42	AGE	EXITED	GroupTargetMean	0.42857142857142855	]45 ; 49]
358	#42	AGE	EXITED	GroupFrequency	0.096538669551108708	❸]49 ; 60]
359	#42	AGE	EXITED	GroupNormalProfit	0.36721568021475759	]49 ; 60]
360	#42	AGE	EXITED	GroupTargetMean ❺	0.57002801120448177	]49 ; 60]
361	#42	AGE	EXITED	GroupFrequency	0.043131422390481344	]60 ; 75]
362	#42	AGE	EXITED	GroupNormalProfit	0.079319330452282094	]60 ; 75]
363	#42	AGE	EXITED	GroupTargetMean	0.28213166144200624	]60 ; 75]
364	#42	AGE	EXITED	GroupFrequency	0.0050027041644131959	]75 ; 92]
365	#42	AGE	EXITED	GroupNormalProfit	-0.17578530396269718	]75 ; 92]
366	#42	AGE	EXITED	GroupTargetMean	0.027027027027027029	]75 ; 92]
367	#42	AGE	EXITED	GroupSignificance	0.21926413387607416	]49 ; 60]
368	#42	AGE	EXITED	GroupSignificance	0.09383175033921301	]45 ; 49]

Abbildung 3.5: Einfluss der Gruppen in der Tabelle INDICATORS

Die Bedeutung dieser Informationen lässt sich am Beispiel der Eingabevariablen *AGE* und der Zielvariablen *EXITED* in Abbildung 3.5 veranschaulichen: Der Wertebereich von *AGE* wird in Gruppen unterteilt, die in der Spalte DETAIL ausgegeben werden ❷. Für jede Gruppe existieren Einträge mit den oben genannten Schlüsseln. Der Indikator

GroupFrequency beschreibt den Anteil einer Gruppe an den Gesamtdaten, der in der Spalte VALUE ausgewiesen wird. Die Gruppe *[18;34]* macht demnach ca. *36,6 %* an der Gesamtmenge aus ❷, wohingegen der Anteil der Gruppe *[49;60]* nur ca. *9,7 %* beträgt ❸.

Der Indikator *GroupTargetMean* gibt pro Gruppe den Anteil der Kunden an, die in die Zielkategorie fallen. Als Zielkategorie wählt der Klassifikationsalgorithmus diejenige Ausprägung der Zielvariablen mit dem kleinsten Anteil in der Grundgesamtheit (den Eingabedaten) aus (siehe auch Abbildung 3.1 und die Erläuterungen im vorherigen Abschnitt). In unserem Fall besteht die Zielkategorie also aus den kündigenden Kunden (EXITED = *1*), die – wie im vorherigen Abschnitt gesehen – in den Eingabedaten ca. 20 % ausmachen. Der Wert für *GroupTargetMean* wird, wie auch bei den anderen Indikatoren, in der Spalte VALUE ausgewiesen. Gemäß Abbildung 3.5 machen die kündigenden Kunden in der Gruppe *[18;34]* ca. *7,8 %* ❹ und in der Gruppe *]49;60]* ca. *57 %* ❺ aus.

Der Indikator *GroupNormalProfit* gibt an, ob und wie sich die Wahrscheinlichkeit, dass ein Kunde der Zielkategorie zugeordnet wird, innerhalb einer Altersgruppe im Vergleich zur Gesamtheit ändert. Ein negativer Wert von *GroupNormalProfit* steht für eine geringere ❹, ein positiver Wert für eine erhöhte Wahrscheinlichkeit ❺, dass ein Kunde in dieser Gruppe kündigt.

Abbildung 3.6 visualisiert die beiden Indikatoren *GroupTargetMean* und *GroupNormalProfit* in Abhängigkeit von den Altersgruppen und damit das Kündigungsverhalten je nach Alter: Beispielsweise sind in den Altersgruppen *]45;49]* und *]49;60]* die kündigenden Kunden überproportional vertreten, d. h., der Anteil der Kündigenden ist in beiden Gruppen größer als derjenige (20 %) in der Grundgesamtheit. Folgerichtig ist der Indikator *GroupNormalProfit* in diesen Gruppen positiv, da hier das Risiko einer Kündigung erhöht ist. In den Altersgruppen *[18;34]* und *]75;92]* sind die Kündigenden hingegen unterrepräsentiert, der Indikator GroupNormalProfit ist folgerichtig negativ.

Der Indikator *GroupSignificance* berücksichtigt neben dem Einfluss der Gruppe auf die Zielvariable auch die Häufigkeit dieser Gruppe in den

Grunddaten. Eine häufig vorkommende Gruppe (hoher Wert für *GroupFrequency*) mit einem gleichzeitg großen Einfluss auf die Zielvariable (betragsmäßig hoher Wert für *GroupNormalProfit*) hat einen (betragsmäßig) höheren Wert für *GroupSignificance* als eine in den Grunddaten selten vertretene Gruppe mit einem identischen Einfluss auf die Zielvariable.

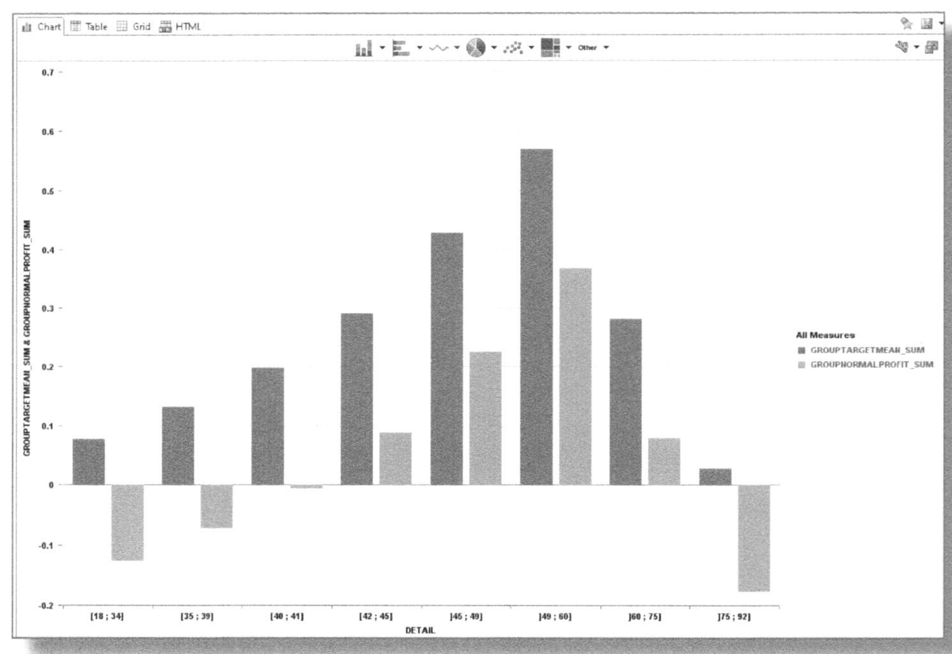

Abbildung 3.6: GroupNormalProfit und GroupTargetMean nach Altersgruppe

Die Unterteilung der Variablen in Gruppen wird zusätzlich in den Ausgabeparametern `OUT_CONTINUOUS_GROUPS` (numerische Variablen) und `OUT_OTHER_GROUPS` (kategoriale Variablen) ausgewiesen.

Zur weiteren Auswertung können Sie die Ergebnisse der Prozedur `KEY_INFLUENCERS` auch in HANA-Tabellen zwischenspeichern, etwa um diese Tabellen mit der Funktion »Data preview« (siehe Abschnitt 2.2) komfortabel zu untersuchen und Visualisierungen wie in Abbildung 3.6 zu erhalten.

Quellcode zu »Key Influncers«

Der Code zu diesem Abschnitt, den Sie unter *Ch_3_1_2_Key_Influencers.sql* im Quellcodeverzeichnis (Anhang B) finden, speichert zusätzlich zum hier Gezeigten die Rückgabeparameter der Prozedur `KEY_INFLUENCERS` in HANA-Tabellen:

- `INDICATORS` in der Tabelle ML_APL.INDICATORS
- `INFLUENCERS` in der Tabelle ML_APL.INFLUENCERS

Einfluss der Eingabevariablen auf die Kündigungsprognose untersuchen

Speichern Sie – wie im gerade erwähnten Skript *Ch_3_1_2_Key_Influencers.sql* gezeigt – die Rückgabetabellen `INDICATORS` und `INFLUENCERS` in den HANA-Tabellen ML_APL.INDICATORS bzw. ML_APL.INFLUENCERS.

Führen Sie anschließend das Übungsskript *Ch_3_1_2_Uebung_Einfluss_Variablen_Analysieren.sql* aus. Dieses extrahiert aus der Tabelle ML_APL.INDICATORS die Indikatoren *GroupFrequency*, *GroupTargetMean*, *GroupNormalProfit* sowie *GroupSignificance* und speichert diese auf den Ebenen Eingabevariable und Gruppe in der neuen Tabelle ML_APL.INDICATORS_CAST. Dadurch können Sie die Einflussfaktoren wie in Abbildung 3.6 schnell visualisieren. Führen Sie schließlich noch folgende Analysen für die Kündigungsvorhersage durch:

- Ermitteln Sie mit der Tabelle INFLUENCERS die Eingabevariable mit dem größten (zweitgrößten etc.) Einfluss auf die Zielvariable EXITED.
- Untersuchen Sie mithilfe der vom Übungsskript erstellten Tabelle INDICATORS_CAST den Einfluss der einzelnen Kundengruppen, die sich aus dieser Eingabevariable ergeben, auf die Zielvariable.

Nach dieser Analyse können Sie besser beurteilen, welche Eigenschaften eines Kunden (Alter, Anzahl genutzter Produkte, Land etc.) relevant für das Kündigungsverhalten sind und in welchen Gruppen von einem höheren bzw. niedrigeren Kündigungsrisiko auszugehen ist.

3.2 Predictive Model Functions

Die Predictive Model Functions bieten Funktionen rund um das Trainieren, Testen und Anwenden von Machine-Learning-Modellen. Im Unterschied zu den Predictive Business Functions müssen Sie hier die einzelnen Schritte aus Modelltraining und -anwendung selbst implementieren, erhalten im Gegenzug aber Zugriff auf mehr Funktionen, Einstellmöglichkeiten und Hintergrundinformationen zu den trainierten Modellen. Ich zeige die einzelnen Schritte zur Modellentwicklung wieder am Beispiel der Vorhersage des Kündigungsverhaltens auf Basis der Tabelle CHURN.

In Abschnitt 3.2.1 trainieren Sie zunächst ein Klassifikationsmodell. Dieses Modell wenden Sie in Abschnitt 3.2.2 zur Klassifikation von Kundendaten an, die nicht beim Entwickeln des Modells verwendet wurden, und vergleichen die Prognose mit dem Sollwert.

Abschnitt 3.2.3 zeigt Techniken, mit denen Sie Klassifikationsmodelle bewerten können: Sie erstellen die bereits aus Kapitel 2 bekannte Konfusionsmatrix und zeichnen Profitkurven, z. B. die ROC-Kurve.

3.2.1 Modelle trainieren

Die relevanten Prozeduren für das Erstellen von Modellen sind:

- CREATE_MODEL,
- CREATE_MODEL_AND_TRAIN,
- TRAIN_MODEL.

Die Prozedur `CREATE_MODEL` legt eine Modellhülle an. Diese wird mit der Funktion `TRAIN_MODEL` trainiert, sodass ein fertiges Modell für die Prognosebildung entsteht. Die Prozedur `CREATE_MODEL_AND_TRAIN` integriert beide Schritte in einem. Letztere werde ich im Weiteren verwenden.

Der Trainingsprozess wird durch verschiedene Einstellungen konfiguriert, die in den Eingabeparametern der Prozedur `CREATE_MODEL_AND_TRAIN` übergeben werden, siehe Tabelle 3.1.

Parameter	Beschreibung
FUNC_HEADER	Technische Ausführungsparameter
OPERATION_CONFIG	Konfiguration des Trainingsalgorithmus
VARIABLE_DESC	Beschreibung und Typ der Variablen
VARIABLE_ROLES	Festlegung der Rollen der Variablen: Eingabe- oder Zielvariable
DATASET	Eingabedatenmenge für Training und Validierung

Tabelle 3.1: Eingabeparameter der Trainingsfunktion

Ich zeige Ihnen nun schrittweise, wie die Eingabeparameter und Trainingsdaten aufgebaut werden und der Trainingsprozess gestartet wird. Dazu folge ich dem Code *Ch_3_2_1_APL_Create_Model_and_Train.sql* aus dem Quellcodeverzeichnis (Anhang B). Um die Darstellung zu verschlanken, werde ich lediglich Auszüge des Codes zeigen. Der komplette Code gliedert sich in die folgenden Bestandteile:

- **Setzen des aktiven Schemas auf ML_APL:** Hier werden die Ergebnistabellen erstellt, die u. a. das trainierte Modell oder Statistiken enthalten.
- **Aufräumarbeiten:** Löschen von Tabellen aus vorherigen Abläufen. Wenn Sie das gesamte Skript später erneut ausführen möchten, müssen Sie die Tabellen zunächst löschen, damit sie durch das Skript wieder neu erstellt werden können.
- **Aufbau diverser Eingabeparameter:**
  - `FUNC_HEADER`,
  - `OPERATION_CONFIG`,

  - `VARIABLE_DESC`,
  - `VARIABLE_ROLES`.

- **Eingabedaten vorbereiten** (Parameter `DATASET`): Die Tabelle CHURN wird in die beiden Tabellen CHURN_TRAIN und CHURN_TEST aufgeteilt. Die Tabelle CHURN_TRAIN verwenden wir als Eingabedaten für die Trainingsprozedur und die Tabelle CHURN_TEST zum Testen und Bewerten des Modells in Abschnitt 3.2.2.
- **Modell trainieren:** durch Aufruf der Prozedur `CREATE_MODEL_AND_TRAIN`.
- **Speichern des trainierten Modells** und der weiteren Rückgabetabellen der Trainingsprozedur in persistenten Tabellen, z. B. in MODEL_TRAIN_BIN und INDICATORS_BIN.

Übersicht über den Ablauf

Anders als in Kapitel 2 zerlege ich den Code in mehrere anonyme Blöcke und speichere die Tabellenvariablen der einzelnen Schritte als persistente Tabellen im Schema ML_APL. Dies vereinfacht die weiteren Schritte wie Anwendung oder Bewertung des trainierten Modells in den Abschnitten 3.2.2 und 3.2.3. Abbildung 3.7 zeigt den technischen Ablauf von der Erstellung der Eingabedaten über den Aufruf der Trainingsprozedur bis zu den fertigen Ergebnistabellen.

Zum besseren Verständnis des Vorgehens lohnt sich ein Blick auf den internen Ablauf des Trainingsprozesses: Die Trainingsprozedur splittet die Eingabedaten (aus CHURN_TRAIN) erneut in zwei Teilmengen, die *Trainingsuntermenge* (auch *Schätzmenge* genannt), die zum eigentlichen Trainieren verwendet wird, und die *Validierungsmenge* zum Prüfen des Modells. Darauf folgt die anfängliche Lernphase, in der ein erstes Modell zur Prognose der Zielvariablen (EXITED) mit der Trainingsuntermenge trainiert wird. Anschließend beginnt die erste Validierungsphase, in der anhand der Validierungsdaten geprüft wird, wie gut das Modell Prognosen für die Daten erstellt, die nicht in der

Lernphase verwendet wurden. Hierzu wird insbesondere eine *Bewertungsmetrik* – eine Verallgemeinerung des Klassifikationsfehlers – eingesetzt.

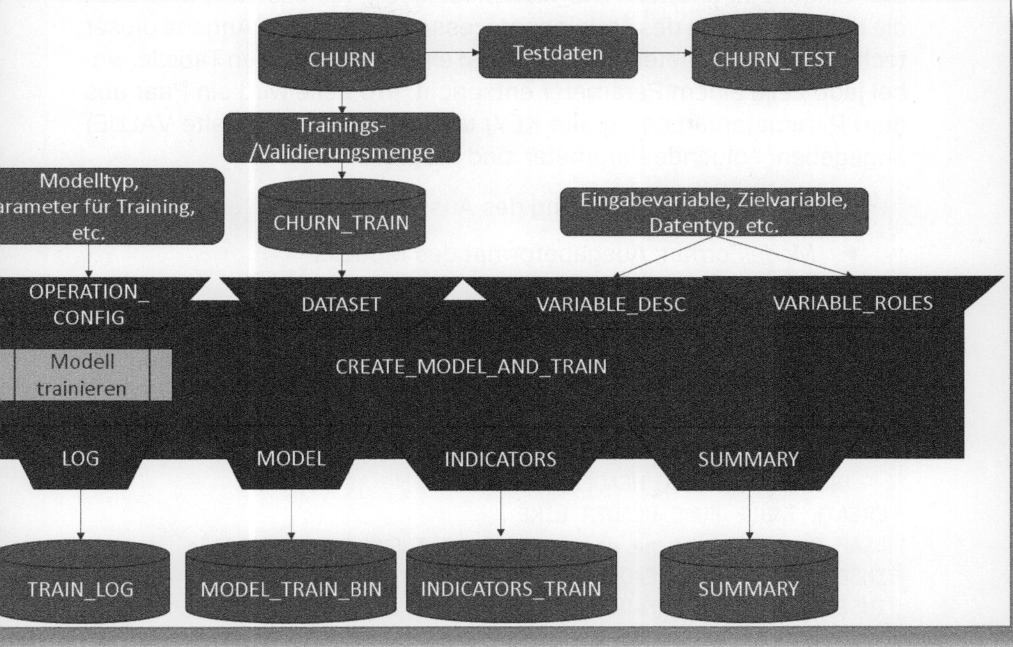

Abbildung 3.7: Technischer Ablauf beim Aufruf der Trainingsprozedur

Das Lernen und Validieren wird in mehreren Iterationen abwechselnd durchgeführt, wobei schrittweise Modelle mit größerer Komplexität entstehen. Sobald sich nach einigen Iterationen keine Verbesserung der Bewertungsmetrik mehr ergibt, wird der Trainingsprozess gestoppt und das Modell mit der besten Bewertung gewählt. Der Trainingsprozess der APL-Algorithmen kapselt somit die Schritte aus den Lern- (der eigentlichen Trainingsphase) und Validierungsphasen und übernimmt insbesondere die Aufteilung der Eingabedaten in Trainings- und Validierungsdaten. Ein solches Vorgehen nennt man auch »verschachteltes Training« [1, S. 168ff.].

Definition der Eingabeparameter

- **Technische Parameter – FUNC_HEADER**

Der Eingabeparameter `FUNC_HEADER` definiert technische Parameter, die die Ausführung des Trainingsprozesses steuern. Die Angabe dieser technischen Parameter erfolgt in Form einer zweispaltigen Tabelle, wobei jede Zeile einem Parameter entspricht. Pro Zeile wird ein Paar aus dem Parameternamen (Spalte KEY) und dessen Wert (Spalte VALUE) angegeben. Folgende Parameter sind möglich:

- *Oid:* eindeutige Kennung des Ausführungslaufs
- *ModelFormat:* Ausgabeformat des Modells
- *LogLevel:* Detaillierungsgrad der Protokollierung

Abbildung 3.8 zeigt den beispielhaften Aufbau der gleichnamigen Tabelle FUNC_HEADER, die Sie gemäß Listing 3.5 aufbauen können.

```
-- Ab zweitem Durchlauf: Tabelle vorher löschen
-- DROP TABLE FUNC_HEADER;
CREATE TABLE FUNC_HEADER LIKE
"SAP_PA_APL"."sap.pa.apl.base::BASE.T.FUNCTION_HEADER";
INSERT INTO FUNC_HEADER VALUES ('Oid', '#CHURN_42');
INSERT INTO FUNC_HEADER VALUES ('LogLevel', '8');
INSERT INTO FUNC_HEADER VALUES ('ModelFormat', 'bin');
```

Listing 3.5: Erstellen der Tabelle FUNC_HEADER

KEY	VALUE
Oid	#CHURN_42
LogLevel	8
ModelFormat	bin

Abbildung 3.8: Aufbau des Eingabeparameters FUNC_HEADER

Eindeutige Kennzeichnung jeder Ausführung

Vergeben Sie im praktischen Einsatz bei jeder Ausführung des Trainingsprozesses eine eindeutige Kennung im Parameter *Oid*. Die Ergebnisse des Trainings, wie z. B. das generierte Modell oder die berechneten Indikatoren, werden automatisch mit dieser Kennung versehen. Somit können Sie die Ergebnisse verschiedener Läufe in denselben Datenbanktabellen speichern und trotzdem eindeutig zuordnen.

- **Konfiguration des Trainings – OPERATION_CONFIG**

Mit dem Parameter `OPERATION_CONFIG` nehmen Sie verschiedene Einstellungen in Bezug auf den Trainingsalgorithmus und die Ausführung des Trainingslaufs vor. Dieser Eingabeparameter wird ebenfalls in Form einer Tabelle übergeben, die Kombinationen aus Schlüsseln (Spalte KEY) und den zugehörigen Werten (Spalte VALUE) enthält, siehe Abbildung 3.9.

KEY	VALUE
APL/ModelType	binary classification
APL/IndicatorDataset	Validation

Abbildung 3.9: Parameter OPERATION_CONFIG

Mit dem Schlüssel *APL/ModelType* legen Sie fest, welcher Modelltyp trainiert wird. Der Modelltyp hängt von der Aufgabenstellung ab, siehe Tabelle 3.2. Für das Beispiel der Kündigungsvorhersage ist der Modelltyp *binary classification* der richtige, da die Spalte EXITED (der Tabelle CHURN) exakt zwei Ausprägungen, *0* und *1*, hat und somit eine binäre kategoriale Variable darstellt.

Modelltyp	Aufgabenstellung
regression	Prognose einer numerischen, kontinuierlichen Zielvariablen
binary classification	Klassifikation für binäre Zielvariablen
multiclass	Klassifikation für Zielvariablen mit mehr als zwei Klassen
clustering	Clustering (Segmentierung) von Daten
timeseries	Zeitreihenvorhersage

Tabelle 3.2: Aufgabenstellung und Modelltypen

☛ Gradient Boosting für Regression und Klassifikation

Die Modelltypen *regression*, *binary classification* und *multiclass* nutzen das Verfahren *Gradient Tree Boosting* [11]. Dieser Algorithmus verknüpft einzelne Entscheidungsbäume (siehe Abschnitt 2.1) zu einem kombinierten Prognosemodell, einem *Ensemble*. Beginnend bei einem einzelnen Entscheidungsbaum in der ersten Lernphase wird pro Iteration ein weiterer Entscheidungsbaum hinzugefügt. Die neuen Bäume werden mithilfe der *Residuen* (d. h. den Abweichungen zwischen Prognose und Ist-Wert) des bestehenden Ensembles trainiert und dann dem Ensemble hinzugefügt. Allgemein nennt man das Prinzip der Kombination mehrerer Modelle »Ensemble learning« [12, S. 189ff.].

Die Beschreibung der Modelltypen der APL finden Sie im Developer Guide der APL [10], Abschnitt WHAT IS SAP HANA AUTOMATED PREDICTIVE LIBRARY • MODEL TYPES.

Der Schlüssel *APL/IndicatorDataset* steuert die Datengrundlage zur Berechnung der Indikatoren, die das Ergebnis des Trainingsprozesses beschreiben. Sie können diese mit der Trainingsuntermenge *(Estimation)*, der Validierungsmenge *(Validation)* oder der Testmenge *(Test)* berechnen lassen. Standardmäßig partitioniert die Trainingsprozedur die Eingabedaten nur in zwei Teilmengen: die Trainingsuntermenge und die Validierungsmenge. Durch Angabe des Parameters *APL/Cut-*

tingStrategy bewirken Sie die Erstellung einer separaten Testmenge. Für das hier gezeigte Vorgehen verwenden wir nicht die durch die APL automatisch erzeugte, sondern (wie in Abbildung 3.7 angedeutet) eine zuvor separat generierte Testmenge, die uns im nächsten Abschnitt für die Testprognosen dienen wird.

Listing 3.6 zeigt den Code zur Erstellung der Tabelle TRAIN_CONFIG. Verwenden Sie diese beim Aufruf der Trainingsprozedur für den Eingabeparameter `OPERATION_CONFIG`.

```
-- Ab zweitem Durchlauf: Tabelle vorher löschen
-- DROP TABLE TRAIN_CONFIG;
CREATE TABLE TRAIN_CONFIG LIKE "SAP_PA_APL"."sap.pa.apl.↩
base::BASE.T.
OPERATION_CONFIG_EXTENDED";
INSERT INTO TRAIN_CONFIG VALUES ('APL/ModelType',
    'binary classification', null);
INSERT INTO TRAIN_CONFIG VALUES ('APL/IndicatorDataset',
    'Validation', null);
```

Listing 3.6: Befüllung der Tabelle TRAIN_CONFIG

Je nach gewähltem Modelltyp lassen sich im Parameter OPERATION_CONFIG weitere Einstellungen vornehmen. Beim Gradient Boosting für Klassifikationsanalysen sind dies u. a.:

- *APL/EarlyStoppingPatience:* stoppt den Trainingsprozess vorzeitig, wenn sich nach *n* Iterationen keine Verbesserung der Bewertungsmetrik ergibt.
- *APL/EvalMetric:* steht für die gewählte Bewertungsmetrik (siehe auch Hinweiskasten »Bewertungsmetriken«):
  - *ClassificationError:* Klassifikationsfehler,
  - *LogLoss:* »Logarithmic Loss«,
  - *AUC:* abgeleitet aus »Area Under Curve«.
- *APL/LearningRate:* steuert den Einfluss der einzelnen Entscheidungsbäume des Ensembles. Ein kleinerer Wert verhindert Overfitting und verbessert die Verallgemeinerungsfähigkeit des Modells, verlängert aber die Dauer des Trainingsprozesses und der Prognoseberechnung [11].

- *APL/MaxDepth:* maximale Tiefe eines Entscheidungsbaums.
- *APL/CuttingStrategy:* Modus zur Aufteilung der Eingabedaten in Trainings-, Validierungs- und ggf. Testmenge. Dies nennt man auch »Partitionierungsstrategie«.

☛ Übersicht über die Konfigurationsmöglichkeiten

Eine komplette Übersicht aller möglichen Parameter finden Sie im Developer Guide der APL [10] unter FUNCTION REFERENCE • COMMON APL ALIASES FOR MODEL TRAINING.

In Tabelle 3.3 sind Beispielwerte für die Konfigurationsparameter aufgeführt.

Parameter	Erlaubte Werte	Standardwert
APL/EarlyStoppingPatience	positive Ganzzahl	*10*
APL/EvalMetric	*'LogLoss', 'AUC', 'ClassificationError'*	*'LogLoss'*
APL/LearningRate	positive Dezimalzahl	*0,05*
APL/MaxDepth	positive Ganzzahl	*4*
APL/CuttingStrategy	*'random', 'random with no test', 'sequential', 'periodic'*	*'random with no test'*

Tabelle 3.3: Konfiguration des Modelltrainings

☛ Bewertungsmetriken

Bewertungsmetriken sind das Gegenstück zu Gütekriterien, die Sie in Abschnitt 2.1 kennengelernt haben. Für Gütekriterien gilt »Je höher, desto besser«, für Bewertungsmetriken hingegen: »Je niedriger, desto besser«. Durch Multiplizieren mit *-1* lässt sich aus einem Gütekriterium eine Bewertungsmetrik definieren. Die durch den Konfigurationsparameter *APL/EvalMetric* festgelegte Bewertungsmetrik wird nach jeder Lernphase für das neue Modell mit den Validierungsdaten berechnet, um die Modelle aus den verschiedenen Iterationen zu vergleichen.

Bewertungsmetriken vs. Gütekriterien

Ein einfaches Beispiel für eine **Bewertungsmetrik** ist der Klassifikationsfehler, den Sie z. B. mit der Konfusionsmatrix berechnen können. Die Berechnung des Klassifikationsfehlers lässt sich verfeinern, indem Sie beispielsweise auch die vom Modell berechneten Wahrscheinlichkeiten der Klassenzuordnungen für einzelne Datensätze betrachten. Dies führt zu der Bewertungsmetrik »Logarithmic Loss«.

Ein wichtiges **Gütekriterium** zur Bewertung von Klassifikationsmodellen ist die »Area Under Curve« (AUC), die wir im Abschnitt 3.2.3 näher betrachten werden.

Detaillierte Erläuterungen zu Bewertungsmetriken und der AUC finden Sie in [12, S. 97ff.] und in [1, S. 257ff.].

- **Beschreibung der Variablen – VARIABLE_DESC**

Der Parameter `VARIABLE_DESC` konfiguriert die Variablen des Modells auf Basis der Spalten der Eingabetabelle `DATASET`. Wenn Sie diesen Parameter leer lassen, wird vom Algorithmus ein Standardvorschlag ermittelt. Der Parameter `VARIABLE_DESC` wird in Form einer Tabelle übergeben, wobei jede Zeile einer Variablen entspricht. Für die Tabelle sind u. a. folgende Spalten vorgesehen:

- RANK: fortlaufende Nummerierung der Variablen; beginnt zwingend bei *0*
- NAME: Name der Spalte in den Eingabedaten
- STORAGE: technischer Datentyp der Variablen; unterstützt werden u. a.:
  - *number:* Dezimalzahlen
  - *integer:* Ganzzahlen
  - *string:* Textdaten
  - *date, datetime:* Datum bzw. Datum mit Uhrzeit
- VALUETYPE: Semantik der Variablen (semantischer Werttyp), siehe Tabelle 3.4

- KEYLEVEL: kennzeichnet, ob die Spalte zum eindeutigen Schlüssel gehört; wenn ja *(KEYLEVEL = 1)*, wird diese Spalte nicht als Eingabevariable verwendet
- DESCRIPTION: erläuternde Beschreibung der Variablen
- OID: eindeutige Kennung der Ausführung, siehe Eingabeparameter `FUNC_HEADER`; Sie können diese Spalte leer lassen

Art der Variablen	VALUETYPE	STORAGE	Beispiel
Diskrete Zahl, relative Größe ohne Bedeutung	*nominal*	*integer*	Kennzeichen (0/1), Schlüssel aus Customizingtabelle, Festwert einer Domäne
Diskrete Zahl mit wenig Ausprägungen, relative Größe von Bedeutung	*ordinal*	*integer*	Anzahl genutzter Produkte, Vertragsdauer in Jahren
Ganzzahl mit vielen Ausprägungen oder Dezimalzahl	*continuous*	*integer, number*	Kreditwürdigkeit, Alter, Kontosaldo, Temperatur
Text, der eine Kategorie beschreibt	*nominal*	*string*	Land, Umsatztyp; wie in Zeile 1 sind Werte aus Customizing oder Domänen möglich
Text mit semantischer Bedeutung	*textual*	*string*	Freitextfeld mit Phrasen oder Sätzen (z. B. Produktbeschreibung oder Nutzerkommentar)

Tabelle 3.4: Bedeutung der Werttypen (VALUETYPE)

Abbildung 3.10 zeigt den Aufbau des Parameters `VARIABLE_DESC` für das Beispiel der Kündigungsprognose mit der Tabelle CHURN. Die Spalte CUSTOMERID wird als Schlüssel definiert und somit nicht als Eingabevariable verwendet. Wie in Tabelle 3.4 vorgeschlagen, wird die

Spalte AGE als kontinuierliche numerische, die Spalte NUMOFPRODUCTS hingegen als ordinale Variable gehandhabt. Die Zielvariable EXITED kommt ohne gesonderte Markierung aus. Dies übernimmt der nächste Parameter `VARIABLE_ROLES`.

Quellcode für den Eingabeparameter VARIABLE_DESC

Den SQL-Code zum Aufbau des Eingabeparameters `VARIABLE_DESC` habe ich hier nicht als Listing aufgeführt. Sie finden den Code im Block »Aufbau VARIABLE_DESC« des Skriptes *Ch_3_2_1_APL_Create_Model_and_Train.sql* im Quellcodeverzeichnis (Anhang B).

RANK	NAME	STORAGE	VALUETYPE	KEYLEVEL	ORDERLEVEL	DESCRIPTION
0	CUSTOMERID	integer	nominal	1	0	Unique identifier of customer
1	CREDITSCORE	integer	continuous	0	0	Credit score
2	GEOGRAPHY	string	nominal	0	0	Geography
3	GENDER	string	nominal	0	0	Gender
4	AGE	integer	continuous	0	0	Age
5	TENURE	integer	ordinal	0	0	Tenure
6	BALANCE	number	continuous	0	0	Balance
7	NUMOFPRODUCTS	integer	ordinal	0	0	Number of products
8	HASCRCARD	integer	nominal	0	0	Has credit card
9	ISACTIVEMEMBER	integer	nominal	0	0	Active member
10	ESTIMATEDSALARY	number	continuous	0	0	Estimated salary
11	EXITED	integer	nominal	0	0	Customer has exited

Abbildung 3.10: Aufbau des Parameters VARIABLE_DESC

▶ **Zielvariable festlegen – VARIABLE_ROLES**

Mit dem Parameter `VARIABLE_ROLES` definieren Sie, welche der in `VARIABLE_DESC` definierten Variablen als Zielvariable und welche als Eingabevariablen verwendet werden sollen. Die Angabe erfolgt in Form einer Tabelle mit den Spalten NAME und ROLE. Die Spalte ROLE steuert deren Verwendung und erlaubt folgende Ausprägungen:

- *target:* Spalte als Zielvariable verwenden
- *skip:* Spalte soll nicht verwendet werden

- *weight:* Spalte gibt die Gewichtung des Datensatzes für die Berechnung der Bewertungsmetrik des Modells an
- *input:* Spalte wird als Eingabevariable verwendet (engl.: *explanatory variable*)

Wenn Sie keine Zielvariable definieren, wird automatisch die letzte Spalte gemäß der Sortierung in `VARIABLE_DESC` (Spalte RANK) als Zielvariable festgelegt. Sofern Sie im Parameter `VARIABLE_DESC` eine Spalte als Schlüssel definieren, dient diese Spalte nicht als Eingabevariable, d. h., es wird implizit die Einstellung *skip* übernommen. Für unser Szenario reicht es somit aus, die Spalte EXITED als Zielvariable zu definieren, siehe Abbildung 3.11. Die explizite Angabe der Eingabevariablen in `VARIABLE_ROLES` entfällt, da diese aus `VARIABLE_DESC` übernommen werden.

NAME	ROLE	COMPOSITION_TYPE	COMPONENT_NAME	OID
EXITED	target	?	?	?

Abbildung 3.11: Aufbau von VARIABLE_ROLES

Je nach Szenario ist die Angabe von `VARIABLE_DESC` oder `VARIABLE_ROLES` optional. Dennoch empfehle ich, stets beide Parameter anzugeben. Die Definition eines eindeutigen Schlüssels in `VARIABLE_DESC` dient bei der Anwendung des Modells dazu, das Prognoseergebnis konsistent dem Quellsatz zuzuordnen (siehe Folgeabschnitte). Die explizite Angabe der Zielvariablen ist für Dokumentationszwecke wichtig und stellt sicher, dass die Zielvariable auch bei Veränderung der Spaltenreihenfolge dieselbe bleibt.

Quellcode für den Eingabeparameter VARIABLE_ROLES

Den SQL-Code zum Aufbau des Parameters VARIABLE_ROLES finden Sie im schon erwähnten Skript *Ch_3_2_1_APL_Create_Model_and_Train.sql* im Block »Aufbau VARIABLE_ROLES«, siehe das Quellcodeverzeichnis (Anhang B).

Vorbereitung der Eingabedaten

Nachdem die Parameter definiert sind, bleibt noch die Vorbereitung der Eingabedaten für die Modellerstellung. Hierzu selektieren Sie einen Teil der Kunden aus der Tabelle CHURN und speichern diese in der Tabelle CHURN_TRAIN. Die restlichen Kunden werden in der Tabelle CHURN_TEST abgelegt und bilden die Testmenge, mit der Sie in den Folgeabschnitten das Modell testen und bewerten. Der Code in Listing 3.7 selektiert *2000* zufällige Kunden aus der Tabelle CHURN und speichert diese in der Tabelle CHURN_TRAIN. Die restlichen *(8000)* nicht selektierten Kunden werden in der Tabelle CHURN_TEST gespeichert.

```
-- Ab zweitem Durchlauf: Tabellen vorher löschen
-- DROP TABLE CHURN_TRAIN;
-- DROP TABLE CHURN_TEST;

DO BEGIN

-- Modus: Zufallswahl
lt_id_train = SELECT TOP 2000 CUSTOMERID FROM ML_DATA.CHURN
    ORDER BY rand();

CREATE TABLE CHURN_TRAIN AS (SELECT * FROM ML_DATA.CHURN
    WHERE EXISTS
        (SELECT CUSTOMERID FROM :lt_id_train WHERE
         CUSTOMERID = CHURN.CUSTOMERID));

CREATE TABLE CHURN_TEST AS (SELECT * FROM ML_DATA.CHURN
    WHERE NOT EXISTS
        (SELECT CUSTOMERID FROM :lt_id_train WHERE
        CUSTOMERID = CHURN.CUSTOMERID));
END;
```

Listing 3.7: Vorbereiten der Trainings- und Testdaten

Diese Logik ist ähnlich wie die in Abschnitt 2.1.1 verwendete Logik zur Selektion der Trainingsdaten, siehe Listing 2.2 inkl. Erläuterungen.

Der Trainingsprozess

Nach dieser Vorarbeit können Sie nun den Trainingsprozess starten. Rufen Sie dazu – wie in Listing 3.8 gezeigt – die Prozedur `CREATE_MODEL_AND_TRAIN` auf. Der Code ist folgendermaßen aufgebaut:

- Die vorbereiteten Tabellen werden selektiert und in Tabellenvariablen gehalten.
- Die Prozedur `CREATE_MODEL_AND_TRAIN` wird aufgerufen, die Tabellenvariablen werden als Eingabeparameter verwendet.
- Die vier Ausgabeparameter werden in der SQL-Konsole durch SELECT-Statements ausgegeben.
- Die Ausgabeparameter werden zusätzlich in persistenten Tabellen gespeichert. Diese verwenden wir später zur Analyse.

```
-- Ab zweitem Durchlauf: Tabellen vorher löschen
-- DROP TABLE MODEL_TRAIN_BIN;
-- DROP TABLE TRAIN_LOG;
-- DROP TABLE SUMMARY;
-- DROP TABLE INDICATORS_TRAIN;

DO BEGIN

lt_func_header = SELECT * FROM FUNC_HEADER;
lt_train_config = SELECT * FROM TRAIN_CONFIG;
lt_variable_desc = SELECT * FROM VARIABLE_DESC;
lt_variable_roles = SELECT * FROM VARIABLE_ROLES;

CALL "SAP_PA_APL"."sap.pa.apl.base::CREATE_MODEL_AND_TRAIN"(
    :lt_func_header,
    :lt_train_config,
    :lt_variable_desc,
    :lt_variable_roles,
    'ML_APL', 'CHURN_TRAIN',
    lt_model_train_bin,
    lt_train_log,
    lt_train_summary,
    lt_train_indicators);
```

```
SELECT * FROM :lt_model_train_bin;
SELECT * FROM :lt_train_log;
SELECT * FROM :lt_train_summary;
SELECT * FROM :lt_train_indicators;

CREATE TABLE MODEL_TRAIN_BIN LIKE
    "SAP_PA_APL"."sap.pa.apl.base::BASE.T.MODEL_BIN_OID";
INSERT INTO MODEL_TRAIN_BIN (SELECT * FROM
    :lt_model_train_bin);

CREATE TABLE TRAIN_LOG LIKE
    "SAP_PA_APL"."sap.pa.apl.base::BASE.T.OPERATION_LOG";
INSERT INTO TRAIN_LOG (SELECT * FROM :lt_train_log);

CREATE TABLE SUMMARY LIKE
    "SAP_PA_APL"."sap.pa.apl.base::BASE.T.SUMMARY";
INSERT INTO SUMMARY (SELECT * FROM :lt_train_summary);

CREATE TABLE INDICATORS_TRAIN LIKE
    "SAP_PA_APL"."sap.pa.apl.base::BASE.T.INDICATORS";
INSERT INTO INDICATORS_TRAIN (SELECT * FROM
    :lt_train_indicators);

END;
```

Listing 3.8: Aufruf der Trainingsprozedur

Als Ergebnis des Trainingsprozesses erhalten Sie vier Ausgabeparameter (siehe Tabelle 3.5), die gemäß Listing 3.8 in entsprechende HANA-Tabellen zwischengespeichert wurden.

Ausgabeparameter	HANA-Tabelle	Beschreibung
MODEL	MODEL_TRAIN_BIN	Das trainierte Modell
LOG	TRAIN_LOG	Protokoll der Ausführung
SUMMARY	SUMMARY	Zusammenfassung
INDICATORS	INDICATORS_TRAIN	Statistiken zum Modell und der Variablen

Tabelle 3.5: Ausgabeparameter der Trainingsfunktion

Im Ausgabeparameter `MODEL` wird das fertige Modell ausgegeben. Dieses werden wir in den Folgeabschnitten zur Prognosebildung heranziehen.

Der Ausgabeparameter LOG protokolliert mit Zeitstempel die Ausführung der einzelnen Schritte des Trainingsprozesses inklusive technischer Details (siehe Abbildung 3.12). Interessant sind insbesondere:

❶ die Verteilung der Zielvariablen in der Trainingsuntermenge (ESTIMATION) und der Validierungsmenge (VALIDATION),

❷ der Informationsgehalt der Eingabevariablen für die Prognose der Zielvariablen (PREDICTIVE POWER),

❸ die Iteration, in der die Lernphase gestoppt wurde, sowie die Iteration mit dem besten Ergebnis (BEST METRIC VALUE).

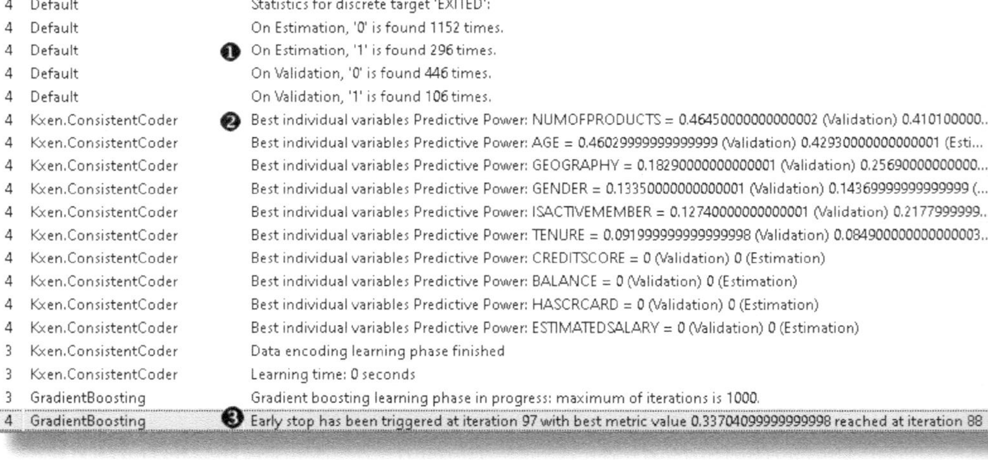

4	Default		Statistics for discrete target 'EXITED':
4	Default		On Estimation, '0' is found 1152 times.
4	Default	❶	On Estimation, '1' is found 296 times.
4	Default		On Validation, '0' is found 446 times.
4	Default		On Validation, '1' is found 106 times.
4	Kxen.ConsistentCoder	❷	Best individual variables Predictive Power: NUMOFPRODUCTS = 0.46450000000000002 (Validation) 0.410100000...
4	Kxen.ConsistentCoder		Best individual variables Predictive Power: AGE = 0.46029999999999999 (Validation) 0.42930000000000001 (Esti...
4	Kxen.ConsistentCoder		Best individual variables Predictive Power: GEOGRAPHY = 0.18290000000000001 (Validation) 0.25690000000000...
4	Kxen.ConsistentCoder		Best individual variables Predictive Power: GENDER = 0.13350000000000001 (Validation) 0.14369999999999999 (...
4	Kxen.ConsistentCoder		Best individual variables Predictive Power: ISACTIVEMEMBER = 0.12740000000000001 (Validation) 0.2177999999...
4	Kxen.ConsistentCoder		Best individual variables Predictive Power: TENURE = 0.091999999999999998 (Validation) 0.084900000000000003...
4	Kxen.ConsistentCoder		Best individual variables Predictive Power: CREDITSCORE = 0 (Validation) 0 (Estimation)
4	Kxen.ConsistentCoder		Best individual variables Predictive Power: BALANCE = 0 (Validation) 0 (Estimation)
4	Kxen.ConsistentCoder		Best individual variables Predictive Power: HASCRCARD = 0 (Validation) 0 (Estimation)
4	Kxen.ConsistentCoder		Best individual variables Predictive Power: ESTIMATEDSALARY = 0 (Validation) 0 (Estimation)
3	Kxen.ConsistentCoder		Data encoding learning phase finished
3	Kxen.ConsistentCoder		Learning time: 0 seconds
3	GradientBoosting		Gradient boosting learning phase in progress: maximum of iterations is 1000.
4	GradientBoosting	❸	Early stop has been triggered at iteration 97 with best metric value 0.33704099999999998 reached at iteration 88

Abbildung 3.12: Ausgabe von Parameter LOG

Die Ergebnisse des Trainingsprozesses fasst der Ausgabeparameter `SUMMARY` zusammen, siehe Abbildung 3.13. Folgende Informationen sind hilfreich:

❶ Aufteilung zwischen Trainingsuntermenge (MODELRECORDCOUNTESTIMATION) und Validierungsmenge (MODELRECORDCOUNTVALIDATION).

❷ Der verwendete Algorithmus (MODELENGINENAME); dieser ergibt sich aus dem im Eingabeparameter `OPERATION_CONFIG` angegebenen Modelltyp (siehe Tabelle 3.2).

❸ Die beste Iteration (BESTITERATION), d. h. diejenige mit dem niedrigsten Wert der Bewertungsmetrik (EVALMETRIC).

❹ Die Entscheidungsschwelle (APPLYDECISIONTHRESHOLD); sie steuert bei der Modellanwendung die Schwelle für die berechnete Wahrscheinlichkeit, ab der ein Datensatz der Zielkategorie zugeordnet wird. Diesen automatisch ermittelten Wert für die Entscheidungsschwelle können Sie später bei Anwendung des Modells manuell übersteuern, siehe Abschnitt 3.2.2.

KEY		VALUE
ModelState		TrainedModel
ModelDatasetName		APL_InputTrainingData
ModelVariableCount		12
ModelSelectedVariableCount		10
ModelAvailable		true
ModelRecordCount		2000
ModelCuttingStrategy		random with no test
ModelRecordCountEstimation	❶	1448
ModelRecordCountValidation		552
ModelRecordCountTest		0
ModelBuildDate		2021-12-19 12:40:07
ModelLearningTime		0
ModelEngineName	❷	GradientBoosting
ModelAuthor		devadm
MaxIterations		1000
MaxDepth		4
EarlyStoppingPatience		10
BestIteration		88
EvalMetric	❸	LogLoss
LearningRate		0.05000000000000003
ApplyDecisionThreshold	❹	0.31537837684154513

Abbildung 3.13: Ausgabe von SUMMARY

Der Ausgabeparameter `INDICATORS` enthält weiterführende, detaillierte Indikatoren und statistische Kennzahlen. Da die Ausgabetabelle sehr viele Einträge umfasst, empfehle ich die Nutzung der Funktion »Data

Preview« für die Tabelle INDICATORS_TRAIN, in der nach dem Training der Ausgabeparameter `INDICATORS` abgelegt wird. Mit dieser Funktion können Sie den Tabelleninhalt komfortabel filtern.

Die Informationen in `INDICATORS` gliedern sich in die folgenden Bereiche, die in der Spalte KEY (siehe Angabe in Klammern) ablesbar sind:

- Verteilung der Kategorien der Zielvariablen (CATEGORYFREQUENCY ❶); die als Zielkategorie gewählte Kategorie (TARGETKEY ❷) (siehe Abbildung 3.14).
- Statistiken zu den Eingabevariablen; die gleichen Indikatoren liefert die Prozedur `PROFILE_DATA` aus Abschnitt 3.1.1.
- Beitrag der einzelnen Eingabevariablen zur Modellbildung *(VariableContribution)* und Einfluss der Eingabevariablen auf die Zielkategorie *(GroupNormalProfit/GroupTargetMean)*.
  Dies sind die gleichen Indikatoren, die Sie mit der Prozedur `KEY_INFLUENCERS` in Abschnitt 3.1.2 erhalten haben. Die dortigen Erläuterungen gelten hier entsprechend.
- Kennzahlen zur Modellgüte (siehe Abbildung 3.15):
  - Der niedrigste Wert für die gewählte Bewertungsmetrik (hier LOGLOSS).
  - PREDICTIVEPOWER: ein Maß für den in den Eingabevariablen enthaltenen Anteil an Informationen über die Zielvariable. Anschaulich gesprochen misst diese Kennzahl, wie gut sich das Verhalten der Zielvariablen mithilfe des Modells und der Eingabevariablen erklären lässt. Ein niedriger Wert deutet darauf hin, dass nicht genügend Eingabevariablen vorliegen, um das Verhalten der Zielvariablen ausreichend zu erklären.
  - PREDICTIONCONFIDENCE: Verallgemeinerungsfähigkeit des Modells auf neue, unbekannte Daten. Je näher der Wert bei *1* liegt, desto besser kann das Modell die im Training gezeigte Prognosegenauigkeit auch für neue Daten einhalten.
  - AUC: »Area Under Curve«, siehe Erläuterungen im Abschnitt 3.2.3.
- Der Wert der Bewertungsmetrik in den einzelnen Iterationen (KEY EVALMETRICVALUE, Iteration in Spalte DETAIL), siehe Ab-

bildung 3.16. Dieser veranschaulicht den Trainingsfortschritt des Modells.

VARIABLE	TARGET	KEY	VALUE	DETAIL
?	?	IndicatorDataset	Validation	
EXITED	?	❷ TargetKey	1	
EXITED	?	WeightTotal	552	
EXITED	?	❶ CategoryFrequency	0.80797101449275366	0
EXITED	?	CategoryFrequency	0.19202898550724637	1

Abbildung 3.14: Kategorien der Zielvariablen (Ausgabeparameter INDICATORS)

VARIABLE	TARGET	KEY	VALUE
gb_proba_EXITED	EXITED	LogLoss	0.33704054312654297
EXITED	EXITED	PredictivePower	0.71209999999999996
EXITED	EXITED	PredictionConfidence	1
EXITED	EXITED	KS	0.5948
EXITED	EXITED	AUC	0.85609999999999997

Abbildung 3.15: Kennzahlen zur Modellgüte (Ausgabeparameter INDICATORS)

TARGET	KEY	VALUE	DETAIL
EXITED	EvalMetricValue	0.337389	84
EXITED	EvalMetricValue	0.337772	85
EXITED	EvalMetricValue	0.337579	86
EXITED	EvalMetricValue	0.337055	87
EXITED	EvalMetricValue	0.337041	88
EXITED	EvalMetricValue	0.337406	89
EXITED	EvalMetricValue	0.337227	90
EXITED	EvalMetricValue	0.337376	91
EXITED	EvalMetricValue	0.337387	92
EXITED	EvalMetricValue	0.337645	93
EXITED	EvalMetricValue	0.337084	94
EXITED	EvalMetricValue	0.337531	95
EXITED	EvalMetricValue	0.338059	96
EXITED	EvalMetricValue	0.337930	97
EXITED	EvalMetricValue	0.337864	98
EXITED	LogLoss	0.33704054312654297	

Abbildung 3.16: Bewertungsmetrik pro Iteration und bester Wert (Ausgabeparameter INDICATORS)

Predictive Power, Prediction Confidence und Overfitting

Ein niedriger Wert für den Indikator *Predictive Power* entspricht einem hohen Trainingsfehler, d. h., ein Underfitting ist eingetreten. Abhilfe können hier die Erhöhung der Modellkomplexität oder das Hinzufügen weiterer Informationen in Form von zusätzlichen Eingabevariablen schaffen.

Ein niedriger Wert für den Indikator *Prediction Confidence* bei gleichzeitig hoher Predictive Power hingegen entspricht einem hohen Validierungsfehler bei niedrigem Trainingsfehler, d. h. ein Overfitting ist eingetreten. In diesem Fall ist das Modell also zu spezifisch an die Trainingsdaten angepasst und würde bei Anwendung auf neue Daten eine schlechte Prognoseleistung zeigen.

Die Werte mancher Indikatoren können auf Basis der Trainings- oder der Validierungsmenge separat berechnet werden. Die konkret verwendete Berechnungsgrundlage zeigt die Zeile mit KEY = INDICATORDATASET im Ausgabeparameter `INDICATORS`, siehe auch Abbildung 3.14. Durch Angabe des Parameters *APL/IndicatorDataset* im Eingabeparameter `OPERATON_CONFIG` der Trainingsprozedur beeinflussen Sie, welche Menge zur Berechnung herangezogen wird (siehe auch Listing 3.6 und die Erläuterungen dazu).

Modellinformationen aus gespeichertem Modell extrahieren

In der Praxis sollten Sie zur späteren Verwendung die beim Training erzeugte Modelldefinition (Ausgabetabelle `MODEL` von `CREATE_MODEL_AND_TRAIN`) in einer zentralen Tabelle mit der eindeutigen Ausführungs-ID speichern, die Sie als *OID* im Eingabeparameter `FUNC_HEADER` angegeben haben.

Neben der reinen Modellbeschreibung für die Prognosebildung lassen sich auch die weiteren Metadaten aus der Modelldefinition erneut extrahieren. Zudem können Sie mit der Prozedur

> `GET_MODEL_INFO` sowohl die Informationen zu den Variablen (Parameter `VARIABLE_DESC`, `VARIABLE_ROLES`) als auch die Ergebnisse des Trainingsprozesses (`SUMMARY`, `INDICATORS`) aus der Modelldefinition jederzeit auslesen. Ein Codebeispiel dazu ist in *Ch_3_2_1_Get_Model_Info.sql* im Quellcodeverzeichnis (Anhang B) zu finden.

Im nächsten Abschnitt wenden Sie das trainierte Modell auf die Daten der Testmenge an, um Prognosen zu bilden und die Leistung des Modells zu bewerten.

3.2.2 Modelle testen und anwenden

Beim Testen und Anwenden von Modellen sind zwei Szenarien zu unterscheiden:

1. Das Klassifikationsmodell wird auf Testdaten angewandt, bei denen die richtige Klassenzuordnung bekannt ist. Diese Datensätze wurden aber nicht beim Trainingsprozess verwendet. Dieses Szenario wird genutzt, um durch den Vergleich zwischen der prognostizierten und der korrekten Klassenzuordnung die Verallgemeinerungsfähigkeit des Modells zu bewerten.
2. Das Klassifikationsmodell wird auf neue Daten angewandt, bei denen die korrekte Klassenzuordnung noch nicht bekannt ist. Dieses zweite Szenario setzen Sie im produktiven Betrieb ein, um Prognosen für neue Daten zu erhalten.

In der APL stehen Ihnen vier Prozeduren zum Testen/Anwenden zur Verfügung, deren Einsatz vom gewünschten Szenario abhängt.

Möchten Sie das Modell zur Prognosebildung anwenden, nutzen Sie die Prozeduren `APPLY_MODEL` oder `PARALLEL_APPLY_MODEL`. Letztere wird parallelisiert ausgeführt und bietet somit eine höhere Geschwindigkeit.

Zum Testen und Bewerten des Modells verwenden Sie die Prozeduren `APPLY_MODEL_AND_TEST` und `TEST_MODEL`. Die Prozedur `APPLY_MODEL_AND_TEST` liefert pro Datensatz die prognostizierte Klassenzuordnung und berechnet Statistiken auf Basis des Ist-/Sollvergleichs. Die Prozedur `TEST_MODEL` hingegen berechnet lediglich die Statistiken und liefert keine explizite Klassenzuordnung pro Datensatz. Im Folgenden beschränke ich mich daher auf die Prozedur `APPLY_MODEL_AND_TEST`. Der Aufruf der anderen Prozeduren gestaltet sich analog. Das anschließend erläuterte Vorgehen wird in dem Skript *Ch_3_2_2_APL_Apply_Model_and_Test.sql* (siehe Quellcodeverzeichnis im Anhang B) implementiert. Da viele der SQL-Befehle analog zu den vorher gezeigten sind, wird der Beispielcode nur auszugsweise dargestellt.

Die Eingabeparameter der Prozedur `APPLY_MODEL_AND_TEST` sind in Tabelle 3.6 aufgeführt. Das von der Prozedur `CREATE_MODEL_AND_TRAIN` im letzten Abschnitt erstellte Modell dient nun als Eingabeparameter `MODEL` zur Prognosebildung.

Parameter	Beschreibung
FUNC_HEADER	Technische Ausführungsparameter
MODEL	Das zu verwendende Klassifikationsmodell
OPERATION_CONFIG	Konfiguration der Ausführung
DATASET	Testdaten mit bekannter Klassenzuordnung

Tabelle 3.6: Eingabeparameter von APPLY_MODEL_AND_TEST

Der Eingabeparameter `FUNC_HEADER` wird genauso gefüllt wie bei der Prozedur `CREATE_MODEL_AND_TRAIN`. Übernehmen Sie Listing 3.5 aus dem vorherigen Abschnitt und passen Sie es so an, dass statt der Tabelle FUNC_HEADER die Tabelle APPLY_FUNC_HEADER mit gleicher Struktur und gleichem Inhalt erstellt wird.

Mit dem Eingabeparameter `OPERATION_CONFIG` lässt sich der Ablauf der Prognosebildung steuern. Diverse Konfigurationsparameter werden in Form von Schlüssel-/Wertepaaren übergeben, siehe Tabelle 3.7 für die Auswahl der erlaubten Konfigurationsparameter. Der Aufbau dieses

Eingabeparameters ist somit analog zum gleichnamigen Parameter der Trainingsprozedur aus dem letzten Abschnitt.

KEY	VALUE	Bedeutung
APL/ApplyExtraMode	*Score*	Prognose als Score (Standard)
	Probability	Wahrscheinlichkeit für Zielkategorie
	Decision	Prognostizierte Klasse
	Individual Contribution	Beitrag der einzelnen Variablen
APL/ApplyDecisionThreshold	Zahl zwischen *0* und *1*	Entscheidungs-schwelle

Tabelle 3.7: Konfigurationsparameter in OPERATION_CONFIG

Beim binären Klassifikationsmodell können Sie das Ausgabeformat der Prognose durch Angabe des Konfigurationsparameters *APL/Apply ExtraMode* beeinflussen:

- *Score:* Angabe eines Scores in Form einer positiven oder negativen Zahl. Je höher der Score für einen Datensatz, desto sicherer ist es, dass der Datensatz zur Zielkategorie gehört.
- *Probability:* Angabe einer Wahrscheinlichkeit zwischen *0* und *1*, dass der aktuelle Datensatz zur Zielkategorie gehört.
- *Decision:* Ausgabe der prognostizierten Klasse.

Die prognostizierte Klasse für einen Datensatz ergibt sich aus der vom Modell ermittelten Wahrscheinlichkeit für die Zielklasse und dem Vergleich dieser Wahrscheinlichkeit mit der Entscheidungsschwelle. Die Entscheidungsschwelle können Sie durch Angabe des Parameters *APL/ApplyDecisionThreshold* beeinflussen.

Vom Score zur Klassenzuordnung

Nehmen wir das Beispiel der Kündigungsprognose für Kunden: Das Klassifikationsmodell berechnet intern pro Kunde einen Score.

Aus diesem ergibt sich die Wahrscheinlichkeit der Klassenzuordnung. Für den Kunden A wird eine Kündigungswahrscheinlichkeit von *0.75*, für den Kunden B hingegen von *0.45* vorhergesagt. Bei einer Entscheidungsschwelle von *0.5* wird nur Kunde A als potenziell Kündigender eingestuft, während bei einer Entscheidungsschwelle von *0.4* beide Kunden der Kategorie Kündigung zugeordnet werden. Bei gleichem Input ordnet das Klassifikationsmodell mit der niedrigeren Entscheidungsschwelle also mehr Kunden als Kündigende ein als mit der höheren Schwelle.

Die Angabe des Parameters *APL/ApplyDecisionThreshold* ist optional. Beim Training des Modells wird bereits ein Standardwert errechnet, der zum Einsatz kommt, wenn Sie keinen expliziten Wert angeben. Den berechneten Standardwert finden Sie in der Ausgabetabelle SUMMARY der Trainingsprozedur, siehe Abbildung 3.13.

Mit dem Code aus Listing 3.9 erstellen Sie die Tabelle APPLY_CONFIG, die als Eingabe für den Parameter `OPERATION_CONFIG` dient: Der Parameter *APL/ApplyExtraMode* wird auf *Decision* gesetzt, sodass die prognostizierte Klassenzuordnung mit einer Entscheidungsschwelle von *0.3* ausgegeben wird.

```
-- Bei zweiter Ausführung: Tabelle löschen
-- DROP TABLE APPLY_CONFIG;

CREATE TABLE APPLY_CONFIG LIKE
"SAP_PA_APL"."sap.pa.apl.base::BASE.T.
OPERATION_CONFIG_EXTENDED";

INSERT INTO APPLY_CONFIG VALUES
('APL/ApplyExtraMode', 'Decision', null);
INSERT INTO APPLY_CONFIG VALUES ('APL/⮐
ApplyDecisionThreshold', '0.3', null);
```

Listing 3.9: Aufbau des Parameters OPERATION_CONFIG

Für den Parameter DATASET verwenden Sie die Tabelle CHURN_TEST, die im vorigen Abschnitt (Listing 3.7) erstellt wurde. Diese enthält die Kundensätze, die nicht für das Training genutzt wurden. Beim Anwenden der Test-Prozeduren (also APPLY_MODEL_AND_TEST bzw. TEST_MODEL) ist es wichtig, dass Sie die Spalte EXITED mit angeben. Daran lässt sich ablesen, ob das Modell einen Datensatz korrekt klassifiziert.

Nun müssen Sie noch den Tabellentyp für die Ausgabe vorbereiten. Die Spalten der Ausgabetabelle hängen vom Ausgabeformat, das durch den Parameter OPERATION_CONFIG festgelegt wird, und von dem beim Modelltraining festgelegten Schlüssel der Datensätze ab (Parameter VARIABLE_DESC im vorherigen Abschnitt). Mit der Hilfsprozedur GET_TABLE_TYPE_FOR_APPLY (Listing 3.10) lässt sich die passende Tabellenstruktur leicht ermitteln. Abbildung 3.17 zeigt die vorgeschlagenen Spalten mit Positionen, Namen und Datentyp (Spalte KIND).

```
DO BEGIN

lt_apply_func_header = SELECT * FROM APPLY_FUNC_HEADER;
lt_model_train = SELECT * FROM MODEL_TRAIN_BIN;
lt_apply_config = SELECT * FROM APPLY_CONFIG;

CALL "SAP_PA_APL"."sap.pa.apl.base::GET_TABLE_TYPE_FOR_APPLY"(
    :lt_apply_func_header,
    :lt_model_train,
    :lt_apply_config,
    'ML_APL','CHURN_TEST',
    lt_output_table,
    lt_log);

SELECT * FROM :lt_output_table;

END;
```

Listing 3.10: Bestimmen der Struktur der Ausgabetabelle

	OID	POSITION	NAME	KIND
1	#CHURN_42	0	CUSTOMERID	INTEGER
2	#CHURN_42	1	EXITED	INTEGER
3	#CHURN_42	2	gb_decision_EXITED	BIGINT

Abbildung 3.17: Vorgeschlagene Struktur der Ausgabetabelle

Mit Listing 3.11 erstellen Sie eine Tabelle, die die relevanten Spalten für das Prognoseergebnis beinhaltet, wie etwa die Spalte GB_DECISION_EXITED, in der die prognostizierte Klassenzuordnung abgelegt wird.

```
-- Ausgabe der Prognose
-- Je nach Parameterwert APL/ApplyExtraMode

-- Vor zweiter Ausführung: Tabelle löschen
-- DROP TABLE CHURN_APPLY;

CREATE COLUMN TABLE CHURN_APPLY(
    CUSTOMERID INTEGER,
    EXITED INTEGER,
    -- ApplyExtraMode Decision
    GB_DECISION_EXITED BIGINT
    -- ApplyExtraMode Score
    -- GB_SCORE_EXITED DOUBLE
    -- ApplyExtraMode Probability
    -- GB_PROBA_EXITED DOUBLE
);
```

Listing 3.11: Erstellen der Ausgabetabelle

Je nach gewähltem Ausgabeformat müssen Sie die Spalte GB_DECISION_EXITED gemäß Tabelle 3.8 durch eine andere Spalte ersetzen. Die Ergebnisspalte setzt sich aus der Bezeichnung der Prognoseausgabe und der Zielspalte (EXITED) zusammen.

Ausgabeformat	Spalte	Datentyp
Decision	GB_DECISION_EXITED	BIGINT
Probability	GB_PROBA_EXITED	DOUBLE
Score	GB_SCORE_EXITED	DOUBLE

Tabelle 3.8: Zuordnung des Ausgabeformats zur Spalte

Den Prozeduraufruf zur Anwendung des Modells zeigt Listing 3.12. Das Ergebnis der Prognose wird in der Tabelle CHURN_APPLY gespeichert, die anschließend ausgegeben wird.

```
-- Ab zweiter Ausführung: Tabelle löschen
-- DROP TABLE MODEL_TEST_BIN;
-- DROP TABLE APPLY_TEST_INDICATOR;

CREATE COLUMN TABLE APPLY_TEST_INDICATOR LIKE
 "SAP_PA_APL"."sap.pa.apl.base::BASE.T.INDICATORS";

DO BEGIN

lt_apply_func_header = SELECT * FROM APPLY_FUNC_HEADER;
lt_model_train = SELECT * FROM MODEL_TRAIN_BIN;
lt_apply_config = SELECT * FROM APPLY_CONFIG;

DELETE FROM CHURN_APPLY;

CALL "SAP_PA_APL"."sap.pa.apl.base::APPLY_MODEL_AND_TEST"(
    :lt_apply_func_header,
    :lt_model_train,
    :lt_apply_config,
    'ML_APL','CHURN_TEST',
    'ML_APL','CHURN_APPLY',
    lt_model_out,
    lt_apply_log,
    lt_apply_test_indicator);

SELECT * FROM CHURN_APPLY;

INSERT INTO APPLY_TEST_INDICATOR
    (SELECT * FROM :lt_apply_test_indicator);

CREATE TABLE MODEL_TEST_BIN AS
    (SELECT * FROM :lt_model_out);

END;
```

Listing 3.12: Aufruf von APPLY_MODEL_AND_TEST

In Abbildung 3.18 sehen Sie einen Auszug aus der Tabelle CHURN_APPLY: In der Spalte EXITED ist für jeden Kunden die korrekte Klassenzuordnung aus den Originaldaten angegeben. In der Spalte GB_DECISION_EXITED wird die vom Modell prognostizierte Klasse ausgewiesen.

CUSTOMERID	EXITED	GB_DECISION_EXITED
15.634.602	1	0
15.647.311	0	0
15.619.304	1	1
15.701.354	0	0
15.574.012	1	0
15.592.531	0	0
15.656.148	1	1

Abbildung 3.18: Ausgabe der Prognose

Mit dem SQL-Statement aus Listing 3.13 können Sie leicht die Anzahl der korrekt bzw. falsch klassifizierten Sätze in der Tabelle CHURN_APPLY ermitteln.

```
SELECT exited, gb_decision_exited,
    COUNT(*) as count FROM CHURN_APPLY
    GROUP BY exited, gb_decision_exited
    ORDER BY exited, gb_decision_exited;
```

Listing 3.13: Zählen der korrekten bzw. falschen Klassifizierungen

Auf Basis des Prognoseergebnisses berechnet die Methode `APPLY_MODEL_AND_TEST` auch verschiedene Kennzahlen und andere Informationen, die dann im Parameter `INDICATORS` ausgegeben werden. Diese Kennzahlen wurden durch das Coding in Listing 3.12 in der Tabelle APPLY_TEST_INDICATORS gespeichert. Die Bedeutung der Einträge ist analog zu denjenigen des Parameters `INDICATORS`, die sich aus der Trainingsfunktion `CREATE_MODEL_AND_TRAIN` im vorigen Abschnitt ergeben haben. Allerdings werden diese Kennzahlen nun auf Basis der Testmenge und nicht der Trainingsuntermenge bzw. Validierungsmenge berechnet. Zusätzlich wird im Parameter `MODEL_OUT` das

Modell mit aktualisierten Statistiken zurückgegeben. Die Modelldefinition entspricht der für das Training erstellten. Allerdings wurden für die Testmenge intern die Statistiken über die Prognosegenauigkeit hinzugefügt. Zur späteren Verwendung wird dieser Rückgabeparameter in der Tabelle MODEL_TEST_BIN gespeichert.

Im folgenden Abschnitt setzen wir diese Informationen zur Bewertung des Modells ein. Abbildung 3.19 zeigt noch einmal den Zusammenhang zwischen den einzelnen Schritten und die jeweils verwendeten Tabellen.

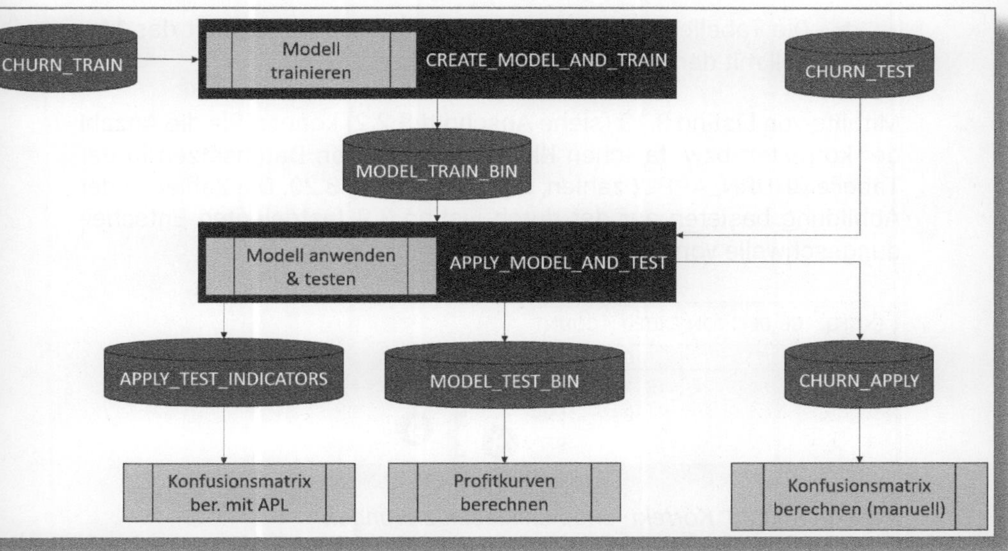

Abbildung 3.19: Vom Training zur Prognose und zur Bewertung

3.2.3 Modelle bewerten

Nachdem Sie das Modell im vorherigen Abschnitt auf Testdaten angewandt haben, können Sie aus dem Vergleich von Istwert und Prognose Kennzahlen ableiten, anhand derer sich die Prognosequalität oder der Nutzen des Modells bewerten lassen. Die APL bietet hier insbesondere das Berechnen sogenannter *Profitkurven* an. Ein bekanntes Beispiel dafür ist die ROC-(Receiver Operating Characteristics-)Kurve. Als Vorbereitung auf die ROC-Kurve schauen wir uns zunächst die Konfusionsmatrix an, die bereits in Abschnitt 2.1.2 eingeführt wurde.

Ich setze in diesem Abschnitt voraus, dass Sie die Schritte aus Abschnitt 3.2.2 durchgeführt und folgendes Ergebnis erhalten haben:

- Die Tabelle CHURN_APPLY ist gefüllt mit der Prognose des Modells (Spalte GB_DECISION_EXITED) für die Testdaten aus CHURN_TEST.
- Die Tabelle MODEL_TEST_BIN ist gefüllt und enthält das Modell mit den aktualisierten Statistiken.

Mithilfe von Listing 3.13 (siehe Abschnitt 3.2.2) können Sie die Anzahl der korrekten bzw. falschen Klassifikationen von Datensätzen in der Tabelle CHURN_APPLY zählen, siehe Abbildung 3.20. Die Zahlen in der Abbildung basieren auf der durch Listing 3.9 festgelegten Entscheidungsschwelle von *0.3*.

EXITED	GB_DECISION_EXITED	COUNT	
0	0	5.751	} ❷
0	1	614	❶
1	0	658	} ❹
1	1	977	❸

Abbildung 3.20: Korrekt- und Fehlklassifizierungen (Entscheidungsschwelle 0.3)

Diese Zahlen lassen sich in Form einer Konfusionsmatrix aufschreiben. Davon ausgehend definieren wir zwei Kennzahlen, die uns als Grundlage für die Profitkurve ROC dienen:

- Die *korrekt positive Rate* (engl.: *true positive rate*) ist das Verhältnis zwischen der Anzahl der korrekt zur Zielkategorie (EXITED = *1*, GB_DECISION_EXITED = *1*) zugeordneten Kunden und der Gesamtzahl der Kunden in der Zielkategorie (EXITED = *1*). In unserem Beispiel ist dies der Quotient aus der Zahl in der

Spalte COUNT ❸ und der Summe aus beiden Zeilen für EXITED = *1* ❹ in Abbildung 3.20.

- Die *falsch positive Rate* (engl.: *false positive rate*) ist das Verhältnis zwischen der Anzahl der falsch zur Zielkategorie (EXITED = *0*, GB_DECISION_EXITED = *1*) zugeordneten Kunden und der Gesamtzahl der Kunden, die nicht in der Zielkategorie sind. Diese Rate berechnet sich somit als Quotient aus der Zahl ❶ und der Summe der beiden Zahlen bei ❷ in Abbildung 3.20.

In Abbildung 3.21 ist die Definition mit Formeln und den Beispielzahlen aus Abbildung 3.20 dargestellt.

$$Korrekt\ positive\ Rate = \frac{Anzahl\ korrekt\ in\ Zielkategorie\ klassifiziert}{Anzahl\ Zielkategorie\ gesamt}$$

$$= \frac{977}{977 + 658} = \frac{977}{1635}$$

$$Falsch\ positive\ Rate = \frac{Anzahl\ falsch\ in\ Zielkategorie\ klassifiziert}{Anzahl\ nicht\ in\ Zielkategorie\ gesamt}$$

$$= \frac{614}{5751 + 614} = \frac{614}{6365}$$

Abbildung 3.21: Formeln für korrekt positive und falsch positive Rate

☛ Korrekt positive vs. falsch positive Rate

Die Berechnungsgrundlage für die korrekt positive Rate sind die Datensätze der Zielkategorie, während die falsch positive Rate die Datensätze außerhalb der Zielkategorie verwendet. Durch die kombinierte Sicht auf beide Raten berücksichtigt man also die Prognosegüte des Modells sowohl für die Sätze der Zielkategorie als auch für diejenigen außerhalb der Zielkategorie.

Mit dem Konfigurationsparameter *APL/ApplyDecisionThreshold* (siehe Tabelle 3.7 in Abschnitt 3.2.2) können Sie beeinflussen, wie viele Kunden das Klassifikationsmodell in die Zielkategorie einordnet (vgl. Beispielkasten »Vom Score zur Klassenzuordnung« im selben Abschnitt). Eine höhere Entscheidungsschwelle senkt die falsch positive Rate, wirkt sich aber nachteilig auf die korrekt positive Rate aus, die dann ebenfalls sinkt. Das können Sie folgendermaßen ausprobieren:

Führen Sie die Prognosebildung aus dem vorherigen Abschnitt erneut aus, setzen aber dieses Mal den Wert für *APL/ApplyDecisionThreshold* in Listing 3.9 auf *0.75*. Wie die neue Konfusionsmatrix in Abbildung 3.22 zeigt, klassifiziert das Modell nun insgesamt weniger Kunden in die Kategorie »Kündigung« (GB_DECISION_EXITED = *1* in ❶ und ❷). Die falsch positive Rate ist dadurch drastisch gesunken, allerdings zum Preis einer ebenfalls erheblich verringerten korrekt positiven Rate.

EXITED	GB_DECISION_EXITED		COUNT
0	0		6.321
0	1	❶	44
1	0		1.251
1	1	❷	384

Abbildung 3.22: Korrekt- und Fehlklassifizierungen (Entscheidungsschwelle 0.75)

Wie schon in Abbildung 3.19 angedeutet, kann die Konfusionsmatrix für binäre Klassifikationsmodelle auch direkt mit der APL-Prozedur `COMPUTE_CONFUSION_MATRIX` berechnet werden. Aus dieser Prozedur ergeben sich weitere hilfreiche Informationen, wie der prozentuale Anteil der falsch/korrekt klassifizierten Sätze und zusätzliche Gütekriterien für das Klassifikationsmodell.

Wie wir aus dem vorherigen Beispiel gelernt haben, erhält man durch Variieren der Entscheidungsschwelle unterschiedliche Wertepaare aus korrekt und falsch positiver Rate für das **gleiche** Modell. Anstatt nun mühsam verschiedene Entscheidungsschwellen manuell durchzuprobieren, lässt sich der Ausgleich zwischen der korrekt und der falsch positiven Rate anschaulich mit der *Receiver Operating Characteristics*

Curve (ROC-Kurve) bestimmen. Diese visualisiert für verschiedene Werte der Entscheidungsschwelle die erreichte korrekt positive Rate bei gegebener falsch positiver Rate.

Mit der APL-Prozedur `EXPORT_PROFITCURVES` können Sie die ROC-Kurve und weitere Profitkurven zeichnen. Das Skript *Ch_3_2_3_Export_ROC_Curve.sql* wendet diese Prozedur an und berechnet die ROC-Kurve für das Klassifikationsmodell zur Kündigungsvorhersage. Die Ergebnisse werden in der HANA-Tabelle EXPORT_PROFITCURVE_ROC (Schema ML_APL) gespeichert. Nachdem Sie das Skript ausgeführt haben, können Sie diese Tabelle mit der Funktion »Datenvorschau« in Eclipse öffnen und ein Liniendiagramm zeichnen.

Wie in Abbildung 3.23 gezeigt, wechseln Sie dazu in den Reiter ANALYSIS. Als x-Achse (Reiter LABELS AXIS) wählen Sie die Spalte *FALSE_POSITIVE_RATE*. Als y-Achse (Reiter VALUES AXIS) wählen Sie die folgenden drei Spalten:

- *RECALL_APPLY* = korrekt positive Rate für die Testdaten
- *RECALL_RANDOM* = korrekt positive Rate eines Zufallsmodells, das die Klassenzuordnung pro Datensatz zufällig wählt
- *RECALL_WIZARD* = korrekt positive Rate eines (rein hypothetischen) perfekten Modells – ein »Zauberer«, der alles exakt vorhersagen kann

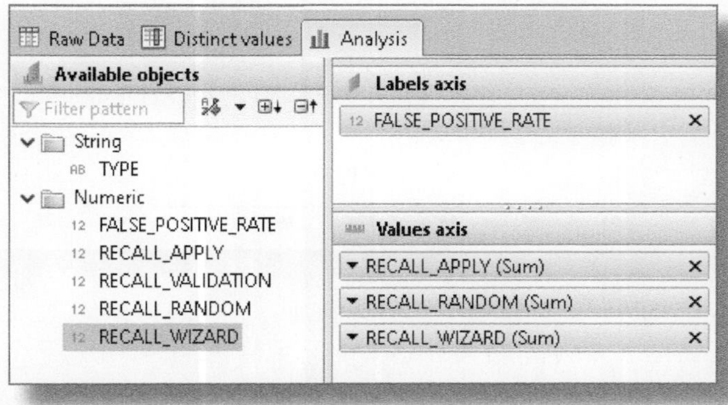

Abbildung 3.23: Spaltenauswahl für die ROC-Kurve in der Datenvorschau

Die Profitkurve eines realen Modells (❷ in Abbildung 3.24) liegt immer zwischen den Kurven des theoretisch bestmöglichen ❶ und des reinen Zufallsmodells ❸. Je größer die Fläche unterhalb der Kurve bzw. äquivalent je kleiner der Abstand der Kurve zur linken oberen Ecke ist, desto besser ist das Modell. Mit der ROC-Kurve lässt sich auch die in Abschnitt 3.2.1 bereits erwähnte Kennzahl AUC (siehe auch Abbildung 3.15) verstehen: Diese entspricht der Fläche unterhalb der Profitkurve (engl.: Area Under Curve). Das Zufallsmodell erreicht eine Fläche von *0.5*. Der maximal erreichbare Wert liegt bei *1*.

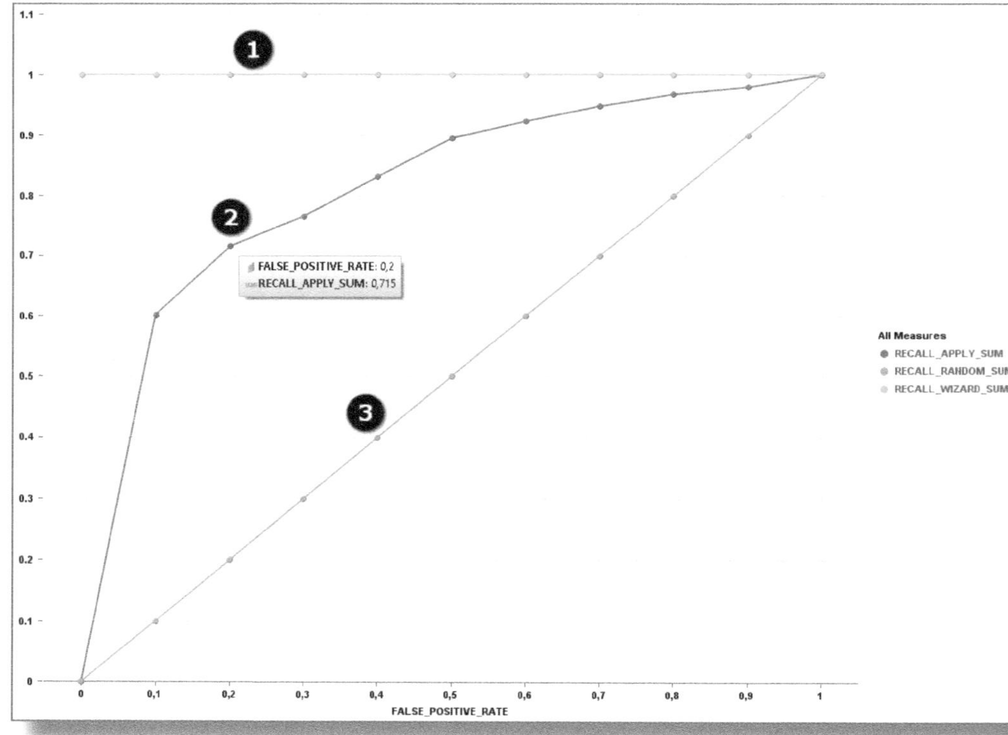

Abbildung 3.24: Beispiel für eine ROC-Kurve

Anwendung der ROC-Kurve bei der Kündigungsanalyse

Angenommen, Sie möchten eine Kampagne durchführen, um kündigungsgefährdete Kunden zu kontaktieren. Ihr Ziel ist es, die Kundenbindung zu verbessern und das Kündigungsrisiko zu verringern. Um Ihr Budget optimal einzusetzen, sollen möglichst wenig Kunden kontaktiert werden, die gar nicht kündigungsgefährdet sind.

Anhand der ROC-Kurve können Sie abschätzen, wie viele unnötige Kontakte Sie in Kauf nehmen müssen, um einen vorgegebenen Anteil an kündigungsgefährdeten Kunden zu erreichen: Der markierte Punkt in Abbildung 3.24 (unterhalb von ❷) zeigt eine falsch positive Rate von 20 % mit einer korrekt positiven Rate (Recall) von 71,5 %. Somit würden Sie in Ihrer Kampagne 20 Prozent aller nicht kündigungsgefährdeten Kunden kontaktieren und 71,5 Prozent aller kündigungsgefährdeten Kunden erreichen. Wenn Sie die Entscheidungsschwelle herabsetzen, wandern Sie entlang der Kurve weiter nach rechts. Wenn Sie z. B. akzeptieren, 40 Prozent aller nicht kündigungsgefährdeten Kunden zu kontaktieren, würden Sie 83,2 Prozent der kündigungswilligen Kunden erreichen. Die ROC-Kurve liefert somit anschaulich den Nutzen, den man durch Veränderung der Entscheidungsschwelle erzielt.

Vergleich verschiedener Modelle

Profitkurven sind ein häufig eingesetztes Mittel, um den Nutzen eines Klassifikationsmodells zu beurteilen oder verschiedene Modelle miteinander zu vergleichen. Diese Kurven lassen sich allgemein für verschiedene Klassifikationsmodelle berechnen [1, S. 97ff.]. Beispiele für die Berechnung in Python finden Sie in [12, S. 251ff.].

Die Prozedur `EXPORT_PROFITCURVE` lässt sich, wie auch die anderen Prozeduren der APL, durch Angabe diverser Einstellungen im Eingabeparameter `OPERATION_CONFIG` konfigurieren, wie z. B.:

- *APL/CurvePointCount:* Anzahl der »Stützstellen« für die Kurve, also die Anzahl der zu berechnenden Punkte, zwischen denen die Kurve linear interpoliert wird; der Standardwert beträgt *20*, in Abbildung 3.24 wurde *10* verwendet. Je größer dieser Wert, desto glatter erscheint die Kurve.
- *APL/CurveType:* Art der Kurve, wie z. B:
  - *roc:* die hier gezeigte Receiver Operating Characteristics Curve,
  - *detected:* beschreibt die Erkennungsrate für die Zielkategorie, also wie viel Prozent der Sätze in der Zielkategorie (y-Wert der Kurve) gefunden werden, wenn man einen bestimmten Anteil (x-Wert der Kurve) der Testdaten, sortiert nach dem prognostizierten Score des Klassifikationsmodells, auswählt,
  - *normalProfit,*
  - *lift,*
  - *sensitivity,*
  - *specificity*
  - etc.

Sie können im Konfigurationsparameter *APL/CurveType* auch mehrere Werte getrennt durch Semikolon angeben. Die Ausgabe der Prozedur enthält eine Spalte zur Unterscheidung der Datensätze nach Kurventyp.

Außerdem erwartet die Prozedur die Eingabe eines trainierten Modells. Sie können entweder das Modell aus dem Trainingsprozess (Tabelle MODEL_TRAIN_BIN) oder das aktualisierte Modell (MODEL_TEST_BIN) verwenden. Letzteres enthält zusätzlich die Statistiken zur Testmenge, auf die das Modell im vorherigen Abschnitt angewandt wurde. Diese Statistiken dienen als Grundlage zur Berechnung der Profitkurve.

In Abbildung 3.25 sehen Sie die Ausgabe der Prozedur. Die Spalten haben folgende Bedeutung:

- TYPE: der gewählte Kurventyp
- LABEL: Nummer der Stützstelle der Kurve
- FREQUENCY: der Wert für die x-Achse der Kurve; dessen Bedeutung hängt vom Kurventyp ab:
  - Bei *roc* entspricht er der falsch positiven Rate,
  - bei *detected* hingegen dem Anteil der selektierten Teilmenge aus der Referenzmenge (Trainings-, Validierungs- oder Testdaten).

Die Spalten weiter rechts zeigen jeweils den berechneten y-Wert der Kurve in Abhängigkeit vom Typ:

- RANDOM: Wert für das Zufallsmodell
- WIZARD: Wert für das perfekte Modell
- ESTIMATION: Berechnung anhand der Prognosen des Modells für die Trainingsuntermenge der Eingabedaten
- VALIDATION: Berechnung anhand der Prognosen des Modells für die Validierungsdaten
- TEST: Berechnung anhand der Testmenge, falls beim Modelltraining eine Partitionierungsstrategie mit Bildung einer Testmenge gewählt wurde (siehe Parameter *CuttingStrategy* in Abschnitt 3.2.1)
- APPLYIN: Ermittlung anhand der Eingabedaten, die bei Aufruf der Prozedur `APPLY_MODEL_AND_TEST` übergeben wurden

Die Bedeutung der Spalten (der y-Wert) orientiert sich am Kurventyp: Für *roc* wird in den Spalten jeweils die korrekt positive Rate, bei *detected* der Anteil der erkannten Sätze der Zielkategorie angegeben.

TYPE	Label	Frequency	Random	Wizard	Estimation	Validation	Test	ApplyIn
roc	0	0	0	1	0	0	?	0
roc	1	0.10000000...	0.100000...	1	0.75614014...	0.6121436...	?	0.6020049126...
roc	2	0.20000000...	0.200000...	1	0.90633325...	0.7219111...	?	0.7151573570...
roc	3	0.29999999...	0.299999...	1	0.93997334...	0.7902689...	?	0.7659605292...
roc	4	0.40000000...	0.400000...	1	0.95975659...	0.8572727...	?	0.8315250107...
roc	5	0.5	0.5	1	0.98351660...	0.9081051...	?	0.8945786779...
roc	6	0.59999999...	0.599999...	1	0.98907890...	0.9432772...	?	0.9235203481...
roc	7	0.69999999...	0.699999...	1	0.99321582...	0.9744055...	?	0.9488768944...
roc	8	0.80000000...	0.800000...	1	0.99781897...	0.9942692...	?	0.9682828649...
roc	9	0.90000000...	0.900000...	1	1.00000000...	1	?	0.9802799358...
roc	10	1	1	1	1	1	?	1

Abbildung 3.25: Ausgabe von EXPORT_PROFITCURVE

☛ Statistische Reports automatisch generieren

Im ML-Umfeld gibt es einige häufig genutzte Auswertungen zur Beurteilung von Machine-Learning-Modellen. Die APL kann eine Vielzahl dieser gängigen Reports für die verschiedenen Problemklassen (Klassifikation, Zeitreihen etc.) automatisch erstellen. Die entsprechenden Funktionen finden Sie unter STATISTICAL REPORTS im Developer Guide der APL [10] ab Release 2101.

3.2.4 Weiterführende Informationen

Steuerung der Modellkomplexität

Wie in Abschnitt 3.2.1 erläutert, verwendet die APL zur Modellerstellung eine iterative Strategie, bei der sich Lernphase und Validierungsphase abwechseln. Pro Iteration steigt schrittweise die Modellkomplexität, jedoch verringert sich gleichzeitig der Trainingsfehler, da sich das Modell den Daten der Trainingsuntermenge genauer anpasst. Zunächst wird auch der Validierungsfehler kleiner, aber nur bis zu einer gewissen Anzahl Iterationen; danach kehrt sich das Verhalten um. Das gelernte Modell ist ab diesem Zeitpunkt zu spezifisch an die Trainingsdaten angepasst, und die Prognosen für die Validierungsdaten werden schlechter. Der Validierungsfehler steigt wieder an.

Ein gutes Beispiel dafür zeigt Ihnen Abbildung 3.16 (Abschnitt 3.2.1): Der Validierungsfehler, ausgedrückt durch die Bewertungsmetrik *LogLoss*, sinkt bis Iteration 88 und steigt dann wieder an. Die APL stoppt den Trainingsprozess, wenn sich für eine gewisse Anzahl an Iterationen keine Verbesserung mehr ergibt. Dadurch wird ein guter Ausgleich zwischen Modellkomplexität und Verallgemeinerungsfähigkeit erreicht. Das Vorgehen basiert auf dem Prinzip der »Structural Risk Minimization«, das von V. Vapnik und A. Chervonekis beschrieben wurde [13], [14].

Aufruftechniken

Für die APL-Prozeduren existieren drei verschiedene Aufruftechniken. Im Backend werden immer dieselben Funktionen ausgeführt, allerdings unterscheidet sich deren Einbindung im spezifischen SQLScript-Coding. Die Aufruftechniken verwenden:

- Wrapper-Prozeduren *(Direct Technique)*,
- Prozeduren und persistente Tabellen *(Procedure Technique)* oder
- generische Prozeduren *(ANY Procedure)*.

Die drei Techniken unterscheiden sich durch die Art der Übergabe der Eingabedaten (z. B. für den Trainingsprozess oder die Modellanwendung) sowie der Ausgabe der Prognosen in den Ausgabedaten. Die Wrapper-Prozeduren der **Direct Technique** müssen für den jeweiligen Use-Case spezifisch erzeugt werden. Diese Prozeduren haben dann eine Signatur mit typisierten Tabellen. Beispielsweise hat eine Wrapper-Prozedur für die Trainingsprozedur (`CREATE_MODEL_AND_TRAIN`) als Eingabeargument DATASET einen typisierten Tabellenparameter, dessen Spalten denjenigen der Eingabedaten entsprechen. Der Aufruf durch Wrapper-Funktionen war lange Zeit der einzige Weg für die Nutzung der APL- und PAL-Funktionen.

Die **Procedure Technique** entspricht dem Coding, das ich in den vorhergehenden Beispielen durchweg genutzt habe. Es verwendet feste Prozeduren aus dem Schema `sap.pa.apl`. Die Eingabedaten werden nicht direkt als Tabellenparameter übergeben, sondern durch Verweis auf eine persistente Tabelle (oder View). Diese wird in Form des Schema-Namens und Namens der Tabelle (oder des Views) angegeben. Dieses Vorgehen hat den Vorteil, dass man damit allgemein verwendbaren Code entwickeln kann, der sich mit verschiedenen Eingabetabellen ausführen lässt. Auf der anderen Seite müssen die relevanten Daten in der HANA-Datenbank bereits in der korrekten Form als Tabelle oder View vorliegen und können nicht erst on-the-fly durch SQL-Abfragen aufbereitet werden.

Als neuere Entwicklung (ab SAP HANA 2.0 SPS03) wird der Einsatz *generischer Prozeduren* ermöglicht. Wie bei der Procedure Technique werden auch hier feste Prozeduren im APL-Backend verwendet. Die Eingabedaten werden in diesem Fall aber als generische Tabellenparameter übergeben. Diese Prozeduren haben generische Eingabeparameter vom Typ »ANY TABLE« und lassen sich daher flexibel mit Tabellen unterschiedlicher Struktur verwenden. Somit entfällt die Notwendigkeit, spezifische Wrapper-Prozeduren, Tabellen oder Views für die Ein-/Ausgabedaten zu erstellen. Diese Technik wird erst in neueren Versionen der APL unterstützt. Die im nächsten Kapitel gezeigten Python-APIs verwenden im Backend ebenfalls die generischen Prozeduren. Diese Form des Aufrufs entspricht auch der heute aktuellen Aufruftechnik der PAL-Prozeduren, die ich in Kapitel 2 verwendet habe.

4 Der Python Machine Learning Client für SAP HANA

In diesem Kapitel zeige ich, wie Sie den »Python Machine Learning Client für SAP HANA« zur Analyse und Visualisierung von Daten und zum Aufruf der Machine-Learning-Funktionen der nativen HANA-Bibliotheken APL und PAL in Python einsetzen können.

4.1 Datenexploration und -vorbereitung mit HANA-Techniken

Daten, die in SAP HANA gespeichert sind, können in Python abgefragt und transformiert werden. Ein wichtiger Baustein dafür ist der *HANA Dataframe*, den der Python ML Client im Paket `hana-ml` bereitstellt.

Die im Folgenden dargestellten Python-Quellcodes bilden eine logische Einheit. Ich empfehle, diese im Jupyter Notebook oder JupyterLab – eine Erweiterung des Jupyter Notebook – auszuführen. Jedes Listing entspricht einem Quellcodeblock im Jupyter Notebook. Nach Ausführung eines Blocks wird Ihnen das Ergebnis direkt im Jupyter Notebook in Form von Diagrammen oder Tabellen ausgegeben. Somit entsteht über die Zeit ein Notizbuch, bestehend aus Quellcode und den zugehörigen Ergebnissen. Die Python-Befehle funktionieren ebenso – evtl. mit kleineren Anpassungen – in anderen Umgebungen, etwa in der Python-Konsole oder in Entwicklungsumgebungen.

In den folgenden Abschnitten zeige ich Ihnen die verschiedenen Funktionen rund um den HANA Dataframe, mit denen Sie Daten u. a. abfragen, analysieren und transformieren können.

Als Beispieldaten nutze ich größtenteils wieder die Tabelle CHURN mit den Kundendaten aus Abschnitt 1.3. Die hier gezeigten Techniken können also auch verwendet werden, um etwa das Kündigungsverhalten von Kunden zu analysieren oder erste Voruntersuchungen der Daten zu machen, bevor wir in Abschnitt 4.3 mit dem Entwickeln von Machine-Learning-Modellen loslegen.

Überblick und Methoden zur Datenselektion

Erstellen Sie nun ein neues Jupyter Notebook, in dem Sie die einzelnen Schritte nachvollziehen. Wie schon im Abschnitt 1.4 gezeigt, binden Sie zunächst das Paket `hana_ml` ein und öffnen die Verbindung zur HANA-Datenbank, siehe Listing 4.1. Diese Verbindung werden Sie in den folgenden Beispielen nutzen, um Abfragen auf der Datenbank auszuführen. Ich setze an dieser Stelle voraus, dass im HDB-Userstore eine Verbindung mit dem Schlüssel *DEV* gespeichert wurde. Wie Sie die Verbindungsdaten dort hinterlegen können, habe ich im Abschnitt 1.4 erläutert.

```
from hana_ml import dataframe

connection = dataframe.ConnectionContext(KEY = 'DEV')
```

Listing 4.1: Verbindung zur HANA-Datenbank mittels Python

Selektieren Sie nun 100 Beispielsätze aus der Tabelle CHURN im Schema ML_DATA und geben Sie diese in Python aus. Gehen Sie dazu wie folgt vor: Mit der Methode `table` erstellen Sie einen Dataframe, der auf die Tabelle CHURN im Schema ML_DATA zeigt. Mit der Methode `head` können Sie die Anzahl der Zeilen im Ergebnis reduzieren, mit der Methode `collect` rufen Sie die Daten von der Datenbank ab und geben sie aus, siehe Listing 4.2 und Abbildung 4.1.

```
g_df_source = connection.table(table = 'CHURN',
    schema = 'ML_DATA')
g_df_source.head(100).collect()
```

Listing 4.2: Tabelle CHURN abfragen und auf 100 Zeilen reduzieren

n [3]:

```
# Listing: Tabelle CHURN abfragen und auf 100 Zeilen reduzieren

g_df_source = connection.table(table = 'CHURN',
                               schema = 'ML_DATA')

g_df_source.head(100).collect()
```

ut[3]:

	ROWNUMBER	CUSTOMERID	SURNAME	CREDITSCORE	GEOGRAPHY	GENDER	AGE	TENURE	BALANCE	NUMOFPRODUCTS
0	1	15634602	Hargrave	619	France	Female	42	2	0.00	1
1	2	15647311	Hill	608	Spain	Female	41	1	83807.86	1
2	3	15619304	Onio	502	France	Female	42	8	159660.80	3
3	4	15701354	Boni	699	France	Female	39	1	0.00	2
4	5	15737888	Mitchell	850	Spain	Female	43	2	125510.82	1
...	...	...	...	...	...	...	...	...	...	...
95	96	15699461	Fiorentini	515	Spain	Male	35	10	176273.95	1
96	97	15738721	Graham	773	Spain	Male	41	9	102827.44	1
97	98	15693683	Yuille	814	Germany	Male	29	8	97086.40	2
98	99	15604348	Allard	710	Spain	Male	22	8	0.00	2
99	100	15633059	Fanucci	413	France	Male	34	9	0.00	2

100 rows × 14 columns

Abbildung 4.1: Ausgabe des Dataframes

☛ Was genau ist ein HANA Dataframe?

Eine Instanz der Klasse `hana_ml.dataframe` hält selbst keine Daten, sondern repräsentiert eine SQL-Abfrage, z. B. eine Select-Abfrage auf eine Tabelle. Durch Ausführen einer Methode des `dataframe` erhalten Sie eine neue Dataframe-Instanz, die einer veränderten SQL-Abfrage entspricht. Der Befehl `collect` bewirkt, dass die SQL-Abfrage tatsächlich ausgeführt wird und die abgefragten Daten physisch in einen Pandas Dataframe transferiert werden, der die Daten lokal in der Python-Umgebung hält. Die Methoden des HANA Dataframes orientieren sich stark an den Methoden des Pandas Dataframes, einer durch die Python-Bibliothek Pandas (Paket `pandas`) bereitgestellten Datenstruktur.

Mit dem Dataframe lassen sich vielfältige Operationen ausführen:

- Abrufen von Daten aus Tabellen oder Ausführen einer Select-Anweisung
- Verknüpfen von Daten durch JOIN oder UNION
- Einfügen virtueller/berechneter Spalten, Umbenennen von Spalten
- Aggregieren von Daten, Pivotisieren und Berechnen von Statistiken
- Speichern der Ergebnisse in einer Tabelle oder Erstellen eines Views, der die Logik des Dataframes enthält

Oftmals ist es erforderlich, nur bestimmte Spalten einer Tabelle auszugeben. Der Dataframe stellt hierzu die Methoden `SELECT` und `DESELECT` bereit. Mit der Methode `SELECT` geben Sie an, welche Spalten ausgegeben werden sollen, mit der Methode `DESELECT` hingegen entfernen Sie Spalten aus dem Ergebnis. Die `DESELECT`-Methode ist sehr hilfreich, wenn Sie nur einzelne Spalten entfernen möchten, etwa den Namen eines Kunden. Der Code in Listing 4.3 entfernt die Spalten ROWNUMBER und SURNAME. Beide enthalten keine hilfreichen Informationen für das Training eines Machine-Learning-Modells. In Abbildung 4.2 sehen Sie das Ergebnis der Abfrage: Die beiden Spalten ROWNUMBER und SURNAME wurden entfernt.

```
l_df_reduced = g_df_source.deselect(['ROWNUMBER','SURNAME'])
l_df_reduced.collect()
```

Listing 4.3: Entfernen von Spalten mit dem Deselect-Befehl

	CUSTOMERID	CREDITSCORE	GEOGRAPHY	GENDER	AGE	T
0	15634602	619	France	Female	42	
1	15647311	608	Spain	Female	41	
2	15619304	502	France	Female	42	
3	15701354	699	France	Female	39	
4	15737888	850	Spain	Female	43	
...	...	...	...	...	...	
9995	15606229	771	France	Male	39	
9996	15569892	516	France	Male	35	
9997	15584532	709	France	Female	36	
9998	15682355	772	Germany	Male	42	
9999	15628319	792	France	Female	28	

10000 rows × 12 columns

Abbildung 4.2: Ergebnis der Abfrage DESELECT

In Listing 4.4 sehen Sie ein Beispiel für die SELECT-Methode. Es werden nur die Spalten CUSTOMERID, CREDITSCORE, AGE und EXITED abgefragt, siehe das Ergebnis in Abbildung 4.3

```
l_df_select = g_df_source.select(
    ['CUSTOMERID','CREDITSCORE','AGE','EXITED']
    )
l_df_select.collect()
```

Listing 4.4: Selektion bestimmter Spalten

	CUSTOMERID	CREDITSCORE	AGE	EXITED
0	15634602	619	42	1
1	15647311	608	41	0
2	15619304	502	42	1
3	15701354	699	39	0
4	15737888	850	43	0
...	...	...	...	...
9995	15606229	771	39	0
9996	15569892	516	35	0
9997	15584532	709	36	1
9998	15682355	772	42	1
9999	15628319	792	28	0

10000 rows × 4 columns

Abbildung 4.3: Ergebnis der SELECT-Methode

Methoden zur Datenanalyse

Wir betrachten nun zwei Methoden, mit denen Sie eine erste Analyse der Daten durchführen können:

- `describe` zur Berechnung statistischer Informationen zu jeder Spalte (Attribut), z. B. der Anzahl der distinkten Werte, des Mittelwerts oder der Standardabweichung
- `agg` zum Aggregieren von Daten

Wenn Sie die `describe`-Methode gemäß Listing 4.5 ausführen, erhalten Sie das in Abbildung 4.4 gezeigte Ergebnis. Hier werden die Statistiken zu den Attributen CREDITSCORE, AGE, TENURE, NUMOFPRODUCTS und BALANCE ausgewiesen. Die Spalte UNIQUE zählt, wie viele verschiedene (distinkte) Werte ein Attribut hat. Für das Attribut CREDITSCORE sind es *460* verschiedene Ausprägungen, während das Attribut NUMOFPRODUCTS lediglich *4* aufweist. Die Spalte MEAN gibt den Mittelwert des Attributs aus, während die Spalte STD die Standardabweichung der Werte angibt. Die Standardabweichung entspricht der Breite der Streuung der Werte eines Attributs um den Mittelwert. Beides sind hilfreiche Informationen, die bei der Datenvorbereitung für das Erstellen eines Machine-Learning-Modells berücksichtigt werden können. Die Spalte NULLS zählt, wie oft bei einem Attribut keine Wertausprägung vorhanden ist, d. h. für einen Datensatz die Angabe eines Wertes fehlt. Beim Trainieren eines Machine-Learning-Modells müssen solche fehlenden Werte behandelt werden.

```
g_df_source.describe(['CREDITSCORE','AGE',
    'TENURE',
    'NUMOFPRODUCTS',
    'BALANCE']).collect()
```

Listing 4.5: Aufruf der Describe-Methode

column	count	unique	nulls	mean	std	min	max	median	25_percent_cont	25_percent_disc	50_percent_cont	50_
CREDITSCORE	10000	460	0	650.528800	96.653299	350.0	850.00	652.00	584.0	584.0	652.00	
AGE	10000	70	0	38.921800	10.487806	18.0	92.00	37.00	32.0	32.0	37.00	
TENURE	10000	11	0	5.012800	2.892174	0.0	10.00	5.00	3.0	3.0	5.00	
NUMOFPRODUCTS	10000	4	0	1.530200	0.581654	1.0	4.00	1.00	1.0	1.0	1.00	
BALANCE	10000	6382	0	76485.889288	62397.405202	0.0	250898.09	97198.54	0.0	0.0	97198.54	

Abbildung 4.4: Ergebnis des Aufrufs »Describe«

Mit der Methode agg können Sie Aggregationen durchführen, z. B. zählen, wie häufig die verschiedenen Ausprägungen eines Attributs in den Grunddaten vorkommen, oder eine Kennzahl auf einer festgelegten Aggregationsebene summieren. In Listing 4.6 sehen Sie, wie Sie die Anzahl der Kündigungen nach Land zählen und das Ergebnis der Abfrage (siehe Abbildung 4.5) sortieren. Eine solche Aggregation kann erste Hinweise auf Abhängigkeiten zwischen den Attributen eines Kunden – z. B. dem Land und dem Kündigungskennzeichen EXITED – geben. Solche einfachen Auswertungen werden oft vor der eigentlichen Entwicklung von Machine-Learning-Modellen durchgeführt, um ein erstes »Gefühl« für die Daten zu erhalten, etwa den Zusammenhang zwischen Eingabevariablen und der zu prognostizierenden Zielvariablen.

```
l_df_exited_per_country = g_df_source.agg([
    ('count','CUSTOMERID','COUNT_CUSTOMER')],
    group_by = ['GEOGRAPHY','EXITED'])
l_df_exited_per_country.sort(
    ['GEOGRAPHY','EXITED']).collect()
```

Listing 4.6: Aggregation auf Ebene GEOGRAPHY und EXITED

	GEOGRAPHY	EXITED	COUNT_CUSTOMER
0	France	0	4204
1	France	1	810
2	Germany	0	1695
3	Germany	1	814
4	Spain	0	2064
5	Spain	1	413

Abbildung 4.5: Ergebnis der Aggregation

Betrachten wir die Methode agg genauer: Diese hat zwei Eingabeargumente:

- agg_list (verpflichtend): Liste der Aggregate mit Angabe der Aggregatsfunktion (z. B. *COUNT*, *SUM* etc.), der zu aggregierenden Spalte (z. B. *CUSTOMERID* oder *BALANCE*) und des Namens der Ergebnisspalte. Jedes Element der Liste ist somit ein Tripel.
- group_by (optional): Angabe der Spalten, die zusammen die Aggregationsebene bilden.

Aggregationsfunktion und -ebene

Betrachten Sie Listing 4.6: Das verpflichtende Eingabeargument agg_list der Method agg ist eine Liste, die nur einen Eintrag enthält: *[('count','CUSTOMERID','COUNT_CUSTOMER')]*.

- Die Spalte *CUSTOMERID* wird mit der Aggregationsfunktion *COUNT* aggregiert, d. h., die distinkten Ausprägungen werden gezählt. Das Ergebnis wird in der Spalte *COUNT_CUSTOMER* ausgewiesen.
- Als Aggregationsebene werden die Merkmale *GEOGRAPHY* und *EXITED* verwendet.

Wie müssen Sie den Aufruf ändern, damit auf Ebene *GEOGRAPHY* und *NUMOFPRODUCTS* aggregiert wird? Wie erhalten Sie eine Spalte, in der die Summe der Werte aus BALANCE gebildet wird?

Der Name der Aggregatsfunktion entspricht der Bezeichnung in SQL. Ab Version 2.6 des Pakets `hana-ml` werden alle Aggregationen unterstützt, insbesondere `SUM`, `AVG`, `COUNT`, `MIN`, `MAX`. Bei älteren Versionen sind nur die vier Aggregationen `COUNT`, `MIN`, `MAX` und `AVG` erlaubt.

Methoden zur Datentransformation

Mit den folgenden Methoden eines Dataframes können Sie Daten transformieren, z. B. verknüpfen, filtern oder anreichern. Die nachfolgend aufgelisteten Rückgabeparameter dieser Methoden sind jeweils erneut ein Dataframe, auf dem Sie weitere Operationen ausführen können:

- `filter`: Filterung von Datensätzen, die einer bestimmten Filterbedingung genügen
- `union`: Vereinigung mit den Datensätzen eines weiteren Dataframes
- `select`: Selektion von Spalten eines Dataframes und Hinzufügen von berechneten (virtuellen) Spalten
- `join`: Ausführen einer Verknüpfung (*Join*) zwischen zwei Dataframes; die Verknüpfung geschieht auf Basis einer *Join-Bedingung*
- `alias`: Vergeben eines Alias für einen Dataframe; der Alias kann in der Definition einer Join-Bedingung verwendet werden

- `distinct`: Auflisten der verschiedenen Wertkombinationen der Eingabespalten
- `bin`: Ausführen eines Binnings auf einer numerischen Spalte

Das folgende Beispiel veranschaulicht zugleich die Anwendung eines Filters auf einen Dataframe sowie die Vereinigung zweier Dataframes: Sie möchten nur diejenigen Kunden selektieren, die entweder in Frankreich leben und *ein* Produkt nutzen oder in Deutschland leben und *3* oder *4* Produkte nutzen. Dies können Sie mit einem einzigen, komplexen Filter oder mit einer Kombination aus Filter und Union realisieren.

Listing 4.7 zeigt die Implementierung mit einem Filter. Die Filterbedingung entspricht der Where-Klausel eines Select-Statements in SQL. Sie wird im Python-Skript mit drei Anführungszeichen geöffnet und geschlossen, damit der String über mehrere Zeilen geschrieben werden kann.

```
l_df_filter = g_df_source.filter("""
(Geography = 'France' AND NUMOFPRODUCTS = 1)
OR
(Geography = 'Germany' AND ( NUMOFPRODUCTS IN (3,4) ))""")
l_df_filter.collect()

# Validierung:
l_df_filter.distinct(['GEOGRAPHY','NUMOFPRODUCTS'])
.collect()
```

Listing 4.7: Filterung von Kunden

Die Implementierung mit dem Union-Befehl sehen Sie in Listing 4.8. Zunächst werden zwei Dataframes erstellt, die jeweils die Kunden in Frankreich (`l_df_france_1`) und Deutschland (`l_df_germany_3_4`) filtern. Anschließend führen Sie beide Dataframes mit der Methode `union` zum Dataframe `l_df_union` zusammen. Ob die Filterung korrekt funktioniert, validieren Sie mit der Methode `distinct`. Diese können Sie auf der Variablen `l_df_filter` oder `l_df_union` ausführen. In Abbildung 4.6 sehen Sie das Ergebnis beider Abfragen.

```
l_df_france_1 = g_df_source.filter("""
Geography = 'France' AND NUMOFPRODUCTS = 1
""")
l_df_germany_3_4 = g_df_source.filter("""
Geography = 'Germany'
AND NUMOFPRODUCTS IN (3,4)""")

l_df_union = l_df_france_1.union(l_df_germany_3_4)
l_df_union.collect()
```

Listing 4.8: Vereinigung zweier Kundengruppen mittels UNION

	ROWNUMBER	CUSTOMERID	SURNAME	CREDITSCORE	GEOGRAPHY	GENDER	AGE	TENURE	BALANCE	NUMOFPRODUCTS
0	1	15634602	Hargrave	619	France	Female	42	2	0.00	1
1	10	15592389	H?	684	France	Male	27	2	134603.88	1
2	25	15625047	Yen	846	France	Female	38	5	0.00	1
3	32	15706552	Odinakachukwu	533	France	Male	36	7	85311.70	1
4	36	15794171	Lombardo	475	France	Female	45	0	134264.04	1
...	...	...	...	...	...	...	...	...	...	...
9	9541	15634551	Williamson	727	Germany	Male	46	3	115248.11	4
0	9717	15706458	Pan	812	Germany	Male	39	5	115730.71	3
1	9748	15775761	Iweobiegbunam	610	Germany	Female	69	5	86038.21	3
2	9878	15572182	Onwuamaeze	505	Germany	Female	33	3	106506.77	3
3	9896	15796764	Bruno	684	Germany	Female	56	3	127585.98	3

4 rows × 14 columns

Abbildung 4.6: Ergebnis des UNION bzw. der Filterung

Oft ist es bei der Datenanalyse hilfreich, virtuelle Spalten zu definieren, die sich aus den persistenten Spalten berechnen lassen. Betrachten wir zwei Beispiele:

- Zu der Spalte EXITED soll je nach Wert ein Text ausgegeben werden, z. B. »EXITED« oder »NOT EXITED«.
- Für die Spalte BALANCE soll eine berechnete Spalte erstellt werden, die angibt, ob BALANCE größer *0* ist.

Betrachten Sie hierzu Listing 4.9. Zunächst werden die Spalten des Dataframes `g_df_source` auf die Spalten CUSTOMERID, SURNAME, BALANCE und EXITED reduziert, und daraus wird der neue Dataframe `l_df_calc` erzeugt. Dies geschieht durch Angabe einer Spaltenliste im ersten Argument der Methode `select`. Daraufhin wird der Dataframe `l_df_w_text` erstellt: Das erste Argument der `select`-Methode wird nun mit * versorgt. Dadurch werden alle Spalten aus dem ersten Dataframe übernommen. Im zweiten Argument wird ein Tupel, bestehend aus einem SQL-Ausdruck mit `CASE`-Statement und der Spaltenbezeichnung EXIT_LABEL, übergeben. Dadurch wird dem Dataframe eine neue Spalte EXIT_LABEL hinzugefügt, die dem SQL-Ausdruck gemäß berechnet wird. Im letzten Schritt wird die Spalte HAS_BALANCE hinzugefügt. In den SQL-Ausdrücken habe ich dafür die `CASE`-Anweisung verwendet: einmal als Fallunterscheidung für die Spalte EXITED und einmal mit einem Ausdruck, der die Spalte BALANCE enthält. Das Ergebnis sehen Sie in Abbildung 4.7.

```
l_df_calc = g_df_source.select(['CUSTOMERID','SURNAME',
    'BALANCE','EXITED'])
# Text für EXITED
l_df_w_text = l_df_calc.select('*',
    ("""CASE EXITED WHEN 1 THEN 'EXITED' ELSE 'NOT EXITED' ↩
END""",
    'EXIT_LABEL'))

# Balance > 0 ?
l_df_w_balance = l_df_w_text.select('*',
    ('CASE WHEN BALANCE > 0 THEN 1 ELSE 0 END',
    'HAS_BALANCE')
    )

l_df_w_balance.collect()
```

Listing 4.9: Berechnete Spalten

	CUSTOMERID	SURNAME	BALANCE	EXITED	EXIT_LABEL	HAS_BALANCE
0	15634602	Hargrave	0.00	1	EXITED	0
1	15647311	Hill	83807.86	0	NOT EXITED	1
2	15619304	Onio	159660.80	1	EXITED	1
3	15701354	Boni	0.00	0	NOT EXITED	0
4	15737888	Mitchell	125510.82	0	NOT EXITED	1
...	...	...	...	...	...	...
9995	15606229	Obijiaku	0.00	0	NOT EXITED	0
9996	15569892	Johnstone	57369.61	0	NOT EXITED	1
9997	15584532	Liu	0.00	1	EXITED	0
9998	15682355	Sabbatini	75075.31	1	EXITED	1
9999	15628319	Walker	130142.79	0	NOT EXITED	1

10000 rows × 6 columns

Abbildung 4.7: Ergebnis mit berechneten Spalten

Im gerade gezeigten Beispiel wurde mit der Spalte HAS_BALANCE die Gesamtheit der Kunden in zwei Gruppen aufgeteilt: diejenigen mit BALANCE > *0* und diejenigen mit BALANCE = *0*. Diese Konstruktion kann mit der Methode `bin` weiter verfeinert werden, die nämlich den Wertebereich einer numerischen Spalte in Intervalle unterteilt und jedem Datensatz das passende Intervall zuweist. Ein solches Attribut erweist sich beim Trainieren von Machine-Learning-Modellen oft als hilfreich, um nichtlineare Abhängigkeiten oder Grenzübergänge (sogenannte *Regime switches*) zu erkennen.

In Listing 4.10 sehen Sie einen Beispielaufruf der Methode `bin`. Im Eingabeparameter `col` wird die zu unterteilende Spalte angegeben, z. B. BALANCE. Wenn Sie für den Parameter `strategy` den Wert *uniform_number* wählen, wird eine vorgegebene Anzahl an Intervallen erstellt, wobei die genaue Anzahl durch den Parameter `bins` festgelegt wird. Benötigen Sie hingegen Intervalle mit einer vorgegebenen Breite, so müssen Sie für den Parameter `strategy` den Wert *uniform_size* übergeben und zusätzlich mit dem Parameter `bin_width` die gewünschte Breite angeben. Im Parameter `bin_column` legen Sie den Namen der Spalte fest, in der die Intervallzuordnung hinterlegt wird. Das Ergebnis des Binning sehen Sie in Abbildung 4.8.

```
l_df = g_df_source.select(['CUSTOMERID','BALANCE'])
# Binning uniform number
l_df_bin = l_df.bin(col = 'BALANCE',
    strategy = 'uniform_number',
    bins = 10,
    bin_column = 'BALANCE_BIN')

l_df_bin.collect()
```

Listing 4.10: Binning der Spalte BALANCE

	CUSTOMERID	BALANCE	BALANCE_BIN
0	15634602	0.00	1
1	15647311	83807.86	4
2	15619304	159660.80	7
3	15701354	0.00	1
4	15737888	125510.82	6
...	...	...	...
9995	15606229	0.00	1
9996	15569892	57369.61	3
9997	15584532	0.00	1
9998	15682355	75075.31	3
9999	15628319	130142.79	6

Abbildung 4.8: Ergebnis des Binning

Für den Umgang mit fehlenden Werten, also Attributen, die NULL-Werte enthalten, sind folgende Methoden hilfreich:

- `hasna`: prüft für eine Liste von Spalten (Eingabeparameter `cols`), ob diese Spalten NULL-Werte enthalten
- `fillna`: ersetzt mit dem Parameter `subset` in allen oder in vorgegebenen Spalten (nur numerische) die NULL-Werte mit einem Ersatzwert, vorgegeben durch den Parameter `value`
- `dropna`: entfernt Datensätze, in denen in bestimmten Spalten (Parameter `subset`) ausschließlich NULL-Werte (Parameter `how`) oder eine Mindestzahl (Parameter `thresh`) an NULL-Werten vorkommen

Zum Abschluss sei noch angemerkt, dass ein Dataframe auch direkt aus einer SQL-Anweisung erstellt werden kann. Hierzu setzen Sie die Methode `sql` der Klasse `connectionContext` ein. Listing 4.11 zeigt eine SQL-Abfrage zum Ermitteln aller Tabellen, die im Schema `ML_DATA` vorhanden sind.

```
connection.sql("""SELECT * FROM SYS.M_TABLES
WHERE SCHEMA_NAME = 'ML_DATA' """).collect()
```

Listing 4.11: Dataframe aus SQL

☛ Python-Skripte im Quellcodeverzeichnis

Den gesamten Quellcode zu diesem Abschnitt finden Sie in dem Skript *Ch_4_1_1_Dataframe.py* (siehe Anhang B, Quellcodeverzeichnis). Beachten Sie, dass die Python-Skripte im Quellcodeverzeichnis immer in zwei Formaten angeboten werden: Die .py-Dateien enthalten den Quellcode als ausführbares Python-Skript, die .ipynb-Dateien sind Jupyter Notebooks, die Sie direkt im Jupyter Notebook (oder JupyterLab) öffnen können.

4.2 Datenvisualisierung im Jupyter Notebook

Die Visualisierung von Daten ist eine gute Unterstützung beim Entwickeln von Machine-Learning-Modellen. Durch die Visualisierung Ihrer Rohdaten erhalten Sie einen Eindruck von der Verteilung der Variablenwerte oder von den Zusammenhängen zwischen den Variablen. Indem Sie die Prognosen eines Modells in Verbindung mit den Rohdaten visualisieren, können Sie die Ergebnisse interpretieren oder die Modellqualität beurteilen.

Der Python Machine Learning Client für SAP HANA bietet bereits out of the box einige Visualisierungsfunktionen an, die ich im ersten Teil dieses Abschnitts beschreibe. Mit frei verfügbaren Python-Bibliotheken können Sie die Möglichkeiten zur Visualisierung erweitern. Dazu zeige ich im zweiten Teil des Abschnitts die Verwendung der Bibliotheken Pandas und Plotly im Zusammenspiel mit dem HANA Dataframe aus Abschnitt 4.1.

4.2.1 Visualisierungsfunktionen des Python ML Client

Im Paket `hana_ml.visualizers.eda` befindet sich die Klasse `EDAVisualizer`. Diese bietet verschiedene Diagrammtypen zur Visualisierung von Daten an:

- Histogramm mit der Verteilung einer numerischen Variablen
- Balkendiagramm für ein Paar aus kategorialer und numerischer Variablen
- Kreisdiagramm
- Korrelationsmatrix (als Heatmap) für verschiedene numerischen Variablen
- Streudiagramm für die paarweise Verteilung zweier Variablen
- Boxplot für den Verteilungsbereich einer numerischen Variablen mit Mittelwert und Quartilen

Erstellen Sie für diesen Abschnitt ein neues Jupyter Notebook. Am Anfang des Jupyter Notebook müssen Sie, analog zu dem Vorgehen in Abschnitt 4.1, die Verbindung zur HANA-Datenbank öffnen und die relevanten Python-Pakete importieren, siehe Listing 4.12. Neu ist nun, dass aus dem Paket `hana_ml.visualizers.eda` die Klasse `EDAVisualizer` und aus `matplotlib.pyplot` die Klasse `plt` importiert werden. Beide Klassen dienen zur Visualisierung. Als Grunddaten verwende ich zum einen die Kundendaten zur Abwanderungsanalyse in der Tabelle CHURN und zum anderen die Pflanzendaten aus der Tabelle IRIS (vgl. Abschnitt 1.3) im Schema ML_DATA. Wie Sie diese Daten in Ihre HANA-Datenbank importieren, wurde in Abschnitt 1.3 beschrieben.

Der Code in Listing 4.12 initialisiert die Python-Laufzeitumgebung, sodass Sie die Listings in den Abschnitten 4.2.1 und 4.2.2 jeweils unabhängig voneinander ausführen können. Auf diese Weise müssen Sie die gezeigten Listings in der Regel nicht streng nacheinander ausführen. Falls doch Abhängigkeiten zwischen den einzelnen Listings bestehen, mache ich das im Text kenntlich.

```
# Python-Bibliotheken importieren und zur HANA-Datenbank ⮐
verbinden
from hana_ml import dataframe
from hana_ml.visualizers.eda import EDAVisualizer
import matplotlib.pyplot as plt

connection = dataframe.ConnectionContext(KEY = 'DEV')

# CHURN laden
g_df_churn = connection.table('CHURN', schema = 'ML_DATA')
# IRIS laden
g_df_iris = connection.table('IRIS', schema = 'ML_DATA')
```

Listing 4.12: Initialisierung zu Beginn des Jupyter Notebook

Histogramm

Mithilfe eines Histogramms können Sie analysieren, wie sich die Werte einer numerischen Variablen auf einzelne Intervalle verteilen. Mit Listing 4.13 zeichnen Sie ein Histogramm der Variablen AGE in der Tabelle CHURN. Der Wertebereich von AGE wird in *10* gleich große Intervalle (Parameter `bins`) aufgeteilt. Sie erhalten damit einen Eindruck von der Altersverteilung der Kunden, siehe Abbildung 4.9.

```
fig = plt.figure(figsize = (18,6))

ax1 = fig.add_subplot(121)
eda = EDAVisualizer(ax1)

ax1, dist_data = eda.distribution_plot(
    data = g_df_churn,
    column = 'AGE',
    bins = 10,
    title = 'Verteilung des Alters aller Kunden')
```

Listing 4.13: Histogramm für die Variable AGE

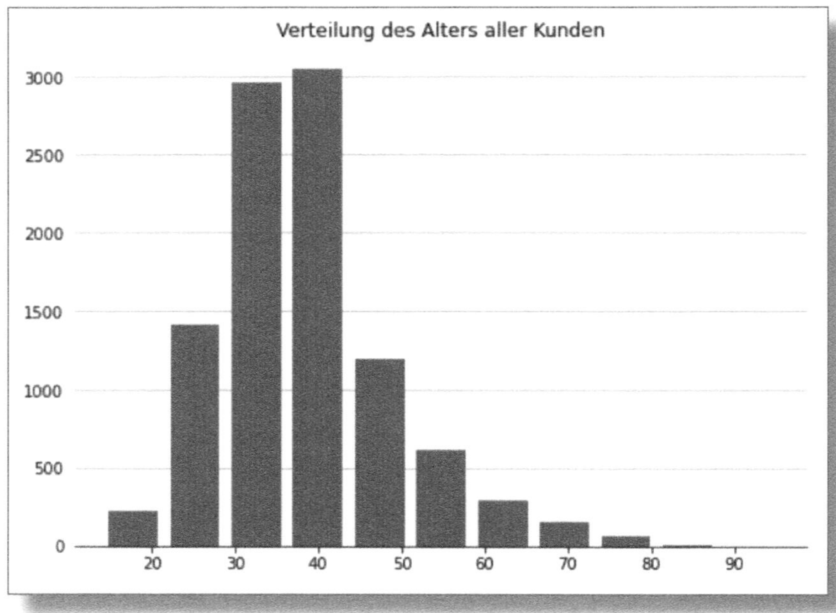

Abbildung 4.9: Histogramm für die Variable AGE

Betrachten wir den Code aus Listing 4.13 etwas genauer. Mit dem Befehl `fig = plt.figure(figsize = (18,6))` erstellen Sie eine Instanz der Klasse `Figure` aus dem Paket `matplotlib.pyplot`. Diese entspricht einer Zeichenfläche für die Diagramme. Mit dem Parameter `figsize = (18,6)` legen Sie die Breite bzw. Höhe der Zeichenfläche fest. Der Zeichenfläche fügen Sie dann eine Achse (`ax1`) zum Visualisieren hinzu. Anschließend instanziieren Sie ein Objekt der Klasse `EDAVisualizer`, die die Achse `ax1` zur Darstellung des Diagramms nutzt.

Die Argumente der Methode `distribution_plot` werden folgendermaßen versorgt:

- `data` = Objekt vom Typ Dataframe, das die zu visualisierenden Daten enthält
- `column` = Spalte, deren Verteilung Sie zeichnen möchten – Angabe als String
- `bins` = Zahl, die die Feinheit der Unterteilung angibt: je höher die Zahl, umso feiner die Unterteilung (analog zur Methode `binning` im Abschnitt 4.1)
- `title` = Titel für das Diagramm

Balkendiagramm

Mit einem Balkendiagramm können Sie die Verteilung von kategorialen Variablen zeichnen oder die Werte einer numerischen Variablen gegen eine kategoriale auftragen. Wir betrachten die Verteilung der Variablen NUMOFPRODUCTS. Mit Listing 4.14 erhalten Sie das Balkendiagramm aus Abbildung 4.10. Die Länge der vier Balken entspricht der Häufigkeit der verschiedenen Ausprägungen der Variablen NUMOFPRODUCTS. Durch Versorgung des Eingabearguments `aggregation` mit dem Wert *{'CUSTOMERID':'count'}* legen Sie fest, dass pro Gruppe die Anzahl der Kunden (Spalte *CUSTOMERID*) gezählt (Aggregation *count*) werden soll. Wenn Sie hingegen das Argument `aggregation` mit dem Wert *{'BALANCE':'avg'}* versorgen, wird pro Gruppe der durchschnittliche Kontosaldo (Spalte *BALANCE*, Aggregation *avg*) dargestellt.

```
fig_barplot = plt.figure(figsize = (18,6))
ax1 = fig_barplot.add_subplot(121)
eda = EDAVisualizer(ax1)

ax1, bar_data = eda.bar_plot(
    data = g_df_churn,
    column = 'NUMOFPRODUCTS',
    aggregation = {'CUSTOMERID' : 'count'})
```

Listing 4.14: Balkendiagramm für Kunden je Produkt

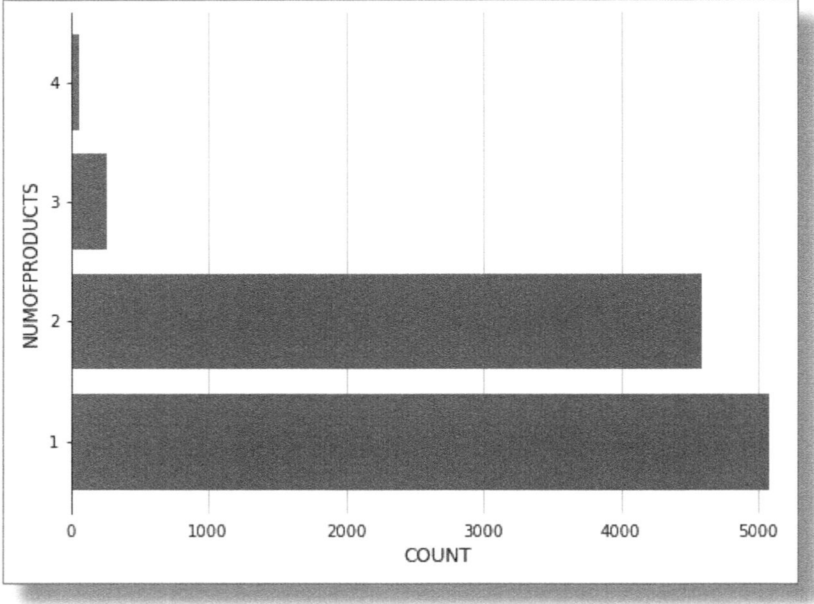

Abbildung 4.10: Balkendiagramm zu NUMOFPRODUCTS

Kreisdiagramm

Das Kreisdiagramm, gezeichnet mit der Funktion `pie_plot`, ist eine gute Visualisierungsform, um die Anteile der einzelnen Gruppen an der Gesamtheit darzustellen. Möchten Sie etwa den Anteil der Kunden nach Ländern illustrieren, wählen Sie hierzu die kategoriale Variable *GEOGRAPHY* und gehen wie in Listing 4.15 vor. Mit dem Argument `explode` der Funktion `pie_plot` legen Sie den Abstand zwischen den einzelnen Kreisstücken fest. Anhand von Abbildung 4.11 erkennen Sie, dass der Großteil der Kunden in Frankeich lebt.

```
fig_pieplot = plt.figure(figsize = (18,6))
ax1 = fig_pieplot.add_subplot(121)
eda = EDAVisualizer(ax1)

ax1, pie_data = eda.pie_plot(
    data = g_df_churn,
    explode = 0.03,
    column = 'GEOGRAPHY')
```

Listing 4.15: Kreisdiagramm zur Länderverteilung zeichnen

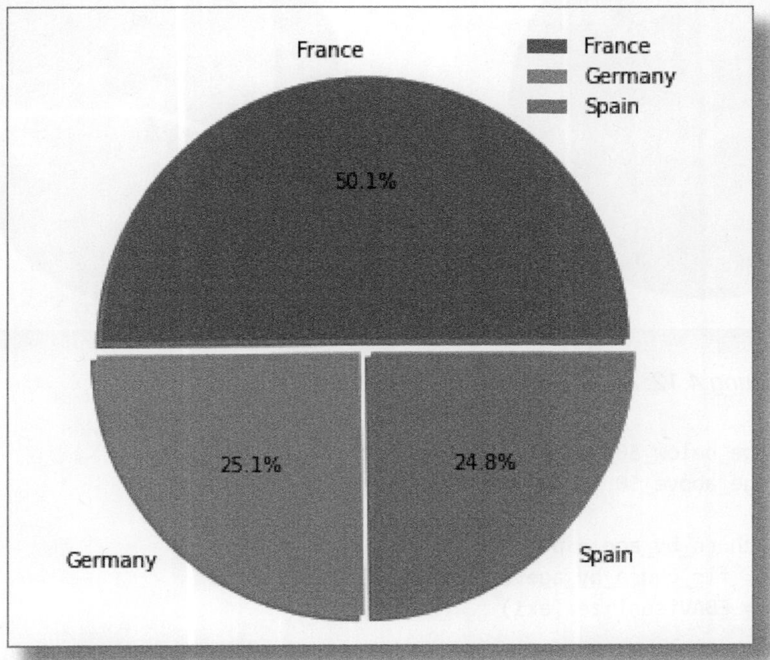

Abbildung 4.11: Anteil der Kunden nach Land

Ein Kreisdiagramm eignet sich außerdem dafür, die Verteilung einer Variablen nach Untergruppen zu analysieren. Betrachten Sie folgendes Szenario: Sie möchten prüfen, ob das Alter eines Kunden *(AGE)* Einfluss auf die Entscheidung hat, zu kündigen *(EXITED)*. Hierzu unterteilen Sie die Gesamtheit der Kunden in die beiden Gruppen der unter und der über Fünfzigjährigen. Dies geschieht durch Anwenden der Filter-Methode auf dem Dataframe wie in Listing 4.16. Für beide Untergruppen plotten Sie jeweils ein Kreisdiagramm für die Variable *EXITED*. Durch Angabe des Befehls `add_subplot` können Sie vorgeben, dass beide Diagramme nebeneinander gruppiert werden, wie in Abbildung 4.12 zu sehen ist.

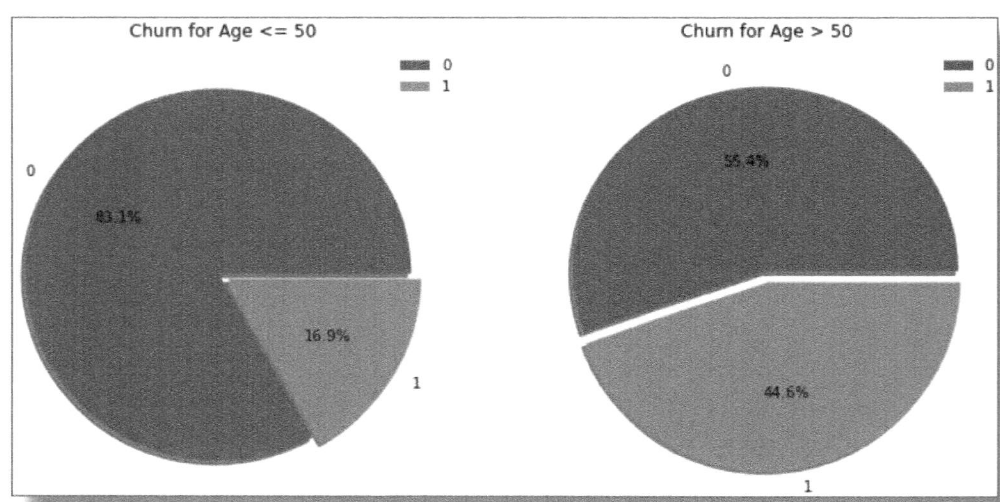

Abbildung 4.12: Anteil Kündigungen nach Alter

```
df_age_below_50 = g_df_churn.filter('AGE <= 50')
df_age_above_50 = g_df_churn.filter('AGE > 50')

fig_churn_by_age = plt.figure(figsize = (18,6))
ax1 = fig_churn_by_age.add_subplot(121)
eda = EDAVisualizer(ax1)

ax1, pie_data = eda.pie_plot(data = df_age_below_50,
    column = 'EXITED',
```

```
    title ="Churn for Age <= 50")

ax2 = fig_churn_by_age.add_subplot(122)
eda2 = EDAVisualizer(ax2)
ax2, pie_data2 = eda2.pie_plot(data = df_age_above_50,
    column = 'EXITED',
    title ="Churn for Age > 50")
```

Listing 4.16: Kreisdiagramm – Anteil Kündigungen in zwei Altersgruppen

Streudiagramm für numerische Variablen

Betrachten wir nun die Visualisierung von numerischen Variablen. Hierzu verwende ich die Tabelle IRIS, die durch den Dataframe `g_df_iris` aus Listing 4.12 eingebunden ist. Mit einem Streudiagramm kann die gemeinsame Verteilung zweier Variablen veranschaulicht werden. Dies ist hilfreich, um Abhängigkeiten zwischen Variablen oder Muster in den Daten zu erkennen. Die Funktion `eda.scatter_plot` gruppiert die Datenpunkte zunächst in einem Raster, das aus gleich großen Intervallen der Wertebereiche der beiden Variablen gebildet wird. Für die Variablen wird also intern zunächst ein Binning (siehe Abschnitt 4.1) durchgeführt. Die Farbintensität der Rasterbereiche ergibt sich dann aus der Anzahl der Datenpunkte, die in den jeweiligen Bereich fallen.

Im Listing 4.17 ist der Quellcode für ein Streudiagramm der Variable SEPAL_WIDTH und SEPAL_LENGTH dargestellt. Mit den Eingabeparametern `x_bins` und `y_bins` wird die Feinheit des Rasters bestimmt. Mit dem Argument `debrief = True` bewirken Sie, dass die Korrelation zwischen den Variablen angezeigt wird. Das fertige Diagramm sehen Sie in Abbildung 4.13.

```
fig_scatter_iris = plt.figure(figsize=(18,6))

ax1 = fig_scatter_iris.add_subplot(121)
eda = EDAVisualizer(ax1)

# Color maps:
# Greys: Graustufen
```

```
#     Reds, Blues
ax1, scatter_data = eda.scatter_plot(
    data = g_df_iris,
    x = 'SEPAL_WIDTH',
    y = 'SEPAL_LENGTH',
    x_bins = 4, y_bins = 4,
    debrief = True,
    cmap = 'Blues')
```

Listing 4.17: Streudiagramm mit Iris-Daten

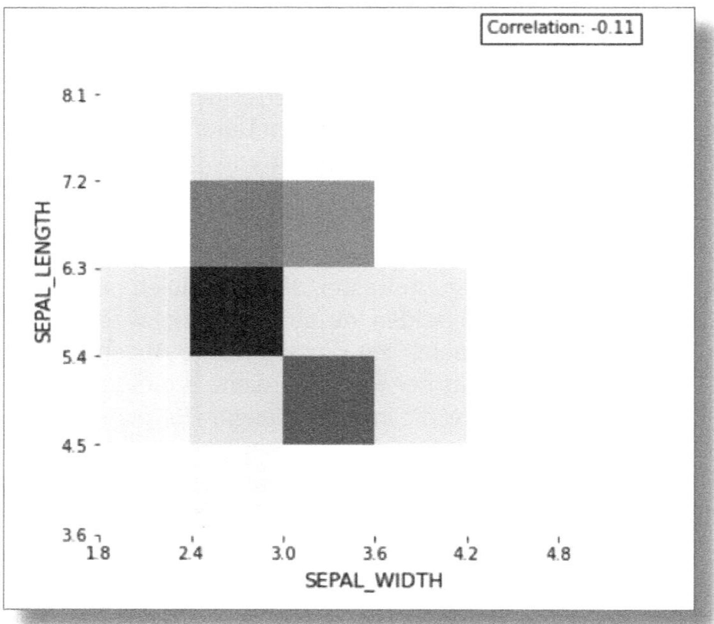

Abbildung 4.13: Ausgabe des Streudiagramms für die Iris-Daten

Korrelationsmatrix als Heatmap

Mit der Korrelationsmatrix berechnen Sie die paarweise Korrelation zwischen mehreren numerischen Variablen und stellen diese Abhängigkeiten in einer *Heatmap* dar. Betrachten Sie dazu den Code in

Listing 4.18. Im Argument corr_cols der Funktion correlation_plot legen Sie die Liste der Variablen fest, zwischen denen jeweils die Korrelation berechnet werden soll. Die Angabe des Arguments ist optional. Wenn Sie es nicht angeben, werden alle numerischen Variablen berücksichtigt. Die fertige Heatmap sehen Sie in Abbildung 4.14.

```
fig_correlation_iris = plt.figure(figsize=(18,6))

ax1 = fig_correlation_iris.add_subplot(121)
eda = EDAVisualizer(ax1)

ax1, scatter_data = eda.correlation_plot(
    data = g_df_iris,
    corr_cols = ['SEPAL_LENGTH','SEPAL_WIDTH',
                 'PETAL_LENGTH','PETAL_WIDTH'],
    cmap = 'Reds')
```

Listing 4.18: Korrelation berechnen

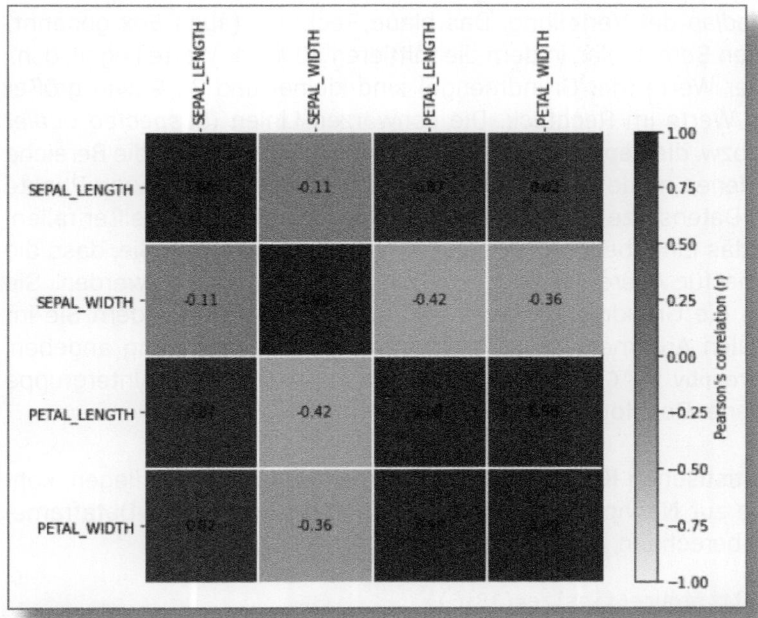

Abbildung 4.14: Korrelation zwischen den Variablen

Die Dataframe-Klasse bietet auch eine Methode, um die Korrelation zwischen zwei Spalten direkt zu berechnen, ohne ein Diagramm zu zeichnen: Mit folgendem Befehl berechnen Sie beispielsweise die Korrelation zwischen den Spalten *SEPAL_LENGTH* und *SEPAL_WIDTH* und erhalten das Ergebnis als Zahl:

```
g_df_iris.corr('SEPAL_LENGTH','SEPAL_WIDTH').collect()
```

Boxplot

Ein Boxplot (Kastengrafik) erlaubt es Ihnen, den Wertebereich einer numerischen Variablen unter statistischen Gesichtspunkten zu analysieren, siehe das Beispiel in Abbildung 4.15. Den Boxplot können Sie mit der Methode `box_plot` der Klasse `EDAVisualizer` erstellen, siehe Listing 4.19. Im Beispielcode wird der Dataframe `g_df_churn` zuerst auf die Sätze gefiltert, bei denen BALANCE größer *0* ist. Mit diesen reduzierten Daten lässt sich der Boxplot einfacher verstehen. Betrachten Sie hierzu Abbildung 4.15 etwas genauer: Der Boxplot zeigt den *Median* der Verteilung. Das blaue Rechteck (auch *Box* genannt) stellt den Bereich dar, in dem die mittleren 50 % der Werte liegen, d. h., 25 % der Werte (der Grundmenge) sind kleiner und 25 % sind größer als die Werte im Rechteck. Die schwarzen Linien (*Suspected outlier fence*) bzw. die gepunkteten Linien (*Outlier fence*) grenzen die Bereiche ab, in denen milde bzw. extreme Ausreißer liegen. Die grauen Punkte stellen Datensätze dar, die in den Bereich der milden Ausreißer fallen. Durch das Eingabeargument `outliers = True` bewirken Sie, dass die Bereiche für Ausreißer und zugehörige Punkte gezeigt werden. Sie können die Grundmenge auch in Gruppen unterteilen, indem Sie im optionalen Argument `groupby` eine Spalte zur Gruppierung angeben, z. B. `groupby = 'GEOGRAPHY'`. In diesem Fall wird für jede Untergruppe ein eigener Boxplot erstellt.

Die statistischen Kennzahlen, die dem Boxplot zugrunde liegen, können Sie zur Nachprüfung mit der Methode `describe` der Dataframe-Klasse berechnen, siehe Listing 4.20.

```
f = plt.figure(figsize=(18,6))

ax1 = f.add_subplot(121)
```

```
eda = EDAVisualizer(ax1)

df_bal = g_df_churn.filter("BALANCE > 0")
ax, bar_data = eda.box_plot(data= df_bal,
    column = 'BALANCE',
    # groupby = 'GEOGRAPHY',
    outliers = True)
```

Listing 4.19: Boxplot für die Variable BALANCE

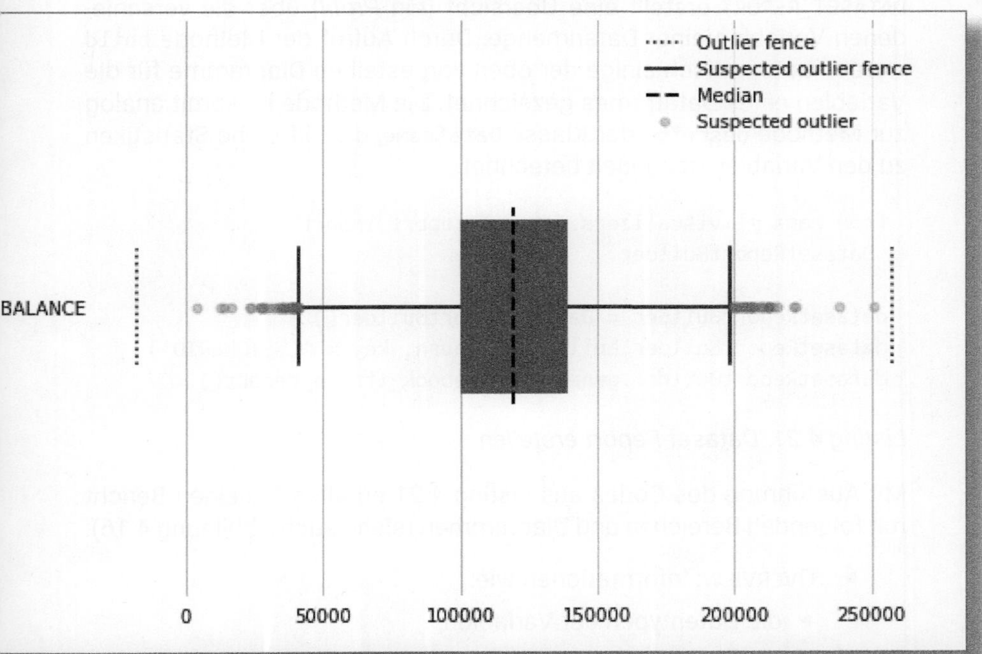

Abbildung 4.15: Ausgabe des Boxplots der Variable BALANCE

```
list_cols_proj = ['column','median',
    'min','max',
    '25_percent_cont',
    '75_percent_cont']


df_bal = g_df_churn.filter("BALANCE > 0")
```

```
df_bal = df_bal.select("BALANCE")

df_bal.describe().select(list_cols_proj).collect()
```

Listing 4.20: Statistische Kennzahlen für Boxplot ermitteln

Data Set Report Builder

Die Klasse `DataSetReportBuilder` im Paket `HANA_ML.VISUALIZERS.DATASET_REPORT` erstellt eine Übersicht (ein *Profil*) über die verschiedenen Variablen einer Datenmenge. Durch Aufruf der Methode `build` werden automatisch einige der oben vorgestellten Diagramme für die Variablen eines Dataframes gezeichnet. Die Methode ist somit analog zur Methode `describe` der Klasse `Dataframe`, die hilfreiche Statistiken zu den Variablen gebündelt berechnet.

```
from hana_ml.visualizers.dataset_report import
 DatasetReportBuilder

datasetReportBuilder = DatasetReportBuilder()
datasetReportBuilder.build(g_df_churn, key = 'CUSTOMERID')
datasetReportBuilder.generate_notebook_iframe_report()
```

Listing 4.21: Dataset-Report erstellen

Mit Ausführung des Codes aus Listing 4.21 erhalten Sie einen Bericht mit folgenden Bereichen und Diagrammen (siehe auch Abbildung 4.16):

- OVERVIEW: Informationen wie:
  - die Datentypen der Variablen,
  - Größe der Datenmenge,
  - Variablen mit hoher Kardinalität, d. h. vielen verschiedenen Ausprägungen,
  - Variablen mit stark asymmetrischer Verteilung oder unausgewogener Klassenverteilung *(Skewness)*;
- SAMPLE: Auszug von Beispielsätzen,
- VARIABLES: Einzelbetrachtung der Variablen:

- Histogramme für numerische Variablen,
- Kreisdiagramme für kategoriale sowie statistische Kennzahlen;

- DATA CORRELATIONS: Matrix mit der paarweisen Korrelation zwischen den numerischen Variablen,
- DATA SCATTER MATRIX: Streudiagramme für alle paarweisen Kombinationen der Variablen.

Durch Klick auf das Listensymbol (❶ in Abbildung 4.16) können Sie zwischen den Bereichen wechseln, und im Bereich VARIABLES schalten Sie durch Klick auf das Kalendersymbol ❷ zwischen den einzelnen Variablen hin und her.

Kurzum, der Dataset-Report ermöglicht es Ihnen, mit wenigen Zeilen Code eine gute Übersicht über Ihre Daten zu gewinnen, und ist somit ein guter Einstiegspunkt für die Analyse.

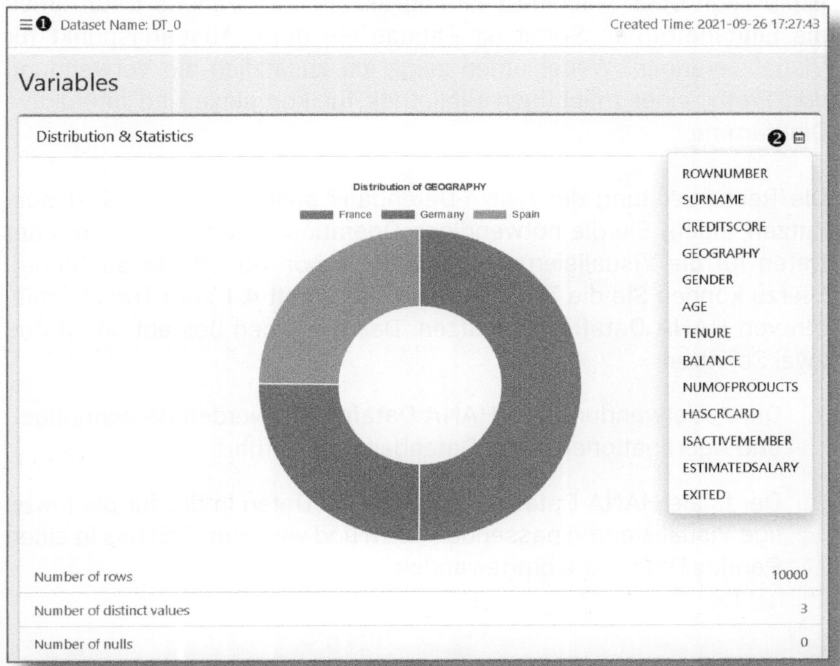

Abbildung 4.16: Ausgabe des Dataset-Reports

☛ Quellcode zu den Visualisierungen

Den gesamten Quellcode zu diesem Abschnitt finden Sie in dem Skript *Ch_4_2_1_Visualiser.py* (siehe Anhang B).

4.2.2 Verwendung von Pandas und Plotly

Der Einsatz anderer Python-Bibliotheken erweitert die Möglichkeiten zur Visualisierung von Daten. Ein wichtiges Verbindungsstück zwischen der SAP-Welt und Python stellt der *Pandas Dataframe* dar. Wie schon in Abschnitt 4.1 angesprochen, lässt sich aus einem HANA Dataframe unter Verwendung des `Collect`-Befehls ein Pandas Dataframe erzeugen. Die Bibliothek Pandas selbst stellt Methoden zum Visualisieren bereit. Viele Python-Bibliotheken in den Bereichen Datenexploration oder Machine Learning akzeptieren Pandas Dataframes als Eingabeformat. Somit ist Pandas ein guter Ausgangspunkt für Visualisierungen. Weiter unten zeige ich zusätzlich die Verwendung von Plotly, einer mächtigen Bibliothek für komplexe und interaktive Diagramme.

Die Rechenleistung der HANA-Datenbank sollten Sie geschickt ausnutzen, indem Sie die notwendigen Operationen zum Vorbereiten der Daten für die Visualisierung möglichst schon dort direkt ausführen. Hierzu können Sie die Techniken aus Abschnitt 4.1 zum Transformieren von HANA Dataframes nutzen. Das Vorgehen besteht somit aus zwei Schritten:

1. Durch Verwendung von HANA Dataframes werden Berechnungen und Aggregationen in der Datenbank ausgeführt.

2. Der finale HANA Dataframe enthält die Daten in der für die jeweilige Visualisierung passenden Form und wird zum Schluss in einen Pandas Dataframe umgewandelt.

Die Aggregation in der Datenbank reduziert bei größeren Datenmengen den Speicherverbrauch in der Python-Umgebung und verringert die Laufzeit erheblich.

Die Visualisierungsfunktionen der Pandas-Bibliothek greifen im Backend auf andere Python-Bibliotheken zurück. Standardmäßig wird die Python-Bibliothek *Matplotlib* genutzt. Da auch die vorher vorgestellten Visualisierungsfunktionen des Python ML Client für SAP HANA im Backend die Matplotlib einsetzen, werden Ihnen die Diagramme sehr bekannt vorkommen. Pandas bietet darüber hinaus die Option, andere Backends zum Zeichnen zu verwenden, z. B. das weiter unten präsentierte Plotly.

Kommen wir nun zu einem konkreten Beispiel: Dafür bedienen wir uns noch einmal der Tabelle IRIS, die Ihnen schon im Abschnitt »Streudiagramm für numerische Variablen« begegnet ist. Diese enthält geometrische Merkmale von Pflanzenexemplaren wie die (Stiel-)Länge oder (Stiel-)Breite und die Einteilung in verschiedene Pflanzenarten. Sie möchten nun untersuchen, ob es einen Zusammenhang zwischen den geometrischen Merkmalen der Pflanzen und der Klassenzuordnung – der Pflanzenart – (Spalte SPECIES) gibt. Hierzu eignet sich ein Streudiagramm. Anders als im Beispiel weiter oben (siehe Abbildung 4.13) erstellen wir nun ein Streudiagramm, das pro Pflanzenexemplar einen eigenen Punkt im Diagramm zeichnet, wobei die Farbe des Datenpunkts der Klassenzuordnung der Pflanze entsprechen soll. Das Binning aus dem vorherigen Beispiel entfällt somit. Gehen Sie folgendermaßen vor:

1. Führen Sie erneut den Code aus Listing 4.12 aus, um die Verbindung zur HANA-Datenbank herzustellen und ein Dataframe-Objekt `g_df_iris` zu erstellen, das auf die HANA-Tabelle IRIS zeigt.

Die weiteren Schritte zeigt Listing 4.22:

2. Mit Aufruf der Methode `collect` der Instanz `g_df_iris` erhalten Sie einen Pandas Dataframe `pd_iris`.
3. Die Spalte SPECIES des Dataframes muss kategorial codiert werden. Dadurch kann diese Spalte zur Einfärbung der Punkte benutzt werden.

4. Durch Aufruf der Methode `plot` des Pandas Dataframes zeichnen Sie das Streudiagramm. Die Methode lässt sich mit verschiedenen Argumenten parametrisieren:
   - `kind`: der Plot-Typ
   - `x`, `y`: die Spalte für die x- und y-Koordinaten
   - `c`: die kategoriale Spalte für die Färbung
   - `cmap`: die Farbe der Datenpunkte; Angabe in Form einer Colormap

Das fertige Diagramm sehen Sie in Abbildung 4.17.

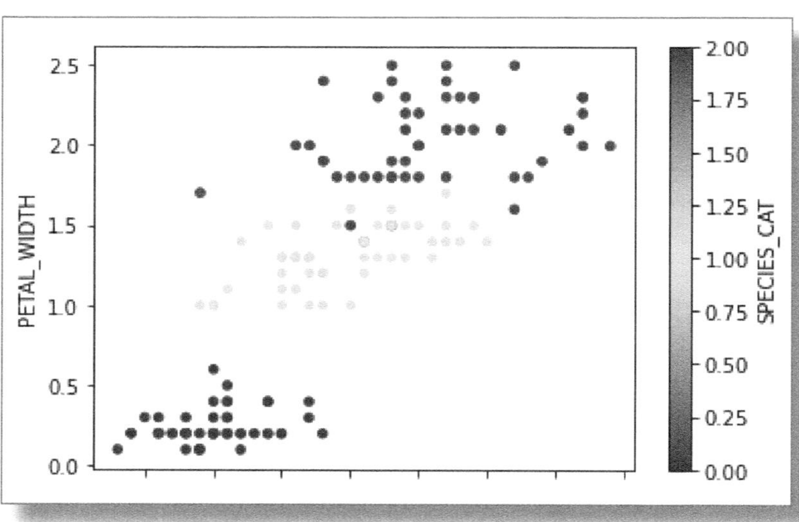

Abbildung 4.17: Streudiagramm von IRIS mit Einfärbung nach Klassenzugehörigkeit

```
pd_iris = g_df_iris.collect()

pd_iris['SPECIES'] = pd_iris['SPECIES'].astype('category')
pd_iris['SPECIES_CAT'] = pd_iris['SPECIES'].cat.codes

pd_iris.plot(kind = 'scatter',
```

```
    x = 'SEPAL_LENGTH',
    y = 'PETAL_WIDTH',
    c = 'SPECIES_CAT',
    cmap = 'coolwarm')
```

Listing 4.22: Streudiagramm von IRIS mit Pandas

Mit Pandas können Sie nicht nur Streudiagramme, sondern eine Reihe weiterer Diagrammtypen zeichnen. Dies steuern Sie durch das Argument `kind`. Neben *scatter* sind u. a. auch *bar* (Balkendiagramm), *hist* (Histogramm), *box* (Boxplot), *kde* (Kernel Density Estimation) oder *pie* (Kreisdiagramm) möglich.

Streudiagramm mit verschiedenen Attributen und Diagrammtypen

Am Streudiagramm in Abbildung 4.17 erkennen Sie, dass sich die einzelnen Klassen (SPECIES_CAT) anhand der Attribute SEPAL_LENGTH und PETAL_WIDTH sehr gut voneinander abgrenzen lassen. Zeichnen Sie Streudiagramme, die Kombinationen anderer Spalten darstellen, und untersuchen Sie, wie gut sich die Klassen anhand dieser Kombinationen abgrenzen lassen.

Die Python-Bibliothek *Plotly* bietet verschiedene Diagrammtypen und ermöglicht somit vielfältige Formen der Visualisierung. Betrachten wir beispielsweise die Datensätze in der Tabelle CHURN. Oftmals ist es hilfreich, Daten nach verschiedenen Merkmalen gleichzeitig zu unterteilen und die Verteilung einer Zielvariablen (z. B. die Spalte EXITED) in Abhängigkeit von einzelnen Merkmalskombinationen zu visualisieren. Dies können Sie in Plotly mit einem »Facet Plot« implementieren.

Zunächst müssen die Rohdaten in eine für Plotly verwendbare Form transformiert werden. Hierfür eignet sich wiederum der Pandas Dataframe. Wie in der Einleitung dieses Abschnitts beschrieben, wenden wir vorher aber die Techniken des HANA Dataframes an, um die für das Diagramm notwendigen Kennzahlen direkt in der Datenbank zu berechnen.

Hierzu aggregieren Sie zunächst die Daten der Tabelle CHURN und ergänzen den Zähler *COUNT_CUSTOMER*, der die Anzahl der Kunden zählt, zur aggregierten Datenmenge. Dann fügen Sie die berechnete Spalte *EXIT_LABEL* hinzu. Diese wird später zur Diagrammbeschriftung benötigt. Schließlich wandeln Sie den HANA Dataframe in einen Pandas Dataframe um. Den Beispielcode sehen Sie in Listing 4.23. Durch den optionalen Befehl `print(l_pd_df)` können Sie den Pandas Dataframe zur Überprüfung ausgeben.

```
# Aggregation: Anzahl Kündigende nach Anzahl Produkte
group_by_col = ['NUMOFPRODUCTS','EXITED']

l_df_agg = g_df_churn.agg(
    [('count',
    'CUSTOMERID',
    'COUNT_CUSTOMER')
    ],
    group_by = group_by_col)

l_exp_label = """CASE EXITED WHEN 1 THEN 'EXITED'
 ELSE 'NOT EXITED' END"""

l_df_w_text = l_df_agg.select(
    '*',
    (l_exp_label, 'EXIT_LABEL')
    )

# Umwandeln in Pandas Dataframe
l_pd_df = l_df_w_text.sort(group_by_col).collect()
# Zum Testen: Ausgeben des Pandas Dataframe
print(l_pd_df)
```

Listing 4.23: Vorbereitung der Visualisierung – Aggregation in der HANA-Datenbank

Direkt im Anschluss an Listing 4.23 führen Sie die Schritte aus Listing 4.24 durch. Die Methode `bar` aus dem Paket `plotly.express` zeichnet ein Balkendiagramm. Als Grundlage wird der soeben erstellte Pandas Dataframe in der Variable `l_pd_df` verwendet.

```
import plotly.express as px

fig = px.bar(data_frame = l_pd_df,
    x = 'NUMOFPRODUCTS',
    y = 'COUNT_CUSTOMER',
    color = 'EXIT_LABEL',
    color_discrete_sequence = px.colors.qualitative.D3)
fig.show()
```

Listing 4.24: Balkendiagramm mit Dimension »Anzahl Produkte«

Der Aufruf der Methode `bar` wird durch folgende Argumente parametrisiert:

- `x`: Merkmal für den Aufriss in horizontaler Richtung
- `y`: Kennzahl für die Höhe des Balkens
- `color`: Merkmal für die Unterteilung des Balkens
- `color_discrete_sequence`: Farbschema für die Einfärbung des Balkens.

Das fertige Diagramm sehen Sie in Abbildung 4.18.

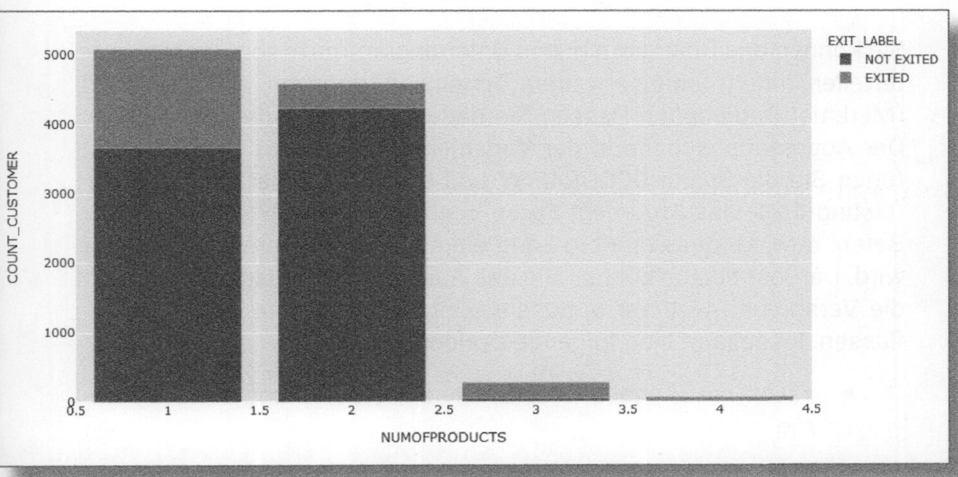

Abbildung 4.18: Balkendiagramm mit Plotly

Dokumentation des Plotly-Barcharts und der Farbgebung

Die technische Referenz zu den Konfigurationsmöglichkeiten des Barcharts finden Sie unter: *https://plotly.com/python-api-reference/generated/plotly.express.bar.html*.

Einen guten Überblick mit einfachen Beispielen zur Verwendung der verschiedenen Charttypen von Plotly zeigt Ihnen *https://plotly.com/python/*.

Die erlaubten Farbschemata sind hier ausgewiesen: *https://plotly.com/python/discrete-color/#color-sequences-in-plotly-express*.

Eine Beispielsammlung der Farben können Sie auch direkt im Jupyter Notebook ausgeben, siehe Listing 4.25.

```
import plotly.express as px
px.colors.qualitative.swatches()
```

Listing 4.25: Beispiele für mögliche Farbschemata in Plotly

Sie können das Diagramm nun in Unterdiagramme – sog. *facets* – unterteilen, indem Sie eine weitere Dimension ergänzen, z. B. das Land (Merkmal *Geography*). Passen Sie dazu den Quellcode wie folgt an: Der Aggregationsebene in der Variablen `group_by_col` (Listing 4.23) fügen Sie die Spalte *GEOGRAPHY* und dem Aufruf der Methode `bar` (Listing 4.24) das Argument `facet_row = 'GEOGRAPHY'` hinzu. Dieser Befehl bewirkt, dass nun pro Land ein eigenes Diagramm gezeichnet wird. Darüber hinaus können Sie das Aussehen des Diagramms durch die Versorgung weiterer optionaler Eingabeargumente gezielt beeinflussen. Insgesamt sind folgende Optionen hilfreich:

- `facet_row`: Angabe einer Spalte zur Unterteilung der Diagramme

- `facet_row_spacing`: Abstand zwischen den Diagrammen; Angabe als Dezimalzahl
- `barmode`: Position der Balken innerhalb einer Gruppe; Standard ist *relative*, mit `barmode = group` werden die Balken nebeneinander gezeichnet
- `labels`: Angabe eines Python Dictionary, in dem sprechende Namen als Ersatz für die Spaltennamen genutzt werden

Den fertigen Code mit der Unterteilung nach Land und den weiteren Eingabeargumenten sehen Sie in Listing 4.26, das passende Diagramm dazu in Abbildung 4.19.

```
import plotly.express as px

# Aggregation: Anzahl Kündigende nach Land und Anzahl ⮐
Produkte
group_by_col_ext = ['GEOGRAPHY', 'NUMOFPRODUCTS', 'EXITED']

l_df_agg_ext = g_df_churn.agg(
    [('count',
    'CUSTOMERID',
    'COUNT_CUSTOMER')
    ],
    group_by = group_by_col_ext)

l_exp_label = """CASE EXITED WHEN 1 THEN 'EXITED'
 ELSE 'NOT EXITED' END"""

l_df_text_ext = l_df_agg_ext.select('*',
    (l_exp_label, 'EXIT_LABEL')
    )

# Umwandeln in Pandas Dataframe
l_pd_df_ext = l_df_text_ext.sort(group_by_col_ext).collect()

# Zeichnen
```

```
fig = px.bar(l_pd_df_ext,
    x = 'NUMOFPRODUCTS',
    y = 'COUNT_CUSTOMER',
    color = 'EXIT_LABEL',
    facet_row = 'GEOGRAPHY',
    # barmode = 'group',
    facet_row_spacing = 0.07,
    labels = {'COUNT_CUSTOMER' : 'Kunden',
              'EXIT_LABEL' : 'Kündigung'},
    color_discrete_sequence = px.colors.qualitative.D3)

# Optional: Aktiviere Compare data on hover
# fig.update_layout(hovermode = 'x')

fig.show()
```

Listing 4.26: Plotly – Barchart mit zwei Dimensionen

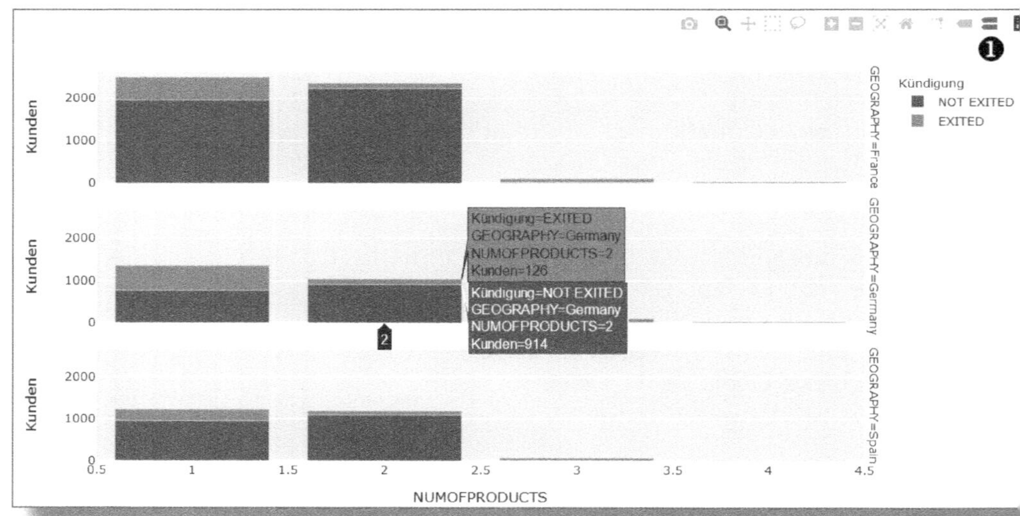

Abbildung 4.19: Barchart mit Facets und Interaktion

Mit Plotly gezeichnete Diagramme bieten dem Anwender verschiedene Interaktionsmöglichkeiten. Sie können in das Diagramm zoomen oder interessante Bereiche auswählen. Aktivieren Sie beispielsweise die Option COMPARE DATA ON HOVER (❶ in Abbildung 4.19), so werden Ihnen beim Überfahren der Balken die Anzahl der Kunden und die Gruppierungsmerkmale angezeigt. In neueren Versionen scheint diese Option nicht mehr in der Button-Leiste verfügbar zu sein. Sie können diese aber programmatisch aktivieren, siehe dazu die vorletzte (auskommentierte) Codezeile in Listing 4.26.

☛ Quellcode zur Visualisierung mit den Python-Tools

Den Quellcode zu diesem Abschnitt finden Sie im Skript *Ch_4_2_2_PythonLibraries.py* (siehe Anhang B).

4.3 PAL in Python aufrufen

Schauen wir uns nun an, wie Sie die Funktionen der Predictive Analysis Library mit dem Python Machine Learning Client für SAP HANA einsetzen können. Der Python ML Client stellt eine API für den Einsatz der nativen HANA-Prozeduren der PAL in Python bereit. Sie verwenden also die gleichen Datenbankprozeduren im Backend wie beim Zugang über SQLScript in Kapitel 2 und haben von Python aus Zugriff auf viele Funktionen der PAL.

4.3.1 Klassifikationsmodelle

Beispielhaft für die Klassifikationsmodelle zeige ich Ihnen nun den Einsatz von *Random Forests* und neuronalen Netzen. Als Beispieldatenmenge verwende ich erneut die Datenmenge in der HANA-Tabelle CHURN. Wie in Abschnitt 2.1 ist das Ziel, ein Klassifikationsmodell zu trainieren, das für Kunden vorhersagen kann, ob diese in Zukunft kündigen werden. Das Vorgehen besteht aus den folgenden Schritten:

1. Unterteilen der Grunddaten in Trainings- und Testdaten
2. Trainieren eines Random Forests bzw. neuronalen Netzes mit den Trainingsdaten
3. Prognosebildung und Bewertung der trainierten Modelle mit den Testdaten

Unterteilung der Grunddaten

Erstellen Sie ein neues Jupyter Notebook, das Sie als Ausführungsumgebung für die im Folgenden gezeigten Codebeispiele nutzen. Zunächst müssen Sie – wie in Listing 4.27 gezeigt – eine Datenbankverbindung aufbauen und einen Dataframe erstellen, der die Tabelle CHURN repräsentiert. Optional können Sie den `collect`-Befehl am Ende des Listings verwenden, um zu prüfen, ob die Verbindung zur HANA-Datenbank steht.

```
from hana_ml import dataframe

connection = dataframe.ConnectionContext(KEY = 'DEV')

# CHURN laden
g_df_churn = connection.table('CHURN',
    schema = 'ML_DATA')

g_df_churn.head(20).collect()
```

Listing 4.27: Verbindung zur HANA-Datenbank

Zum Trainieren des Modells müssen Sie die Datenmenge unterteilen bzw. *partitionieren*. Hierzu steht im Unterpaket `partition` die Methode `train_test_val` zur Verfügung. Diese unterteilt einen Dataframe in bis zu drei Untermengen, die wiederum jeweils durch einen Dataframe repräsentiert werden. Das Beispiel in Listing 4.28 unterteilt die Grunddatenmenge `g_df_churn` in zwei Mengen, wobei *60 %* der Datensätze für die Trainingsdaten `g_df_train` und *40 %* für die Testdaten `g_df_test` vorgesehen sind.

```
from hana_ml.algorithms.pal import partition

g_df_train, g_df_test, g_df_valid = partition.
train_test_val_split(
    data = g_df_churn,
    id_column = 'CUSTOMERID',
    partition_method = 'stratified',
    training_percentage = 0.6,
    validation_percentage = 0.0,
    testing_percentage = 0.4,
    stratified_column = 'EXITED'
    )

# Kündigungen nach Partition zählen
g_df_train.agg([('count','CUSTOMERID','count_customer')],
    group_by = ['EXITED']).collect()
```

Listing 4.28: Daten partitionieren

! Zeilenumbrüche und Einrückungen in Python

Codezeilen können in Python nur an bestimmten Stellen umgebrochen werden. Ich habe mir Mühe gegeben, die Listings in diesem Buch so zu schreiben, dass sie in der Regel eins zu eins übernommen werden können, inklusive der genauen Position der Umbrüche. Manche Anweisungen lassen sich aber nicht syntaktisch korrekt umbrechen. In diesen Fällen habe ich statt eines Absatzumbruchs nur den kleineren Zeilenumbruch verwendet. Im Beispiel Listing 4.28 muss `partition.train_test_val_split` in einer Zeile stehen, da hinter »=« in Python keine Umbrüche erlaubt sind.

Einen Auszug aus den möglichen Eingabeparametern zum Konfigurieren der Methode `train_test_val_split` zeigt Tabelle 4.1.

Parameter	Beschreibung	Form der Angabe (Datentyp, Standard- oder Beispielwert)
data	Eingabedaten	HANA Dataframe
id_column	Schlüsselspalte	Spaltenname (Standard: die erste Spalte)
partition_method	Strategie zum Partitionieren	Festwert: *random* (Standard) oder *stratified*
stratified_column	Kategoriale Variable für Klassenverteilung, siehe Erläuterung im Text Nur erlaubt und verpflichtend, wenn partition_method = *stratified*	Spaltenname
training_percentage, validation_percentage, testing_percentage	Prozentualer Anteil der einzelnen Teilmengen	float, Standard: *0.8*, *0.1*, *0.1*
training_size, validation_size, testing_size	Absolute Größe der einzelnen Teilmengen Nur erlaubt, wenn keine *Percentage*-Parameter angegeben sind	int

Tabelle 4.1: Eingabeparameter der Partitionsmethode

Betrachten wir die Parameter etwas genauer:

- Die Parameter `training_percentage`, `validation_percentage` und `testing_percentage` bestimmen die prozentualen Anteile der erzeugten Trainings-, Validierungs- und Testdaten an der Gesamtmenge.
- Alternativ zu diesen drei Parametern können Sie mit den Parametern `training_size`, `validation_size` und `testing_size` die absolute Anzahl der Sätze in den Untermengen direkt angeben.

- `partition_method`: Dieser Parameter steuert die Strategie zur Aufteilung der Grundmenge.
- `stratified_column`: Über diesen Parameter erfolgt die Angabe einer kategorialen Variablen (Spalte), deren Klassenverteilung erhalten bleiben soll. Die Angabe ist allerdings nur erlaubt, wenn `partition_method` = *stratified* gewählt wurde; dann ist sie allerdings verpflichtend.

Bedeutung der Partitionsmethode

Lassen Sie uns die Auswirkung der gewählten Partitionsmethode anhand eines kleinen Beispiels für die Verteilung der Zielvariablen EXITED ansehen:

Mit der Aggregationsmethode (siehe etwa die letzte Zeile in Listing 4.28) können Sie leicht ermitteln, dass ca. 80 % der Datensätze der Grunddatenmenge in die Klasse »Keine Kündigung« (EXITED = 0) und 20 % der Datensätze in die Klasse »Kündigung« (EXITED = 1) fallen. Bei Wahl der Partitionsmethode *random* kann sich durch die zufällige Aufteilung der Datensätze das Verhältnis dieser Klassen in den Untermengen ändern. Wählen Sie hingegen die Partitionsmethode *stratified* unter Angabe der Spalte EXITED (für den Parameter `stratified_column`) aus, so bleibt das Mischungsverhältnis aus der Grundmenge in Bezug auf die Spalte EXITED erhalten.

Probieren Sie es aus, indem Sie den Parameter `partition_method` variieren und durch Abwandlung der Aggregation in der letzten Zeile in Listing 4.28 den Anteil der Kündigungen in den Untermengen `g_df_train` und `g_df_test` sowie der Grundmenge `g_df_churn` ermitteln.

Nach dieser Vorbereitung können Sie nun ein Klassifikationsmodell vom Typ »Random Forest« mit der Datenmenge `g_df_train` trainieren.

Random Forest trainieren

Dieser Modelltyp ist eine Verallgemeinerung der Entscheidungsbäume aus Abschnitt 2.1. Statt eines einzelnen Entscheidungsbaums werden mehrere Entscheidungsbäume trainiert – ein sogenanntes *Ensemble*.

> **☛ Random Forest und Entscheidungsbäume**
>
> Ein Random Forest wird aus einzelnen Entscheidungsbäumen wie folgt aufgebaut: Es wird eine vorgegebene Anzahl an Entscheidungsbäumen trainiert. Jeder dieser Bäume erhält eine zufällige Auswahl von Features der Trainingsmenge und eine ebenso per Zufall bestimmte Teilmenge der Trainingsmenge. Somit erfolgt das Training eines jeden Baumes mit einer anderen Datengrundlage. Die Prognose des Ensembles wird aus den Prognosen der einzelnen Bäume durch Mehrheitsentscheid (bei der Klassifikation) oder Mittelwert (bei der Regression) bestimmt.

Im Unterpaket `trees` des Pakets `hana_ml.algorithms.pal` finden Sie die verfügbaren Klassen zum Trainieren von Entscheidungsbäumen und verwandter Algorithmen. Für jeden Typ gibt es jeweils eine Klasse für Klassifikationsanalysen *(Classifier)* und eine für Regressionsanalysen *(Regressor)*, siehe Tabelle 4.2 für die Klassennamen.

Typ	Klassifikation/Regression
Entscheidungsbaum	`DecisionTreeClassifier/DecisionTreeRegressor`
Random Forest	`RDTClassifier/RDTRegressor`
Gradient Boosting	`GradientBoostingClassifier/-Regressor`
Hybrid Gradient Boosting	`HybridGradientClassifier/-Regressor`

Tabelle 4.2: Klassennamen für die Entscheidungsbäume

Der Quellcode in Listing 4.29 zeigt, wie Sie einen Random Forest trainieren. Zunächst wird `rfc` als Objekt der Klasse `RDTClassifier` instanziiert. Der Aufruf der Methode fit unter Angabe der Trainingsdatenmenge `g_df_train` stößt den eigentlichen Trainingsprozess in der HANA-Datenbank an.

```
from hana_ml.algorithms.pal.trees import *

rfc = RDTClassifier(
    n_estimators = 10,
    max_features = 10, random_state = 2,
    split_threshold = 0.00001,
    categorical_variable = ['EXITED'],
    strata = [(0,0.5),(1,0.5)],
    thread_ratio = 1.0
    )

l_features = ['CREDITSCORE','GEOGRAPHY','GENDER','AGE',
    'TENURE','BALANCE','NUMOFPRODUCTS',
    'HASCRCARD','ISACTIVEMEMBER','ESTIMATEDSALARY']

rfc.fit(data = g_df_train,
    key = 'CUSTOMERID',
    features = l_features,
    label = 'EXITED')

# rfc.model_.collect()
```

Listing 4.29: Trainieren des Random Forest

Bei Instanziierung der Klasse `RDTClassifier` können Sie verschiedene (Hyper-)Parameter angeben, die das Training beeinflussen, siehe Tabelle 4.3 für eine Auswahl an Parametern.

Parameter	Beschreibung	Datentyp – Default- oder Beispielwerte
n_estimators	Größe des Ensembles/Anzahl der Bäume	int/optional, Standard: *100*
max_features	Anzahl der Features pro Baum	int/optional, Standard: berechnet aus Anzahl der Spalten der Eingabedaten
max_depth	Maximale Tiefe eines Baums	int/optional, Standard: *56*; *-1* bedeutet unlimitiert
categorical_variable	Kategoriale Spalten	Liste von Spalten/optional
strata	Legt den Anteil der Klassen der Zielvariablen beim Training fest	Liste mit Paaren aus Klasse und Anteil/optional
sample_fraction	Anteil der Eingabedaten, die pro Baum zum Trainieren verwendet werden	float, zwischen *0* und *1*, Standard: *1* (gesamte Eingabedaten verwenden)

Tabelle 4.3: Parameter zur Konfiguration des Random Forest

Betrachten wir die Auswirkung der Parameter im Hinblick auf die im Hinweiskasten »Random Forests und Entscheidungsbäume« beschriebene Trainingsstrategie: Die Größe des Ensembles wird durch den Parameter `n_estimators` festgelegt. Für das Trainieren jedes einzelnen Entscheidungsbaums wird eine durch den Parameter `max_features` bestimmte Anzahl an Eingabevariablen zufällig aus den Spalten der Grunddatenmenge ausgewählt. Ohne Angabe dieses Parameters wird die Anzahl der Eingabevariablen basierend auf der Anzahl *n* der Spalten der Grunddatenmenge berechnet (z. B. *Wurzel(n)* bei der Klassifikation). Auch die für das Training verwendeten Datensätze werden pro Baum separat und zufällig aus der Grunddatenmenge gebildet. Der Parameter `sample_fraction` steuert den für die Trainingsdaten selektierten Prozentanteil der Grunddatenmenge.

Die Tiefe der einzelnen Entscheidungsbäume limitieren Sie durch den Parameter `max_depth`, der hier die gleiche Bedeutung wie beim Training eines einzelnen Entscheidungsbaums hat, siehe Erläuterungen zur Steuerung der Modellkomplexität in Abschnitt 2.1.1.

Mit dem Parameter `strata` können Sie den Anteil der einzelnen Klassen der Zielvariablen in den Trainingsdaten gezielt steuern. Die Angabe erfolgt in Form einer Liste aus Paaren in der Form *(Klasse, Anteil)*. Die Trainingsdaten für die einzelnen Entscheidungsbäume werden dann so aufgebaut, dass der Anteil der jeweiligen Klasse dem festgelegten Wert entspricht, unabhängig von dem Anteil dieser Klasse in den ursprünglichen Grunddaten. Dies ist besonders bei Klassifikationsproblemen mit unausgewogener Klassenverteilung hilfreich.

☛ Unausgewogene Klassenverteilung ausgleichen mit strata

Sie können den Parameter `strata` einsetzen, um eine gleichmäßige Klassenverteilung der Zielvariablen zu erreichen, unabhängig von der Verteilung in der Grundmenge. In unserer Beispieldatenmenge CHURN sind die Klassen *0* mit *80 %* und *1* mit *20 %* ungleichmäßig verteilt. Durch Angabe des Parameters `strata` mit dem Wert *[(0, 0.5), (1, 0.5)]* werden beim Trainieren Teilmengen in der Weise aus der Trainingsdatenmenge gebildet, dass die Verteilung der Klassen ausgeglichen ist, sie also beide einen Anteil von *50 %* haben. Mit einer ausgewogenen Klassenverteilung lässt sich die Leistung des Modells oft verbessern.

Die Parameter der Methode fit sind etwas überschaubarer:

- `data`: Angabe der Trainingsdaten in Form eines HANA Dataframes.
- `key`: (optional) Angabe der Schlüsselspalte. Diese Spalte wird beim Training nicht als Eingabevariable verwendet – also ignoriert.
- `label`: (optional) Die Spalte, die die Klassenzuordnung enthält, also die Zielvariable. Fehlt diese Angabe, wird die letzte Spalte des Dataframes verwendet.

- features: (optional) Liste der zum Training verwendeten Eingabevariablen. Ohne Angabe dieser Liste werden alle Spalten berücksichtigt, die nicht die Schlüsselspalte oder die Zielvariable sind.
- categorical_variables: (optional) Angabe der kategorialen Variablen mit der gleichen Bedeutung wie bei der Konstruktormethode RDTClassifier des Random Forest. Sie können diesen Parameter entweder bei der Methode fit oder bei der Konstruktormethode angeben, eine doppelte Angabe ist nicht notwendig.

Nachdem die Methode fit erfolgreich ausgeführt wurde, ist das Instanzattribut model_ des Objekts rfc mit dem trainierten Modell gefüllt. Nun können Sie mit der Methode predict das Modell auf Daten aus der Testmenge g_df_test anwenden, um für jeden Satz die Zielvariable EXITED vorherzusagen. Die Methode predict erwartet als Input folgende Parameter:

- data: Dataframe mit den Eingabedaten für die Prognosebildung
- key: Angabe der Schlüsselspalte
- features: (optional) Liste von Spalten, die als Eingabevariablen verwendet werden sollen – wenn nicht befüllt, werden alle Spalten außer der Spalte key verwendet

Den Beispielaufruf sehen Sie in Listing 4.30: Als Eingabe für die Methode predict benutze ich den Dataframe g_df_test. Das Eingabeargument features wird mit der Liste l_features versorgt, welche exakt dieselben Spalten enthalten muss, die auch für die Methode fit verwendet wurden. Als Ergebnis erhalten Sie eine Tabelle, die in der Spalte SCORE die vorhergesagte Klassenzuordnung pro Kunde (Spalte CUSTOMERID) ausweist, siehe Abbildung 4.20.

```
l_features = ['CREDITSCORE','GEOGRAPHY','GENDER','AGE',
    'TENURE','BALANCE','NUMOFPRODUCTS',
    'HASCRCARD','ISACTIVEMEMBER','ESTIMATEDSALARY']

g_df_predict_test = rfc.predict(data = g_df_test,
    key = 'CUSTOMERID',
```

```
    features = l_features)

g_df_predict_test.collect()
```

Listing 4.30: Predict auf Testmenge anwenden

	CUSTOMERID	SCORE	CONFIDENCE
0	15647311	1	0.6
1	15701354	1	0.5
2	15574012	0	1.0
3	15737173	0	1.0
4	15632264	0	0.7
...	...	...	...
3995	15692664	0	0.8
3996	15672754	0	0.8
3997	15589329	0	1.0
3998	15798964	0	1.0
3999	15719294	0	0.9

Abbildung 4.20: Ergebnis der Methode »Predict«

Eine erste Einschätzung zur Eignung des Modells erlaubt die Methode `score` der Klasse `RDTClassifier`, die die Korrektklassifikationsrate für die Testmenge berechnet. Sie lässt sich analog zur Methode `predict` verwenden, siehe Listing 4.31.

```
rfc.score(data = g_df_test,
    key = 'CUSTOMERID',
    features = l_features)
```

Listing 4.31: Korrektklassifikationsrate berechnen

! Korrektklassifikationsrate bei unausgewogener Klassenverteilung

Bei Klassifikationsproblemen für Daten, bei denen sich die Anteile der einzelnen Klassen in der Grundgesamtheit deutlich unterscheiden, z. B. 80 % »Kündigung« und 20 % »keine Kündigung«, hat die Korrektklassifikationsrate nur eine geringe Aussagekraft und kann sogar dazu verleiten, ein ungeeignetes Modell für gut zu bewerten. Bewertungsmethoden wie Recall, Precision oder die Konfusionsmatrix, mit denen Sie die einzelnen Klassen separat betrachten, erlauben genauere Beurteilungen der Leistung des Modells. Hilfreiche Tipps zum Umgang mit dieser Problematik finden Sie in den Referenzen [1], [12, S. 88] und [15].

Aufbauend auf den Prognosen aus Listing 4.30 können Sie eine genauere Bewertung des Modells durch Berechnen der Konfusionsmatrix erreichen. Dazu ist etwas Vorarbeit notwendig, die Sie gemäß Listing 4.32 leisten: Zunächst verknüpfen Sie die Dataframes `g_df_predict_test` und `g_df_test` entlang der Spalte CUSTOMERID. Die Spalte SCORE wird von der `predict`-Methode als `NVARCHAR` geliefert. Um sie mit der Spalte EXITED, die den Typ `INT` hat, vergleichen zu können, wird die Spalte SCORE durch einen Cast-Befehl nach `INT` konvertiert. Zusätzlich wird die Spalte SCORE in PREDICTED umbenannt, sodass sich aus dem Namen die Bedeutung der Spalte ergibt.

```
col_select = [('P.CUSTOMERID','CUSTOMERID'),
    ('P.SCORE','SCORE'),
    ('A.EXITED','EXITED')]

l_df_compare = g_df_predict_test.alias('P').join(
    other = g_df_test.alias('A'),
    condition = 'P.CUSTOMERID = A.CUSTOMERID',
    select = col_select)

l_df_compare = l_df_compare.cast('SCORE',
    'INT').rename_columns({'SCORE': 'PREDICTED'})

l_df_compare.head(20).collect()
```

Listing 4.32: Verknüpfen von Prognoseergebnis und Testmenge

Nach dieser Vorarbeit verwenden Sie die Funktion `confusion_matrix` aus dem Paket `hana_ml.algorithms.pal.metrics`. Diese berechnet die Konfusionsmatrix und verschiedene Gütekriterien. Da die Python-Methode intern die Datenbankprozedur `PAL_CONFUSION_MATRIX` aufruft, können Sie die Erläuterungen und Beschreibungen aus Abschnitt 2.1.2 auf das aktuelle Szenario übertragen. Den Befehl zur Berechnung der Konfusionsmatrix sehen Sie in Listing 4.33. Im Eingabeparameter `data` der Methode `confusion_matrix` übergeben Sie den im vorherigen Listing erstellten Dataframe `l_df_compare`, der pro Datensatz die tatsächliche Klasse (Spalte EXITED) sowie die vom Modell vorhergesagte Klasse (Spalte PREDICTED) enthält. Im Parameter `label_true` wird die Spalte angegeben, die den tatsächlichen Wert der Zielvariablen enthält, wohingegen im Parameter `label_pred` die Spalte mit der Prognose angezeigt wird. Durch Aufruf der Methode `collect` des HANA Dataframes `df_confusion_matrix` erfolgt die Ausgabe der Konfusionsmatrix, siehe Abbildung 4.21.

```
from hana_ml.algorithms.pal.metrics import confusion_matrix

(df_confusion_matrix, df_class_report) = confusion_matrix(
    data = l_df_compare,
    key = 'CUSTOMERID',
    label_true = 'EXITED',
    label_pred = 'PREDICTED')

df_confusion_matrix.collect()
```

Listing 4.33: Berechnung der Konfusionsmatrix und Erfolgskennzahlen

	EXITED	PREDICTED	COUNT
0	1	1	529
1	1	0	286
2	0	1	521
3	0	0	2664

Abbildung 4.21: Konfusionsmatrix für die Testmenge

Rufen Sie hingegen die Methode `collect` des Dataframes `df_class_report` aus Listing 4.33 auf, erhalten Sie diverse Gütekriterien wie Recall, Precision oder den F1-Score (Spalte F_MEASURE), siehe Abbildung 4.22.

	CLASS	RECALL	PRECISION	F_MEASURE	SUPPORT
0	0	0.836421	0.903051	0.868460	3185
1	1	0.649080	0.503810	0.567292	815

Abbildung 4.22: Gütekriterien, ermittelt mit der Testmenge

Experimente mit Entscheidungsbäumen

Führen Sie verschiedene Trainingsprozesse durch, indem Sie die Parameterwerte des Modelltyps »Random Forest« aus Tabelle 4.3 abwandeln. Experimentieren Sie auch mit unterschiedlichen Aufteilungen der Grunddatenmenge in Trainings- und Testdaten und probieren Sie die anderen Algorithmen aus Tabelle 4.2 aus. Vergleichen Sie die Prognosestärke mithilfe der Konfusionsmatrix und der daraus abgeleiteten Gütekriterien wie Recall, Precision etc.

Allgemeines Format der Konfusionsmatrix

Die in Abbildung 4.21 gezeigte Tabelle ist streng genommen nicht die Konfusionsmatrix selbst, sondern nur deren Datengrundlage. In unserem Beispiel hat die tatsächliche Konfusionsmatrix zwei Zeilen (eine für jede *tatsächliche Klasse 0* oder *1*) und zwei Spalten (wiederum eine für jede *vorhergesagte Klasse 0* oder *1*). Sie können die Methode `pivot_table` des Dataframes `df_confusion_matrix` aus Listing 4.33 aufrufen, um die Tabelle in eine echte Matrix zu konvertieren, siehe Listing 4.34.

```
df_confusion_matrix.pivot_table(index = 'EXITED',
    columns = 'PREDICTED',
    values = 'COUNT').collect()
```

Listing 4.34: Pivot-Funktion für die Konfusionsmatrix

Zusammenfassend zeige ich in Tabelle 4.4 eine Übersicht aller verwendeten sowie weiterer hilfreicher Methoden der Klasse `RDTClassifier`. Die anderen Klassen aus dem Unterpaket `trees` verfügen über die gleichen oder entsprechende Methoden und lassen sich analog einsetzen.

Methode	Beschreibung	Phase
RDTClassifier	Konstruktor	Initialisierung
fit	Modell mit Eingabedaten trainieren	Trainingsphase
predict	Prognosen für neue Daten erstellen	Testphase/Anwendung
score	Korrektklassifikationsrate mit Testdaten berechnen	Testphase
load_model	Ein in der Datenbank gespeichertes Modell laden	Anwendung

Tabelle 4.4: Methoden von RDTClassifier

Eine weitere hilfreiche Information ist, welche Wichtigkeit (Relevanz) das trainierte Modell den einzelnen Eingabevariablen beimisst. Dies können Sie nach dem Training dem Instanzattribut `feature_importances_` des Objekts `rfc` (Klasse `RandomForectClassifier`) entnehmen. Listing 4.35 zeigt ein Beispiel zur Ermittlung der Relevanz, und Listing 4.36 führt Sie zu deren Visualisierung als Balkendiagramm (siehe Abbildung 4.23).

```
df_feature_importance = rfc.feature_importances_.sort(
   'IMPORTANCE', desc = True)

df_feature_importance.collect()
```

Listing 4.35: Relevanz der Variablen für die Prognose ausgeben

```
from hana_ml.visualizers.eda import EDAVisualizer
import matplotlib.pyplot as plt

fig_barplot = plt.figure(figsize = (18,6))
ax1 = fig_barplot.add_subplot(121)
eda = EDAVisualizer(ax1)

ax1, bar_data = eda.bar_plot(
    data = df_feature_importance,
    column = 'VARIABLE_NAME',
    aggregation = {'IMPORTANCE':'avg'})
```

Listing 4.36: Plotten der Variablenwichtigkeit

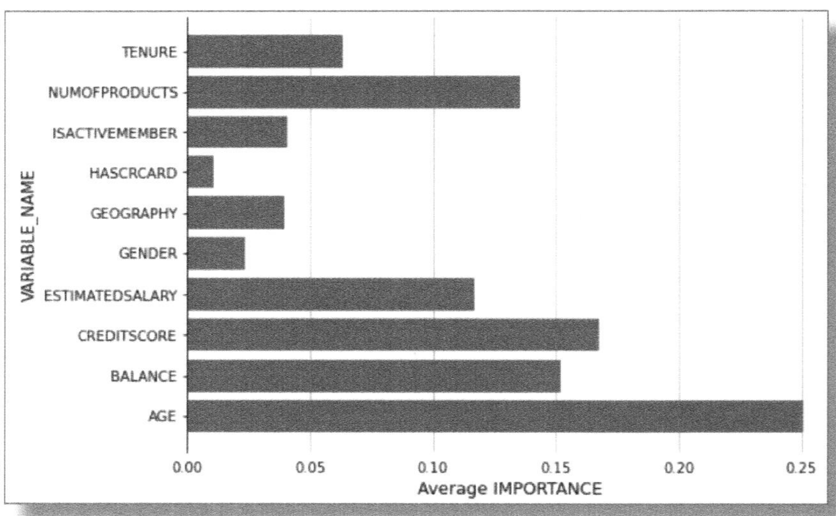

Abbildung 4.23: Wichtigkeit der Variablen im Überblick

Die PAL bietet viele weitere Klassifikations- und Regressionsalgorithmen. Das Vorgehen aus Training, Anwendung und Bewertung des Modells sowie der Aufruf der entsprechenden Methoden sind analog zu dem gerade dargestellten Weg für die Random Forests. Als Beispiel zeige ich im Weiteren, wie Sie (künstliche) neuronale Netze mit der Python-API der PAL trainieren können.

Neuronale Netze trainieren

Neuronale Netze bilden mächtige und flexible Modelle, die in vielen Bereichen Anwendung finden, etwa in der Bildverarbeitung. Sie zeichnen sich durch die Fähigkeit aus, in den Daten auch komplexe Muster zu erkennen. Es gibt im Machine Learning verschiedene Arten von neuronalen Netzen, die sich hinsichtlich der Struktur und des Trainingsalgorithmus unterscheiden. Die PAL unterstützt neuronale Netze vom Typ *Multilayer Perceptron* (mehrschichtiges Perzeptron), dem klassischen und am häufigsten verwendeten Typ.

Das Vorgehen zum Training und Bewerten eines neuronalen Netzes gliedert sich – analog zu den Random Forests – in die folgenden Schritte:

1. Aufteilen der Grunddaten in eine Trainings- und eine Testmenge
2. Trainieren des neuronalen Netzes
3. Klassifizieren der Sätze in der Testmenge sowie Berechnen der Konfusionsmatrix und Gütekriterien für das neuronale Netz

Diesmal müssen wir ein besonderes Augenmerk auf die Bildung der Trainingsdaten legen. Neuronale Netze sind im Allgemeinen empfindlich gegenüber einer unausgewogenen Klassenverteilung der Zielvariablen in den Trainingsdaten, wie sie in der Tabelle CHURN vorliegt. Die Trainingsdaten werden daher so gebildet, dass die Anteile der beiden Klassen (Kündigung/keine Kündigung) nicht 80 % und 20 % wie in der Originaldatenmenge, sondern jeweils 50 % der Sätze ausmachen.

Führen Sie zunächst Listing 4.27 (siehe Anfang Abschnitt 4.3.1) aus, um den Dataframe `g_df_churn` mit den Grunddaten zu erhalten. In Listing 4.37 sehen Sie den Code für die Erstellung einer Trainingsmenge mit ausgewogenem Klassenverhältnis. Falls Ihnen das zu komplex ist, können Sie für den Anfang auch das Vorgehen für die Entscheidungsbäume aus Listing 4.28 übernehmen.

```
l_df_train_0 = g_df_churn.filter("EXITED = 0").head(1000)
l_df_train_1 = g_df_churn.filter("EXITED = 1").head(1000)
```

```
l_df_id_train = l_df_train_0.union(
    l_df_train_1).select([('CUSTOMERID','ID')])

l_df_id_train_mark = l_df_id_train.select(
    '*',('1','MARKER_TRAIN'))

# Left outer JOIN auf Grundgesamtheit
l_df_id_split = g_df_churn.alias("T").join(
    other = l_df_id_train_mark.alias('A'),
    condition = 'T.CUSTOMERID = A.ID',
    how = 'outer')

# Berechnete Spalte mit coalesce (MARKER_TRAIN, 0)
# => nur 1 bei Kunden in Trainingsmenge
l_df_churn_split = l_df_id_split.select('*',
    ('COALESCE(MARKER_TRAIN,0)','TRAIN_SET')
    )

g_df_train_nn = l_df_churn_split.filter(
    "TRAIN_SET = 1")

g_df_test_nn = l_df_churn_split.filter(
    "TRAIN_SET = 0")

# Zählen Kündiger in Training und Test
g_df_train_nn.agg([('count','EXITED','COUNT')],
    group_by = ['EXITED']).collect()
```

Listing 4.37: Trainingsmenge mit ausgewogener Klassenverteilung erstellen

Die Klassen für die neuronalen Netze finden Sie im Paket `hana_ml.algorithms.pal.neural_network`. Es gibt zwei Klassen, die Sie je nach Einsatzzweck verwenden können:

- `MLPClassifier` (Multi Layer Perceptron Classifier): Klassifikation mit neuronalem Netz für eine **kategoriale** Zielvariable
- `MLPRegressor` (Multi Layer Perceptron Regressor): Regressionsmodell mit neuronalem Netz für eine (numerische) **kontinuierliche** Zielvariable

Verwenden Sie für das Szenario der Kündigungsanalyse die Klassifikation, da die Zielvariable eine kategoriale Variable ist. Zunächst initialisieren Sie eine Instanz der Klasse `MLPClassifier` und rufen dann die Methode fit zum Trainieren auf, siehe Listing 4.38.

```
from hana_ml.algorithms.pal.neural_network import *

mlp_c = MLPClassifier(hidden_layer_size = (30,15,10,5),
    activation = 'sigmoid_symmetric',
    output_activation = 'sigmoid_symmetric',
    training_style = 'batch',
    max_iter = 1000,
    normalization = 'z-transform',
    weight_init ='normal',
    thread_ratio = 0.3,
    categorical_variable = ['EXITED',
        'HASCRCARD',
        'ISACTIVEMEMBER']
    )

l_features = ['CREDITSCORE','GEOGRAPHY','GENDER','AGE',
    'TENURE','BALANCE','NUMOFPRODUCTS',
    'HASCRCARD','ISACTIVEMEMBER','ESTIMATEDSALARY']

mlp_c.fit(data = g_df_train_nn,
    key = 'CUSTOMERID',
    features = l_features,
    label = 'EXITED')
```

Listing 4.38: Das neuronale Netz trainieren

Die Struktur des zu trainierenden Netzes lässt sich durch verschiedene Hyperparameter konfigurieren. Diese können Sie vor dem Trainingsprozess bei der Konstruktor-Methode als Eingabeparameter mitgeben. Eine Auswahl der möglichen Hyperparameter ist in Tabelle 4.5 aufgeführt. Einige dieser Hyperparameter lassen sich auch während des Trainingsprozesses automatisiert optimieren, darauf gehe ich weiter unten ein.

Parameter	Beschreibung	Beispielwerte
hidden_layer_size	Netztopologie: Anzahl der Schichten und Neurone pro Schicht	*(30,15,10,5)*
activation	Aktivierungsfunktion	*sigmoid_symmetric* *tanh* *linear* *relu* etc.
output_activation	Aktivierungsfunktion für Ausgabeschicht	Gleiche Optionen wie beim Parameter activation
training_style	Trainingsstil: Steuert die Optimierungsstrategie pro Durchlauf	*Batch* oder *Stochastic* (Standard)
max_iter	Maximale Anzahl an Trainingsdurchläufen	*1000*/Standard: *100*
normalization	Normalisierung der Daten	*No* (Standard) *z-transform* *scalar*
weight_init	Initialisierung der Gewichte	*all-zeros* (Standard), *normal*, *uniform* etc.
categorical_variable	Kategoriale Spalten	Liste von Spalten

Tabelle 4.5: Parameter des neuronalen Netzes

Nachdem das Modell erfolgreich trainiert wurde, können Sie die Methode `predict` der Instanz `mlp_c` aufrufen und Prognosen für die Testmenge `g_df_test_nn` erstellen, siehe Listing 4.39.

```
g_df_mlp_prediction, test_stat = mlp_c.predict(
    data = g_df_test_nn,
    key = 'CUSTOMERID',
    features = l_features
    )

g_df_mlp_prediction.collect()
```

Listing 4.39: Anwenden des neuronalen Netzes auf die Testdaten

In der Spalte TARGET (Abbildung 4.24) des Dataframes `g_df_mlp_prediction` steht für jeden Kunden (repräsentiert durch CUSTOMERID) die Prognose des neuronalen Netzes, ob dieser Kunde kündigen wird (Klasse *1*) oder nicht (Klasse *0*). Die Spalte TARGET hat hier also die gleiche Bedeutung wie die Spalte SCORE bei den Random Forests.

	CUSTOMERID	TARGET	VALUE
0	15732199	0	0.731633
1	15749050	1	0.652326
2	15781586	0	0.729675
3	15617078	1	0.586304
4	15723339	1	0.688212
...	...	...	...
7995	15606229	0	0.722322

Abbildung 4.24: Prognose des neuronalen Netzes

Analog zu einem Random Forest können Sie die Güte des Modells durch Berechnen der Konfusionsmatrix und der Erfolgskennzahlen wie Recall, Precision oder F-Maß bewerten. Dazu muss zunächst wieder ein Dataframe erstellt werden, der pro Kunde die prognostizierte Klasse (TARGET aus `g_df_mlp_prediction`) und die tatsächliche Klasse (EXITED aus der Grundmenge CHURN) enthält, siehe Listing 4.40. Beachten Sie, dass ich die Spalte TARGET in PREDICTED umbenenne, um den Code für die Konfusionsmatrix (aus Listing 4.33) ohne Anpassung verwenden zu können.

```
# Verknüpfen von Prognoseergebnis und Testmenge
col_select = [('P.CUSTOMERID','CUSTOMERID'),
    ('P.TARGET','TARGET'),
    ('A.EXITED','EXITED')]

l_df_compare_mlp = g_df_mlp_prediction.alias('P').join(
    other = g_df_test_nn.alias('A'),
```

```
    condition = 'P.CUSTOMERID = A.CUSTOMERID',
    select = col_select)

l_df_compare_mlp = l_df_compare_mlp.cast('TARGET', 'INT')
l_df_compare_mlp = l_df_compare_mlp.rename_columns(
    {'TARGET': 'PREDICTED'})

# Berechnung der Konfusionsmatrix und Erfolgskennzahlen
from hana_ml.algorithms.pal.metrics import confusion_matrix

(df_conf_matrix_nn, df_class_rep_nn) = confusion_matrix(
    data = l_df_compare_mlp,
    key = 'CUSTOMERID',
    label_true = 'EXITED',
    label_pred = 'PREDICTED')

df_conf_matrix_nn.collect()
```

Listing 4.40: Konfusionsmatrix für das neuronale Netz

Die berechnete Konfusionsmatrix sehen Sie in Abbildung 4.25, die Erfolgskennzahlen in Abbildung 4.26.

	EXITED	PREDICTED	COUNT
0	1	1	753
1	1	0	284
2	0	1	2030
3	0	0	4933

Abbildung 4.25: Konfusionsmatrix des neuronalen Netzes

	CLASS	RECALL	PRECISION	F_MEASURE	SUPPORT
0	0	0.708459	0.945563	0.810016	6963
1	1	0.726133	0.270571	0.394241	1037

Abbildung 4.26: Recall und Precision für das neuronale Netz

Neuronale Netze sind ein mächtiges Tool, für das es aber diverse Punkte und Fallstricke zu beachten gilt. So werden Eingabevariablen, die nicht numerisch sind, allesamt intern in eine numerische Darstellung umgewandelt. Die numerischen Eingabedaten sollten (spaltenübergreifend) auf einer Skala liegen. Dies wird durch eine Normalisierung gewährleistet, die Sie durch den Hyperparameter *Normalization* steuern können.

Neuronale Netze sind zudem empfindlich gegenüber Datenausreißern. Diese sollten durch entsprechende Voranalysen der Daten identifiziert und ggf. behandelt werden. Die Untersuchungstechniken aus Abschnitt 4.1 und 4.2 können hier helfen.

Des Weiteren spielen Zufallseffekte beim Trainingsprozess eine gewisse Rolle, weshalb bei mehreren Trainingsdurchläufen unterschiedliche neuronale Netze entstehen und sich insbesondere die Prognoseleistungen unterscheiden können. So erfolgt etwa die Initialisierung der Übertragungsgewichte zwischen den einzelnen Neuronen per Zufall, gesteuert durch den Parameter `weight_init`.

Neuronale Netze bieten viele Stellschrauben, die maßgeblich das Ergebnis beeinflussen:

- Die Netztopologie, d. h. die Anzahl der Schichten sowie der Neurone pro Schicht. Diese wird jeweils über den Hyperparameter `hidden_layer_size` gesteuert. Der Parameterwert *(10,5,2)* erzeugt beispielsweise ein neuronales Netz aus drei versteckten Schichten mit *10* Neuronen in der ersten, *5* in der zweiten und *2* in der dritten Schicht.
- Die Aktivierungsfunktion der Neurone, gesteuert durch die Hyperparameter `activation` und `output_activation`.
- Der Trainingsmodus (Hyperparameter `training_style`) und die Anpassung der Gewichte pro Iteration, gesteuert durch die Hyperparameter `learning_rate` und `momentum`. Letztere sind nur relevant beim Trainingsmodus `stochastic`; dann ist die Angabe auch verpflichtend.

Neuronale Netze trainieren

Wiederholen Sie den dargestellten Prozess aus Training und Evaluierung des neuronalen Netzes mit veränderten Parameterwerten: Testen Sie insbesondere die Auswirkung der folgenden Hyperparameter:

- `hidden_layer_size`
- `output_activation/activation`
- `normalization`
- `weight_init`
- `max_iter`

Wie ändern sich die Gütekriterien und die Konfusionsmatrix des Modells für die Testdaten, wenn Sie eine Trainingsdatenmenge mit unausgeglichener Klassenverteilung wie in Listing 4.28 bei den Random Forests verwenden?

Sie müssen die verschiedenen Hyperparameter nicht einzeln per Hand durchprobieren, sondern können die Optimierung automatisiert ausführen lassen. Hierzu übergeben Sie der Klasse `MLPClassifier` bei der Instanziierung statt fester Werte für die Hyperparameter Bereiche oder eine Liste möglicher Werte. Intern werden dann mehrere Trainingsdurchläufe mit verschiedenen Wertekombinationen der Hyperparameter durchgeführt und die Leistung der einzelnen Modelle verglichen. Tabelle 4.6 zeigt eine Auswahl der optimierbaren Hyperparameter. Anstelle des ursprünglichen Hyperparameters geben Sie den entsprechenden Parameter mit dem Suffix »_options« an, bei dem Sie eine Liste der möglichen Werte (siehe die dritte Spalte) angeben können.

Parameter (fest)	Eingabeparameter bei Optimierung	Beispiel für optimierbare Parameterwerte
hidden_layer_size	hidden_layer_size_options	*[(30,20,10), (10,10,5,5), (10,5)]*
activation, output_activation	activation_options, output_activation_options	*['tanh', 'sigmoid_symmetric']*
learning_rate, momentum, batch_size	param_values	*[('learning_rate', [0.001, 0.005, 0.01]), ('momentum', [0.2, 0.6])]*

Tabelle 4.6: Angabe der optimierbaren Hyperparameter

Listing 4.41 zeigt das Training eines neuronalen Netzes mit automatischer Optimierung der Netztopologie. Statt einer festen Vorgabe für den Hyperparameter `hidden_layer_size` werden nun im Parameter `hidden_layer_size_options` mehrere Varianten angegeben. Sie müssen ferner folgende Parameter bei der Initialisierung nennen, um die Parameteroptimierung zu aktivieren:

- `resampling_method`
- `fold_num`
- `evaluation_metric`
- `search_strategy`

Die Parameter `resampling_method` und `fold_num` beeinflussen, wie die Untermengen für das eigentliche Training (Trainingsuntermenge) und für die Modellbewertung (Validierungsmenge) aus den Eingabedaten gebildet werden. Mit dem Parameter `evaluation_metric` wählen Sie die Bewertungsmetrik aus, mit der die Güte des Modells auf Basis der Validierungsmenge berechnet wird. Der Parameter `search_strategy` legt die Suchstrategie für die Selektion der Parameterwerte in einem vorgegebenen Bereich fest.

```
from hana_ml.algorithms.pal.neural_network import *

# Mögliche Werte für Netztopologie
hidden_layer_opt = [(30,20,10,5),(10,10,5,5),
    (30,20,10),(10,5)]


mlp_c_opt = MLPClassifier(
    # hidden_layer_size = (10,10,5,5),
    hidden_layer_size_options = hidden_layer_opt,
    activation = 'sigmoid_symmetric',
    output_activation = 'sigmoid_symmetric',
    training_style = 'batch',
    max_iter = 1000,
    normalization = 'z-transform',
    weight_init = 'normal',
    thread_ratio = 0.3,
    categorical_variable = ['EXITED',
        'HASCRCARD',
        'ISACTIVEMEMBER'],
    resampling_method = 'cv',
    fold_num = 4,
    evaluation_metric = 'f1_score',
    search_strategy = 'grid',
    progress_indicator_id = 'TEST'
    )

l_features = ['CREDITSCORE','GEOGRAPHY','GENDER','AGE',
    'TENURE','BALANCE','NUMOFPRODUCTS',
    'HASCRCARD','ISACTIVEMEMBER','ESTIMATEDSALARY']

mlp_c_opt.fit(data = g_df_train_nn,
    key = 'CUSTOMERID',
    features = l_features,
    label = 'EXITED')
```

Listing 4.41: Training mit Optimierung der Hyperparameter

Nach dem erfolgreichen Training können Sie mit folgendem Befehl die beste Wahl der Hyperparameter ermitteln:

```
mlp_c_opt.optim_param_.collect()
```

Sie erhalten eine Tabelle wie in Abbildung 4.27, in der Sie pro optimiertem Hyperparameter die Selektion mit dem besten Ergebnis sehen.

	PARAM_NAME	INT_VALUE	DOUBLE_VALUE	STRING_VALUE
0	HIDDEN_LAYER_SIZE	None	None	10, 5

Abbildung 4.27: Bester Wert für den Hyperparameter

Die Instanz `mlp_c_opt` enthält nun das fertige Modell, das mit den ermittelten optimalen Werten der Hyperparameter trainiert wurde. Sie können jetzt die Schritte aus Listing 4.39 und Listing 4.40 wiederholen, um auch für dieses Modell die Konfusionsmatrix auf Basis der Testmenge zu ermitteln und somit das Modell zu bewerten.

☛ Quellcode zu den neuronalen Netzen

Den gesamten Quellcode dieses Abschnittes finden Sie in dem Skript *Ch_4_3_1_PAL_RandomFor_NN.py* (siehe Anhang B).

4.3.2 Clusteranalysen

Eine Clusteranalyse von Kundendaten ermöglicht es, Kundengruppen zu identifizieren, die sich in Bezug auf ihre Eigenschaften oder ihr Verhalten, z. B. Einkommen, Alter oder ihre Ausgabefreudigkeit beim Einkaufen, ähneln.

Nachdem Sie in den vorherigen Abschnitten die PAL-Funktionen für Klassifikationsanalysen in Python kennengelernt haben, zeige ich Ihnen nun Beispiele für das Clustern von Daten. Die Python-API bietet auch für die Verwendung der Clustering-Algorithmen der HANA-

Datenbank Funktionen an, die Sie im Paket `hana_ml.algorithms.pal.clustering` finden. Tabelle 4.7 zeigt eine Auswahl der angebotenen Clustering-Algorithmen mit zugehörigem Klassennamen.

Algorithmus	Klassenname
Affinity Propagation	`AffinityPropagation`
Agglomerate Hierarchical Clustering	`AgglomerateHierarchicalClustering`
Density Based Spatial Clustering	`DBScan`
Geometry version of DBScan	`GeometryDBScan`
K-Means, K-Median, K-Medoids	`KMeans`, `KMedians`, `KMedoids`

Tabelle 4.7: Clustering-Verfahren der PAL

Zusätzlich enthält das Paket die Methode `SlightSilhouette`, die selbst kein Clustering von Daten ausführt, sondern eine vorgegebene Segmentierung validiert. Diese Methode kann also verwendet werden, um die Güte einer Cluster-Zuordnung, die z. B. von den genannten Verfahren ermittelt wurde, zu bewerten.

Ich zeige beispielhaft die Verwendung der Klassen `DBScan` und `KMeans`. Zur Abwechslung veranschauliche ich das Vorgehen nicht anhand der Kündigungsanalyse mit der Tabelle CHURN wie in den vorherigen Abschnitten, sondern mit der Beispieldatenmenge in der Tabelle MALL_CUSTOMERS, die Sie in Abschnitt 1.3 erstellt und befüllt haben.

Diese Tabelle enthält fiktive Daten über Kunden eines Einkaufszentrums. Die Kunden werden durch die folgenden Attribute beschrieben:

- GENDER: Geschlecht
- AGE: Alter
- INCOME: Einkommen
- SPENDINGSCORE: Ausgabefreudigkeit in dem Einkaufszentrum

Diese Daten erlauben, das Einkaufsverhalten verschiedener Kunden zu analysieren. Eine Clusteranalyse kann beispielsweise dabei helfen, relevante Kundengruppen zu identifizieren, die man durch Sonderaktionen gezielt ansprechen kann.

Zunächst stellen Sie eine Verbindung zur HANA-Datenbank her und erzeugen einen Dataframe, der auf die Tabelle MALL_CUSTOMERS zeigt, siehe Listing 4.42.

```
from hana_ml import dataframe

conn = dataframe.ConnectionContext( KEY = 'DEV' )

g_df_mall_cust = conn.table(table = 'MALL_CUSTOMERS',
    schema = 'ML_DATA')
```

Listing 4.42: MALL_CUSTOMERS selektieren

Um vor dem Clustering einen ersten Eindruck von möglichen Mustern in den Daten zu gewinnen, können Sie diese mit den Methoden aus Abschnitt 4.2 visualisieren. Mit Listing 4.43 tragen Sie z. B. die numerischen Variablen AGE und SPENDINGSCORE in einem Streudiagramm gegeneinander auf.

```
from hana_ml.visualizers.eda import EDAVisualizer
import matplotlib.pyplot as plt

fig_scatter = plt.figure(figsize=(18,6))

ax1 = fig_scatter.add_subplot(121)
eda = EDAVisualizer(ax1)

ax1, scatter_data = eda.scatter_plot(
    data = g_df_mall_cust,
    x = 'AGE',
    y = 'SPENDINGSCORE',
    x_bins = 10,
    y_bins = 10,
    debrief = True,
    cmap = 'Blues')
```

Listing 4.43: Streudiagramm AGE vs. SPENDINGSCORE

Clustering mit DBScan

Für die Segmentierung verwenden wir die Klasse `DBSCAN`, die den Algorithmus »Density Based Spatial Clustering of Applications with Noise« implementiert. Das Verhalten des Clusterings lässt sich durch verschiedene Parameter konfigurieren, die beim Instanziieren der Klasse angegeben werden, siehe Tabelle 4.8.

Parameter	Beschreibung	Datentyp – Default- oder Beispielwerte
minpts	Minimale Anzahl an Punkten pro Cluster	int
eps	Scan-Radius	float
metric	Metrik zum Berechnen der Abstände	*euclidean* (Default), *manhattan, cosine,* etc.
categorical_variables	Kategoriale Spalten	Liste von Spaltennamen, Default: leer
category_weights	Gewichtungsfaktor der kategorialen Variablen	float, Standard: *0.707*

Tabelle 4.8: Konfigurationsparameter von DBScan

Der DBScan-Algorithmus arbeitet nach einem dichtebasierten Ansatz: Die Cluster bilden sich aus Punktwolken mit hoher Dichte, also aus Regionen, in denen sich viele Datensätze häufen. Regionen mit niedriger Dichte, in denen sich nur wenige Datensätze befinden, werden als »Rauschen« bewertet.

☛ DBSCAN kompakt erklärt

Jeder Datensatz wird als Punkt in einem höherdimensionalen Vektorraum verstanden, für den die Koordinaten aus den Spalten der Eingabemenge gebildet werden. Eine Datenmenge entspricht somit einer Menge von Punkten in einem abstrakten Raum. Der Abstand zwischen den Punkten wird mit der im Parameter `metric` vorgegebenen Metrik bzw. Distanzfunktion berechnet.

Der DBScan zählt pro Punkt die Anzahl benachbarter Punkte, deren Abstand zu diesem Punkt kleiner als der Scan-Radius `eps` ist.

Basierend auf dieser Anzahl werden die Punkte in drei Kategorien unterteilt:

- *Kernpunkt:* Die Anzahl der benachbarten Punkte ist größer oder gleich dem Mindestwert `minpts`.
- *Randpunkt:* Innerhalb des Scan-Radius befindet sich mindestens ein Kernpunkt, aber insgesamt sind dort weniger Punkte als der Mindestwert `minpts`.
- *Rauschpunkt:* Der Punkt ist weder Kernpunkt noch Randpunkt.

Die Cluster werden so aus den Kernpunkten gebildet, dass benachbarte Kernpunkte, deren Abstand kleiner als `eps` ist, dem **gleichen** Cluster zugeordnet werden. Jeder Randpunkt wird einem Cluster eines benachbarten Kernpunktes und Rauschpunkte werden keinem Cluster zugeordnet [12, S. 255ff.], [16], [17].

Die wesentlichen Stellschrauben sind die Parameter `minpts` und `eps`, da sie das Ergebnis des Clustering maßgeblich beeinflussen, siehe Hinweisbox »DBSCAN kompakt erklärt«. Sie können auch eine automatische Bestimmung dieser Parameter bewirken, indem Sie sie beim Instanziieren der Klasse `DBSCAN` nicht angeben. Sie sollten pro Anwendungsfall verschiedene Werte der beiden Parameter testen und bewerten, welche zum besten Ergebnis führen. Anders als beim K-Means-Algorithmus (aus Kapitel 2) wird die Clusterzahl somit nicht a priori festgelegt, sondern ergibt sich aus dem Clustering.

Den Einfluss der kategorialen Variablen können Sie mit den folgenden beiden Parametern bestimmen:

- `categorical_variables`: Liste der numerischen Variablen, die als kategoriale Variablen behandelt werden sollen
- `category_weights`: Gewichtungsfaktor der kategorialen Variablen; Variablen mit einem größeren Faktor haben einen stärkeren Einfluss auf das Clustering

Der eigentliche Clustering-Vorgang wird durch die Methode `fit_predict` der Klasse `DBSCAN` angestoßen. Diese Methode besitzt u. a. folgende Eingabeparameter:

- `data`: Dataframe, der die zu segmentierenden Daten enthält
- `key`: Spalte, die den Schlüssel jedes Datensatzes markiert
- `features` (optional): Liste der Spalten, die beim Clustering verwendet werden sollen; wenn nicht angegeben, werden alle Spalten außer der Schlüsselspalte verwendet

Die Methode bietet darüber hinaus optionale Parameter, mit denen Sie die Abstandsberechnung zwischen den Datensätzen weiter konfigurieren können. Beim ersten Ausprobieren können Sie diese Parameter ignorieren:

- `categorical_variable` (optional): Gleiche Bedeutung wie bei der Konstruktormethode der Klasse `DBSCAN`
- `string_variable` (optional): Liste von Textspalten, die nicht als kategoriale Variablen betrachtet werden sollen und für die die Abstandsberechnung mit der *Levenshtein*-Distanz durchgeführt wird
- `variable_weight` (optional): Angabe eines Python-Dictionary, in dem pro Variable der Gewichtungsfaktor bei der Abstandsberechnung genannt wird

Als Rückgabe hat die Methode `fit_predict` einen Dataframe, in dem für jeden Datensatz aus der Menge `data` die Zuw+eisung zu einem Cluster enthalten oder dieser als Ausreißer markiert ist. Die Initialisierung der Klasse `DBSCAN` und den Aufruf von `fit_predict` sehen Sie in Listing 4.44.

```
from hana_ml.algorithms.pal.clustering import DBSCAN

dbscan = DBSCAN(minpts = 5,
    eps = 10,
    metric = 'euclidean')

# Ergebnis des Clustering
g_df_cluster_assignment = dbscan.fit_predict(
```

```
    data = g_df_mall_cust,
    key = 'CUSTOMERID')

l_df_cluster_agg = g_df_cluster_assignment.agg([
    ('count','CUSTOMERID','COUNT_CUSTOMER')
    ],
    group_by = ['CLUSTER_ID'])
l_df_cluster_agg.sort(['CLUSTER_ID']).collect()
```

Listing 4.44: Aufruf von DBScan und Ausgabe der Cluster

Nach Durchführung des Clustering wird in Listing 4.44 zusätzlich der Dataframe `g_df_cluster_assignment` entlang der Spalte CLUSTER_ID aggregiert, um die Gesamtzahl der gebildeten Cluster und die Anzahl der Datensätze pro Cluster zu sehen. Das Ergebnis zeigt Abbildung 4.28: in der Spalte CLUSTER_ID die Cluster-Nummer und in der Spalte COUNT_CUSTOMER die Anzahl der Datensätze (Kunden) pro Cluster. Alle Datensätze, die keinem Cluster zugeordnet sind, erhalten die CLUSTER_ID *-1*.

	CLUSTER_ID	COUNT_CUSTOMER
0	-1	85
1	0	10
2	1	68
3	2	8
4	3	29

Abbildung 4.28: Anzahl der Sätze pro Cluster

Das Ergebnis des Clustering können Sie besser interpretieren, indem Sie die Clusterzuordnungen mit den Attributen der Eingabedaten verbinden und visualisieren. Dazu verknüpfe ich in Listing 4.45 entlang der Spalte *CUSTOMER_ID* den Dataframe `g_df_cluster_assignment` mit dem Dataframe `g_df_mall`, der sämtliche Attribute der Kunden enthält.

```
l_df_cluster_1 = g_df_cluster_assignment.rename_columns(
    {'CUSTOMERID' : 'CL_CUSTID'})

l_df_cust_w_cluster = g_df_mall_cust.alias('CUST').join(
    other = l_df_cluster_1.alias('CLST'),
    condition = 'CUSTOMERID = CL_CUSTID')

# Entferne überflüssige Spalte CL_CUSTID
g_df_cust_w_cluster =
l_df_cust_w_cluster.drop('CL_CUSTID')
g_df_cust_w_cluster.head(20).collect()
```

Listing 4.45: Join zwischen Cluster-Zuweisung und Kundendaten

Mit Listing 4.46 erstellen Sie ein Streudiagramm, das die Kunden gemäß den Attributen Alter und Ausgabefreudigkeit positioniert sowie nach Clusterzuordnung einfärbt, siehe Abbildung 4.29. Aus dem Diagramm können Sie ablesen, dass die Cluster *0* und *3* Kunden mit hoher Ausgabefreudigkeit enthalten und in Cluster *0* junge Kunden konzentriert sind. Die Cluster *1* und *2* hingegen befinden sich in Bereichen mit mittlerer Ausgabefreudigkeit, wobei Cluster *2* eher ältere Kunden enthält.

```
# Filtern auf Punkte in Cluster, dann umwandeln in Pandas
l_pd_frame = g_df_cust_w_cluster.filter(
    "CLUSTER_ID >= 0").collect()

l_pd_frame["CLUSTER_ID"] =
l_pd_frame["CLUSTER_ID"].astype('category')
l_pd_frame["CLUSTER_ID"] =
l_pd_frame["CLUSTER_ID"].cat.codes

# Scatter Plot
l_pd_frame.plot(kind = "scatter",
    x = "AGE",
    y = "SPENDINGSCORE",
    c = "CLUSTER_ID",
    cmap = 'tab20c')
```

Listing 4.46: Streudiagramm der Kunden nach Cluster

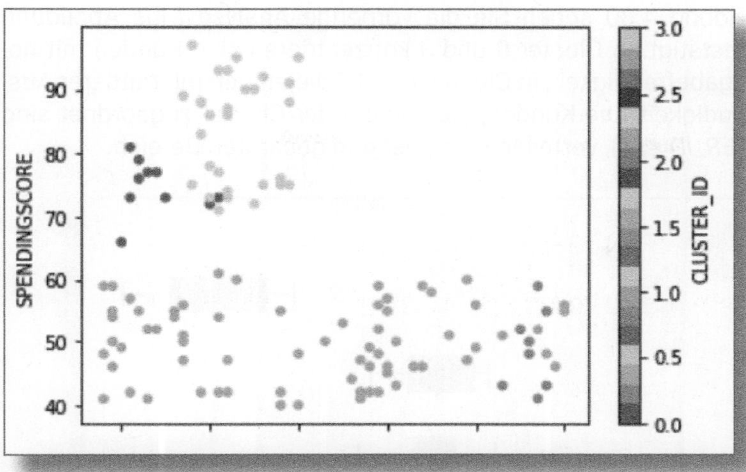

Abbildung 4.29: Visualisierung der Cluster als Streudiagramm

Mit einem Boxplot lässt sich sehr gut veranschaulichen, ob und wie sich die Verteilung einzelner (numerischer) Variablen in den Clustern unterscheidet. Listing 4.47 zeigt, wie Sie die Ausgabefreudigkeit (*SPENDINGSCORE*) gruppiert nach Cluster in einem Boxplot darstellen können.

```
f = plt.figure(figsize=(18,6))

ax1 = f.add_subplot(121)
eda = EDAVisualizer(ax1)

l_df_cust_2 = g_df_cust_w_cluster.cast('CLUSTER_ID',
    'NVARCHAR(2)')

ax, bar_data = eda.box_plot(data = l_df_cust_2,
    column = 'SPENDINGSCORE',
    groupby = 'CLUSTER_ID',
    outliers = True)
```

Listing 4.47: Boxplot für SPENDINGSCORE je Cluster

In Abbildung 4.30 sehen Sie die vorherige Analyse (aus Abbildung 4.29) bestätigt: In Cluster *0* und *3* konzentrieren sich Kunden mit hoher Ausgabefreudigkeit, in Cluster *1* und *2* diejenigen mit mittlerer Ausgabefreudigkeit. Die Kunden, die keinem der Cluster zugeordnet sind (*CLUSTER_ID = -1*), verteilen sich über den gesamten Bereich.

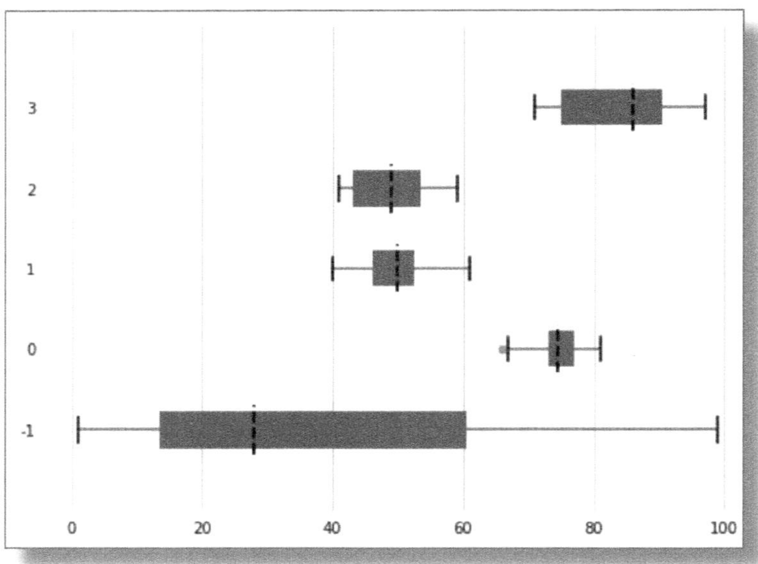

Abbildung 4.30: Boxplot der Ausgabefreudigkeit nach Cluster

Clustering-Verfahren und Parameter ausprobieren

Experimentieren Sie mit dem DBSCAN-Clustering, indem Sie die Parameter verändern, insbesondere `eps` und `minpts`. Analysieren Sie die gebildeten Cluster durch die vorher gezeigten Visualisierungstechniken. Probieren Sie bei der Visualisierung auch andere Kombinationen von Variablen, z. B. *INCOME* und *SPENDINGSCORE*. Testen Sie auch andere Clustering-Algorithmen, z. B. den K-Means-Algorithmus, siehe nächster Abschnitt.

Tabelle 4.9 fasst die verschiedenen Methoden der DBScan-Klasse zusammen.

Methode	Beschreibung	Phase
`DBScan`	Konstruktor	Training/Anwendung
`fit_predict`	Clustering durchführen und Punkte zu Clustern zuordnen	Training/Anwendung
`fit`	Wie `fit_predict`, aber ohne Rückgabe der Zuordnung	Training
`predict`	Neue Punkte zu bestehenden Clustern zuordnen	Training/Anwendung
`load_model`	Ein früher erstelltes Cluster-Modell laden, um es mit `predict` zu verwenden	Anwendung

Tabelle 4.9: Methoden der Klasse DBScan

Clustering mit K-Means

Das gezeigte Vorgehen können Sie auch bei den anderen in Tabelle 4.7 aufgeführten Clustering-Verfahren anwenden. Diese verfügen über entsprechende Methoden. Beispielsweise zeigt Listing 4.48 die Verwendung des *K-Means*-Clusterverfahrens. Beim K-Means-Algorithmus können Sie die Anzahl der gebildeten Cluster direkt beeinflussen: Durch Angabe des Parameters `n_clusters` geben Sie deren Anzahl fest vor, während Sie mit der Parameterkombination aus `n_clusters_min` und `n_clusters_max` einen Bereich für die Anzahl vorgeben und dem Algorithmus die Bestimmung der optimalen Clusterzahl innerhalb dieses Intervalls überlassen. Darüber hinaus lässt sich der Algorithmus durch die in Abschnitt 2.2 bereits erläuterten Parameter weiter konfigurieren.

```
from hana_ml.algorithms.pal.clustering import KMeans

kmeans = KMeans(n_clusters = 4,
    init = 'first_k',
    max_iter = 100,
    distance_level = 'Euclidean',
    category_weights = 0.5)
```

```
g_df_kmeans_assignment = kmeans.fit_predict(
    data = g_df_mall_cust,
    key = 'CUSTOMERID')

# Clusterzuweisung ausgeben
g_df_kmeans_assignment.collect()
```

Listing 4.48: Clustering mit K-Means

Wie Sie schon in Abschnitt 2.2 gesehen haben, berechnet der K-Means-Algorithmus zusätzlich Zentrumspunkte der Cluster, mit denen Sie die Lage der Cluster einschätzen können. Diese Zentrumspunkte können Sie mit dem Coding in Listing 4.49 ausgeben (siehe Abbildung 4.31).

```
kmeans.cluster_centers_.collect()
```

Listing 4.49: Zentrumspunkte der Cluster

	CLUSTER_ID	GENDER	AGE	INCOME	SPENDINGSCORE
0	0	Female	44.894737	48.705263	42.631579
1	1	Male	24.821429	28.714286	74.250000
2	2	Male	40.394737	87.000000	18.631579
3	3	Female	32.692308	86.538462	82.128205

Abbildung 4.31: Ausgabe der Zentren der Cluster bei K-Means

Die oben gezeigten Codebeispiele (Listing 4.45ff.) können Sie analog verwenden, um die Segmentierung mittels Streudiagramm und Boxplot zu visualisieren.

! Streudiagramm nach K-Means-Cluster

Eine Filterung auf `CLUSTER_ID >= 0` wie in Listing 4.46 ist nicht mehr notwendig, da K-Means jeden Datensatz zu einem Cluster zuweist und es somit keine Ausreißer, also Datensätze mit `CLUSTER_ID = -1`, gibt.

Bei Ausführung des Clustering-Algorithmus, der durch die Methode fit bzw. fit_predict der Objekte dbscan (in Listing 4.44) oder kmeans (in Listing 4.48) gestartet wird, wird intern ein Cluster-Modell gebildet und in dem Instanzattribut model_ gespeichert. Dieses Cluster-Modell können Sie mit der Methode predict erneut einsetzen, um den bereits erstellten Clustern weitere Daten zuzuteilen. Dies ist beispielsweise hilfreich, wenn Sie für einen großen Datenbestand eine Clusteranalyse durchgeführt haben und im Nachgang neue Datensätze mit derselben Segmentierung einteilen möchten. Listing 4.50 zeigt die Verwendung der Predict-Methode der Klasse DBSCAN. Der Aufruf funktioniert analog für die Klasse KMeans.

```
l_df_subset = g_df_mall_cust.head(10)

l_df_subset_cluster = dbscan.predict(data = l_df_subset,
    key = 'CUSTOMERID')

l_df_subset_cluster.collect()
```

Listing 4.50: Mit Predict das Cluster-Modell auf neue Daten anwenden

☛ Quellcode zum Clustering

Den gesamten Quellcode zu diesem Abschnitt finden Sie in der Datei *Ch_4_3_2_Clustering_DBScan.py* im Quellcodeverzeichnis (Anhang B).

4.3.3 Modelle speichern und wiederverwenden

Die in den vorherigen Abschnitten erstellten Modelle lassen sich in der HANA-Datenbank speichern und später wiederverwenden. So können Sie z. B. mit den trainierten Klassifikationsmodellen aus Abschnitt 4.3.1 zu einem späteren Zeitpunkt anhand neuer Kundendaten Prognosen zum Kündigungsverhalten erstellen.

Das Unterpaket `model_storage` des Pakets `hana_ml` stellt dazu die Klasse `ModelStorage` bereit. Diese Klasse umfasst u. a. die folgenden Methoden:

- `save_model`: speichert ein trainiertes Modell
- `list_models`: erstellt eine Übersicht über die gespeicherten Modelle
- `load_model`: lädt ein gespeichertes Modell zur Verwendung
- `delete_model`, `delete_models`: löscht gespeicherte Modelle
- `clean_up`: löscht sämtliche gespeicherten Modelle und zugehörigen Hilfstabellen

Das Vorgehen zur Wiederverwendung eines Modells ist wie folgt gegliedert:

1. Trainieren eines Modells mit bestehenden/historischen Daten
2. Speichern des Modells
3. Laden eines gespeicherten Modells zu einem späteren Zeitpunkt
4. Anwenden des Modells auf neue Daten

Wiederverwenden von Modellen: Vom Data Scientist zum Fachanwender

Das Speichern und Wiederverwenden von Modellen erlaubt eine gute Arbeitsteilung, wie man an folgendem Szenario sehen kann:

- Ein **Data Scientist** entwickelt ein Klassifikationsmodell zur Vorhersage der Kündigungswahrscheinlichkeit von Kunden und speichert dieses in der Datenbank.
- Ein **Entwickler** implementiert im Data Warehouse einen ETL-Prozess, der das Modell zur Prognosebildung lädt und auf die aktuellen Kundendaten anwendet.

- Ein **Fachanwender** kann die prognostizierten Kündigungswahrscheinlichkeiten zur Auswertung in Berichte integrieren oder zur Selektion von Kunden für eine Kampagne nutzen.

Da der Trainingsprozess eines Machine-Learning-Modells eine bedeutend höhere Systemlast verursacht als die reine Anwendung des Modells, lohnt es sich, ein Modell zur mehrfachen Verwendung zu speichern.

Das gezeigte Vorgehen können Sie auf sämtliche Modelle, die mit der PAL oder APL trainiert werden, anwenden. Ich nehme für die Darstellung hier an, dass Sie ein Random-Forest-Modell aus Abschnitt 4.3.1 trainiert haben. Es genügt, wenn Sie die Codebeispiele in Listing 4.27, Listing 4.28 und Listing 4.29 ausgeführt haben. Wenn die Ausführung in Ihrem Jupyter Notebook korrekt war, liefert der Befehl `rfc.model_.collect()` eine Tabelle mit der Modellbeschreibung (als XML-String) zurück.

Nun sind Sie startklar für die weiteren Schritte in diesem Abschnitt. Der Code in Listing 4.51 zeigt, wie Sie eine Objektinstanz der Klasse `ModelStorage` initialisieren und durch Verwendung der Methode `save_model` das trainierte Modell speichern.

```
from hana_ml.model_storage import ModelStorage,
 ModelStorageError

model_storage = ModelStorage(
    connection_context = connection,
    schema = 'ML_MODEL')

g_model_name_rfc = 'RandomForest CHURN'

rfc.name = g_model_name_rfc

model_storage.save_model(model = rfc,
    if_exists = 'upgrade')
```

Listing 4.51: Model Storage initialisieren und Modell speichern

Im Konstruktorparameter der Klasse `ModelStorage` übergeben Sie im Parameter `schema` den Namen des Datenbankschemas, in dem die Tabellen für die Modellverwaltung erstellt werden. Die Klasse legt in diesem Schema – falls noch nicht vorhanden – die Tabelle `HANAML_MODEL_STORAGE` an, in der die Metadaten zu diesem und evtl. später erstellten Modellen gespeichert werden. Zusätzlich werden modelltypspezifische Tabellen angelegt, in denen jeweils das eigentliche Modell gespeichert wird.

Eigenes Schema für die Modelle verwenden

Verwenden Sie stets ein separates Schema für das Abspeichern der Modelle. Dadurch können Sie Tabellen, die z. B. Trainingsdaten enthalten, klar von denjenigen Tabellen unterscheiden, die durch die Klasse `ModelStorage` automatisch erzeugt wurden und Metadaten enthalten.

Die Methode `save_model` nimmt im Parameter `model` ein trainiertes Modell entgegen, z. B. den trainierten Random-Forest-Classifier `rfc`. Wichtig ist, dass Sie im Attribut `name` des Modells einen eindeutigen Namen vergeben. Durch Angabe des Parameters `if_exists` steuern Sie, ob beim Speichern ein eventuell vorhandenes Modell zu diesem Namen überschrieben *(replace)* oder eine neue Modellversion erstellt wird *(upgrade)*.

Mit dem Befehl `model_storage.list_models()` erhalten Sie eine Übersicht der gespeicherten Modelle. Ihnen sollte nun, wie in Abbildung 4.32, mindestens eine Zeile angezeigt werden. In der Spalte LIBRARY sehen Sie die verwendete Bibliothek (PAL/APL), in der Spalte CLASS die dem Modelltyp entsprechende Python-Klasse, hier also den Random-Forest-Classifier. Die Spalte JSON enthält die (Hyper-)Parameter, die für die Konfiguration des Modells verwendet wurden, in diesem Fall die Parameter aus Listing 4.29.

	NAME	VERSION	LIBRARY	CLASS	JSON	TIMESTAMP
0	RandomForest CHURN	2	PAL	hana_ml.algorithms.pal.trees.RandomForestClass...	{"model_attributes": {"n_estimators": 10, "max...	2021-02-13 13:01:44

Abbildung 4.32: Ausgabe von list_models

Das gespeicherte Modell können Sie zu einem späteren Zeitpunkt wieder laden. Dies geschieht mit der Methode `load_model` des Objekts `model_storage` unter Angabe des Modellnamens im Parameter `name`. Hier geben Sie denselben Namen an, den Sie beim Speichern des Modells in Listing 4.51 verwendet haben. Sie können auch eine bestimmte Version laden, indem Sie diese im optionalen Parameter `version` angeben. In Listing 4.52 habe ich beide Varianten aufgeführt.

```
g_rfc_loaded = model_storage.load_model(
    name = g_model_name_rfc)

# Optionaler Parameter: version
#    Default: Letzte Version nehmen

# Bestimmte Version laden:
g_rfc_loaded = model_storage.load_model(
    name = g_model_name_rfc, version = 2)
```

Listing 4.52: Laden eines gespeicherten Modells

Nun können Sie die Methode `predict` des geladenen Modells ausführen, um das Modell auf neue Daten anzuwenden. Da die `predict`-Methode die Daten in Form eines HANA Dataframes erwartet, müssen diese zuerst in der HANA-Datenbank gespeichert werden. Hierzu können Sie die Daten zunächst in einem Pandas Dataframe bereitstellen und daraus einen HANA Dataframe generieren. Das Vorgehen zeigt Listing 4.53: Erst wird der Pandas Dataframe `l_pd_new_customer` mit Beispieldaten von zwei Kunden erstellt. Die Methode `create_dataframe_from_pandas` speichert diese Daten in der Tabelle NEW_CUSTOMER_PREDICT und gibt einen Dataframe zurück, der auf diese Tabelle verweist.

👉 Daten anhängen ohne Löschen sowie temporäre Tabellen

Mit der Methode `create_dataframe_from_pandas` können Sie auch an bereits existierende HANA-Tabellen Daten anhängen, ohne die Tabelle vorher zu leeren. Rufen Sie dazu die Methode mit dem Argument `drop_exist_tab = False` und `force = False` auf.

> Oft ist es auch hilfreich, (Eingabe-)Daten nur für eine Sitzung vorzuhalten. Hierzu können Sie (lokale) temporäre Tabellen verwenden. Diese erstellen Sie mit der Methode `save` des HANA Dataframes, indem Sie den Eingabeparameter `table_type` entsprechend versorgen.

```
import pandas as pd

# Pandas Dataframe mit neuen Kundendaten erstellen
l_pd_new_customer = pd.DataFrame(
    { 'CUSTOMERID' : [20000001,20000002],
        'CREDITSCORE' : [500,450],
        'GEOGRAPHY' : ["Germany","France"],
        'GENDER' : ["Male","Female"],
        'AGE' : [40,70],
        'TENURE' : [8,4],
        'BALANCE' : [84000.00, 72000.00],
        'NUMOFPRODUCTS' : [2,3],
        'HASCRCARD' : [1,0],
        'ISACTIVEMEMBER' : [1,1],
        'ESTIMATEDSALARY' : [90000.00,70000.00]
    }, index = [1,2])

# In neue Tabelle speichern für PREDICT
l_df_new_cust = dataframe.create_dataframe_from_pandas(
    connection_context = connection,
    pandas_df = l_pd_new_customer,
    table_name = 'NEW_CUSTOMER_PREDICT',
    schema = 'ML_DATA',
    primary_key = 'CUSTOMERID',
    drop_exist_tab = True,
    force = True)
```

Listing 4.53: Beispieldaten hochladen

Listing 4.54 zeigt die Anwendung der Methode `predict` auf den Dataframe `l_df_new_cust`, der die hochgeladenen Beispieldaten umfasst. Als Ergebnis erhalten Sie eine Tabelle, in der für jede Kundennummer die Prognose der Klasse eingetragen ist, siehe Abbildung 4.33.

```
l_df_new_cust_predict = g_rfc_loaded.predict(
    data = l_df_new_cust,
    key = 'CUSTOMERID')

l_df_new_cust_predict.collect()
```

Listing 4.54: Anwenden des geladenen Modells

	CUSTOMERID	SCORE	CONFIDENCE
0	20000001	0	0.8
1	20000002	1	0.9

Abbildung 4.33: Ergebnis des Predict-Aufrufs

Zusätzlich zum eigentlichen Modell sollten Sie noch weitere Informationen abspeichern, wie z. B.:

- die vom Modell als Eingabevariablen verwendeten Spalten. Im Fall des Random-Forest-Classifier sind das die Spaltennamen in der Liste `l_features` in Listing 4.29 oder die Namen im Attribut `rfc.feature_importance_` des trainierten Random-Forest-Modells aus Listing 4.35;
- die Metriken des Modells, z. B. die Konfusionsmatrix oder die Kennzahlen Precision, Recall und Accuracy aus Listing 4.33.

Diese Informationen liegen nach dem Training des Modells in Form eines HANA Dataframes vor und können folglich ebenso mit der `save`-Methode der Klasse `DataFrame` gespeichert werden.

Quellcode zum Speichern der Modelle

Den Quellcode zu diesem Abschnitt finden Sie in der Datei *Ch_4_3_3_SaveModel.py* im Quellcodeverzeichnis (Anhang B). Ein Beispiel zum Speichern der Metriken finden Sie dort im Block »Speichern der Metriken zum Modell«.

4.4 APL in Python aufrufen

Auch für die Automated Predictive Library gibt es eine Python-API, die den Zugriff auf die in Abschnitt 3.2 beschriebenen Funktionen des Bereichs »Predictive Model Functions« zum Erstellen und Verwenden verschiedener ML-Modelle in Python ermöglicht.

Folgende Analysetypen werden unterstützt:

- Klassifikation
- Regression
- Clustering
- Zeitreihen
- Gradient Boosted Trees für Klassifikation und Regression

Betrachten wir erneut das in Abschnitt 3.2 behandelte Klassifikationsproblem zur Abwanderungsvorhersage von Kunden. Dazu verwende ich die Klasse `GradientBoostingBinaryClassifier` aus dem Unterpaket `gradient_boosting_classification` im Paket `hana_ml.algorithms.apl`.

Zunächst muss die Verbindung zur HANA-Datenbank hergestellt und die Tabelle CHURN aus dem Schema ML_DATA selektiert werden, siehe Listing 4.55. Die Daten werden in eine Trainingsmenge `g_df_train` und eine Testmenge `g_df_test` aufgeteilt.

```
from hana_ml import dataframe
from hana_ml.algorithms.pal import partition
```

```
connection = dataframe.ConnectionContext(KEY = 'DEV')

# CHURN laden
l_df_churn = connection.table('CHURN', schema = 'ML_DATA')

l_df_churn_red =
l_df_churn.deselect(['ROWNUMBER','SURNAME'])

g_df_train, g_df_test, g_df_valid =
partition.train_test_val_split(
    data = l_df_churn_red,
    id_column = 'CUSTOMERID',
    partition_method = 'stratified',
    training_percentage = 0.6,
    validation_percentage = 0.0,
    testing_percentage = 0.4,
    stratified_column = 'EXITED'
    )
```

Listing 4.55: Verbindung zur HANA-Datenbank und Aufteilen der Daten

Der Trainingsalgorithmus kann durch die gleichen Modellparameter wie die HANA-nativen Funktionen konfiguriert werden, siehe Abschnitt 3.2 oder im Developer Guide der APL [10]. Die Parameter können direkt im Konstruktor der Klasse übergeben oder mit der Methode `set_params` gesetzt werden. Listing 4.56 zeigt, wie Sie die Klasse `GradientBoostingBinaryClassifier` initialisieren und mit der Methode `set_params` die Parameter `eval_metric`, `max_depth` und `learningrate` festlegen.

```
from hana_ml.algorithms.apl.gradient_boosting_classification
import GradientBoostingBinaryClassifier

g_gradboost_c = GradientBoostingBinaryClassifier()

# Konfigurieren mit optionalen Parametern
g_gradboost_c.set_params(
    eval_metric = 'LogLoss',
```

```
    max_depth = 4,
    learningrate = 0.05
)
```

Listing 4.56: Initialisieren und Konfigurieren des Gradient Boosting

Diese Parameter entsprechen den Angaben im Eingabeparameter `OPERATION_CONFIG` der HANA-Prozedur `CREATE_MODEL_AND_TRAIN` aus Abschnitt 3.2.1.

Die Einstellungen der Variablen werden auf Basis der Daten automatisch ermittelt. Sie können diese aber bei Bedarf überschreiben. Hierzu können Sie bei der Methode `set_params` im Argument `variable_value_types` die semantischen Werttypen und im Argument `variable_storages` die technischen Datentypen festlegen. Der semantische Werttyp entspricht der Spalte VALUETYPE und der technische Datentyp der Spalte STORAGE des (tabellarischen) Eingabeparameters `VARIABLE_DESC` der Prozedur `CREATE_MODEL_AND_TRAIN`. Listing 4.57 zeigt, wie Sie AGE als stetige Variable definieren. Die Angabe erfolgt in Form eines »Python Dictionary«.

```
g_gradboost_c.set_params(
    variable_value_types = {
        'AGE' : 'continuous'
    }
)
```

Listing 4.57: Variablen konfigurieren

Das Modelltraining wird mit der Methode `fit` gestartet, siehe Listing 4.58. Im Parameter `label` übergeben Sie den Namen der Zielvariablen, im Parameter `key` geben Sie an, welche Spalte dem Primärschlüssel entspricht. Die Angabe eines Primärschlüssels ist essenziell für die spätere Prognosebildung.

```
g_gradboost_c.fit(g_df_train,
    label = 'EXITED',
    key = 'CUSTOMERID')
```

Listing 4.58: Modelltraining mit APL

Wie aus Kapitel 3 bekannt, gibt die APL nach dem Trainingsprozess viele hilfreiche Informationen in den Tabellen SUMMARY oder INDICATORS der entsprechenden SQL-Prozeduren aus. Die Klasse `GradientBoostingClassifier` implementiert Methoden zum direkten Auslesen dieser Informationen:

- Metriken des Modells: `get_performance_metrics` (siehe Listing 4.59)
- Relevanz der Eingabevariablen: `get_feature_importances` (siehe Listing 4.60)
- Inhalt der Tabelle INDICATORS: `get_indicators`
- Export des Modellreports als HTML: `get_html_report`
- Statistische Reports erstellen: `get_debrief_report`

```
g_gradboost_c.get_performance_metrics()
```

Listing 4.59: Metriken des Modells ausgeben

```
g_gradboost_c.get_feature_importances()
```

Listing 4.60: Einfluss der Eingabevariablen ausgeben

Die Prognose führen Sie mit der Methode `predict` durch, siehe Listing 4.61.

```
l_df_result = g_gradboost_c.predict(g_df_test)

l_df_result.collect()
```

Listing 4.61: Prognosebildung mit APL

☛ Quellcode zur APL

Den gesamten Quellcode zu diesem Abschnitt finden Sie in dem Skript *Ch_4_4_1_APL.py* (siehe Anhang B).

5 Text Mining

SAP HANA bietet verschiedene Funktionen im Bereich Text Mining. Am Beispiel einer Sammlung von Nachrichtenartikeln erläutere ich, wie Sie mithilfe dieser Funktionen Dokumente klassifizieren, Themen und Schlagwörter extrahieren oder eine Ähnlichkeitssuche für Dokumente durchführen.

Textanalyse oder *Text Mining* bezeichnet allgemein den Vorgang, mit Computerprogrammen Daten zu analysieren, die in Textform vorliegen, um z. B. Zusammenhänge zwischen Texten zu erkennen oder Texte automatisch zu klassifizieren.

> **Kündigungsanalyse mit Textdaten**
>
> In den vorhergehenden Kapiteln haben Sie gesehen, wie Sie ein Klassifikationsmodell zur Vorhersage von Kundenabwanderungen entwickeln können. Dieses Modell hat als Eingabe nur numerische und kategoriale Variablen verwendet, z. B. die Vertragslaufzeit oder das Land des Kunden. Text Mining ermöglicht Ihnen, auch Textdaten für die Modellbildung zu erschließen. Sie können beispielsweise die von Ihren Kunden verfassten Anfragen oder Rückmeldungen analysieren, um daraus eine Vorhersage der Kündigungsgefahr abzuleiten.

Folgende Funktionen bietet SAP HANA für das Text Mining:

- *Schlagwortextraktion:* Extraktion von Schlagwörtern (Key words) aus einem Dokument.
- *Schlagwortsuche:* Suche von passenden Dokumenten für ein gegebenes Schlagwort.
- *Ähnlichkeitsberechnung (Similarity Scoring):* Berechnung eines Scores (*0*–*1*) zwischen Dokumenten, der die inhaltliche Ähn-

lichkeit auf Basis der verwendeten Wörter in den Dokumenten beschreibt.

- *Themenerkennung (Topic Detection):* Extraktion von Themen aus einer Sammlung von Textdokumenten. Die Themen werden durch die Funktion automatisch gebildet und anhand einer Liste von Schlagwörtern dargestellt. Im Ergebnis wird die Zuordnung der Dokumente zu den Themen aufgeführt.
- *Textklassifikation (Text Classification):* Zuordnung von Dokumenten zu vorgegebenen Klassen/Kategorien auf Basis einer Sammlung von Referenztexten, von denen die richtige Klassenzuordnung bereits bekannt ist.
- *Stimmungsanalyse (Sentiment Analysis):* Analyse der Stimmung in einem Text: Ist sie eher positiv, neutral oder negativ?

Die beiden folgenden Beispiele zeigen, warum diese Funktionen wichtig sind und wie Sie sie sowohl für unternehmensinterne als auch für externe Daten anwenden können.

Vorsortierung und Analyse von Kundenanfragen

Eine Firma möchte die gesammelten Anfragen von Kunden aus einem Ticketsystem (oder aus eingehenden E-Mails) analysieren und zukünftig die Verarbeitung neuer Anfragen teilautomatisieren.

- Welche Themen sind in den Anfragen häufig vertreten? Welches sind die wichtigsten Schlagwörter (zu diesen Themen)?
- Ist die Stimmung der Kunden in den Tickets eher positiv oder eher negativ?
- Die Anfragen sollen automatisiert in bestimmte Kategorien, wie Kündigung, Tarifänderung, Stammdatenänderung etc. eingeteilt werden.
- Gibt es zu einem Fehlerticket bereits ähnliche Tickets? Vorliegende Lösungsvorschläge zu ähnlichen Tickets sollen dem Kunden oder Support-Mitarbeiter automatisch angeboten werden.

Analyse externer Daten

Ein Konzern möchte frühzeitig Trends erkennen und auf geänderte Marktlagen reagieren. Zu diesem Zweck sollen Nachrichten von Nachrichtenagenturen und Kommentare in sozialen Netzwerken analysiert werden.

- Kunden erwähnen die Firma in sozialen Netzwerken. Sind diese Erwähnungen positiv oder negativ?
- Wirtschaftsnachrichten sollen mit dem Ziel einer genauen Marktbeobachtung automatisch verarbeitet werden. Welche Themen werden in diesen Nachrichten behandelt?
- Neu eintreffende Nachrichten sollen nach Themen kategorisiert und in ihrer Relevanz bestimmt werden.
- Ähnliche Nachrichten sollen gruppiert werden.

Eine Beispielanwendung zur Analyse von Twitter-Daten mit SAP HANA finden Sie in »SAP HANA Real Time Sentiment Analysis and Text Mining app« [18].

Im Text Mining sind Techniken essenziell, die aus Texten numerische Features extrahieren, da dies die Verwendung für Texte auch jener ML-Verfahren ermöglicht, die eigentlich nur numerische Daten verarbeiten können, z. B. die gängigen Klassifikations- oder Clusteringalgorithmen. Wir werden in diesem Kapitel zwei Techniken dazu kennenlernen: Das *Bag-of-words-Modell*, siehe Abschnitt 5.2, und die *Extraktion von Themenscores*, siehe Abschnitt 5.3.

5.1 Import der Beispieldaten

Zunächst führe ich eine Beispielsammlung von Texten ein, anhand derer ich die Verfahren in den nachfolgenden Abschnitten präsentiere. Ich betrachte eine Sammlung von Nachrichtenartikeln der BBC, die alle aus den Jahren 2004–2005 stammen. Diese Datenmenge wurde von zwei Wissenschaftlern, D. Greene und P. Cunningham, für einen Forschungsartikel erstellt und für die Bewertung von Machine-Learning-Verfahren öffentlich bereitgestellt [19]. Mittlerweile wurde diese Sammlung in verschiedenen Formaten aufbereitet, die sich leicht in SAP HANA importieren lassen. Sie können diese von der Kaggle-Website herunterladen, z. B.: *https://www.kaggle.com/yufengdev/bbc-fulltext-and-category*.

Von dort laden Sie die CSV-Datei `bbc-text.csv` herunter, die zwei Spalten enthält:

- CATEGORY = Kategorie der Nachricht, z. B. *tech* oder *politics*
- TEXT = Text der Nachricht

Führen Sie nun das Skript *Ch_5_1_PrepareDataModel.sql* (siehe Anhang B) aus. Dieses erstellt das Schema ML_TEXT und zwei Tabellen:

- NEWSCORP_RAW: Zieltabelle für die Rohdaten aus der CSV-Datei
- NEWSCORP: Die Dokumente angereichert mit einem eindeutigen Schlüssel (wird automatisch vergeben)

Nun können Sie die CSV-Datei mit einem Tool Ihrer Wahl (z. B. Eclipse oder Database Explorer im SAP Business Application Studio) importieren. In Eclipse wählen Sie hierzu FILE • IMPORT und im sich öffnenden Dialog SAP HANA CONTENT • DATA FROM LOCAL FILE. Im nächsten Screen wählen Sie die lokale Datei (❶ in Abbildung 5.1), und als TARGET TABLE geben Sie *"ML_TEXT".NEWSCORP_RAW* an ❷.

Klicken Sie dann auf NEXT. Im nächsten Schritt führen Sie das Mapping der Quellspalten auf die Spalten der Zieltabelle ML_TEXT.NEWSCORP_RAW aus, siehe ❶ in Abbildung 5.2. Beschließen Sie diesen Schritt mit FINISH.

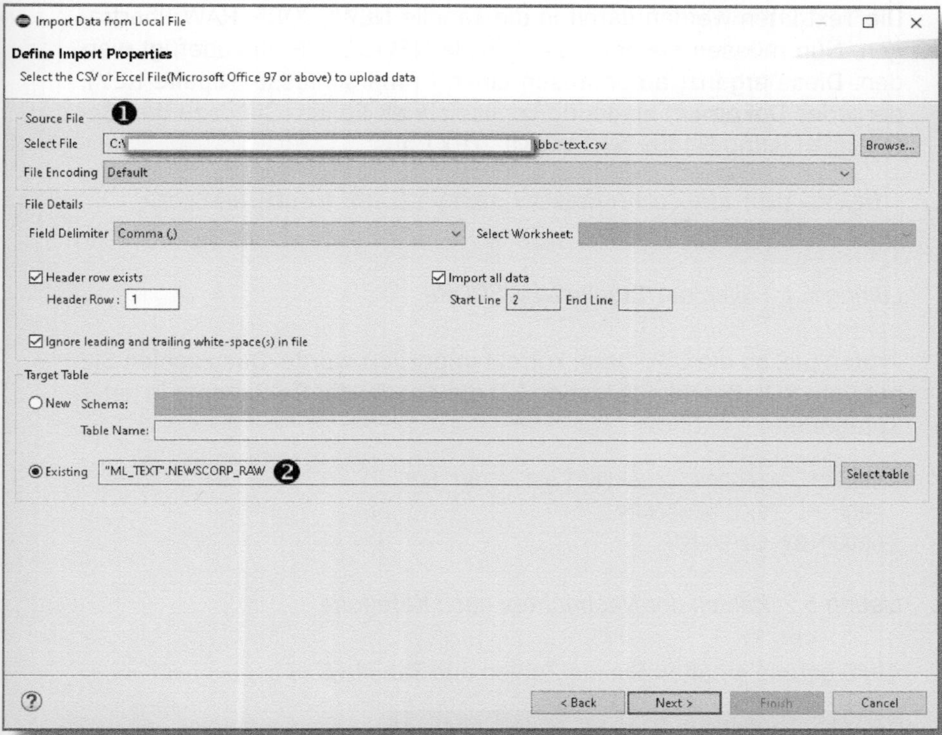

Import Data from Local File
Define Import Properties
Select the CSV or Excel File(Microsoft Office 97 or above) to upload data
Source File ❶
Select File C:\ \bbc-text.csv Browse...
File Encoding Default
File Details
Field Delimiter Comma (,) Select Worksheet:
Header row exists
Header Row : 1
Import all data
Start Line 2 End Line
Ignore leading and trailing white-space(s) in file
Target Table
New Schema:
Table Name:
Existing "ML_TEXT".NEWSCORP_RAW ❷ Select table
< Back Next > Finish Cancel

Abbildung 5.1: Importdialog in Eclipse – Schritt 1

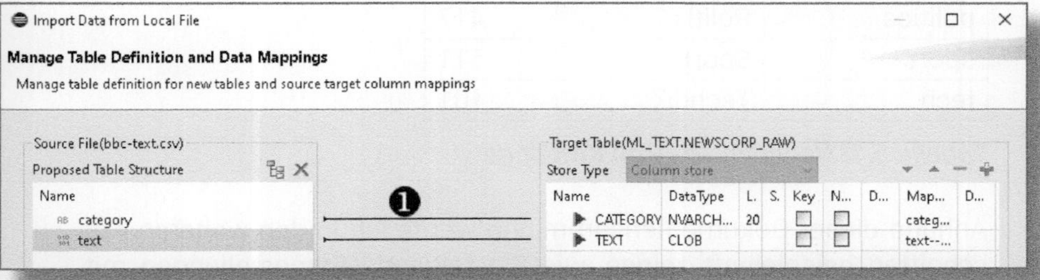

Abbildung 5.2: Importdialog für Eclipse – Schritt 2

Die Textdaten werden damit in die Tabelle NEWSCORP_RAW übertragen. Nun müssen sie noch der Tabelle NEWSCORP hinzugefügt werden. Diese ergänzt automatisch einen Primärschlüssel (Spalte KEY), der jedes Dokument eindeutig kennzeichnet. Führen Sie dazu den Befehl aus Listing 5.1 im Schema ML_TEXT aus:

```
INSERT INTO NEWSCORP(CATEGORY,TEXT) SELECT * FROM NEWSCORP_
RAW;
```

Listing 5.1: Füllen der Tabelle NEWSCORP

Prüfen Sie, ob die CSV-Datei korrekt importiert wurde. Dazu zählen Sie mit dem SQL-Befehl aus Listing 5.2 die Anzahl der Dokumente in jeder Kategorie:

```
SELECT CATEGORY, count(*) as COUNT_DOC
FROM ML_TEXT.NEWSCORP
GROUP BY CATEGORY
```

Listing 5.2: Zählen der Nachrichten nach Kategorie

Als Ergebnis erhalten Sie die Zahlen aus Tabelle 5.1.

Category	Kategorie	Anzahl
business	Wirtschaft	510
entertainment	Unterhaltung	386
politics	Politik	417
sport	Sport	511
tech	Technik	401

Tabelle 5.1: Nachrichten nach Kategorie

Anhand dieser Dokumentensammlung werde ich in den weiteren Abschnitten beispielhaft zeigen, wie Sie folgende Fragestellungen mit den Text-Mining-Verfahren bearbeiten können:

- Welche Schlagwörter sind für die Artikel relevant? (Abschnitt 5.2)

- Gibt es Artikel, die sich inhaltlich ähneln? (ebenso Abschnitt 5.2)
- Welche gemeinsamen Themen werden in den Artikeln behandelt? (Abschnitt 5.3)
- Wie können neue Nachrichten, die noch nicht im Dokumentenkorpus enthalten sind, automatisch in die vorgegebenen Kategorien eingruppiert werden? (Abschnitt 5.4)

5.2 Verwendung des Volltextindex

Zu Spalten, die Text enthalten, kann in SAP HANA ein Textindex erzeugt werden. Dieser wird von den eingebauten Funktionen des Text Minings verwendet (siehe Abschnitt 5.2.2 und 5.4), oder der Index kann in eigenen Analyse-Algorithmen benutzt werden, siehe Abschnitt 5.3.

5.2.1 Erstellen des Volltextindex

Sie erstellen den Volltextindex mit dem SQL-Befehl `CREATE FULLTEXT INDEX`. Listing 5.3 zeigt, wie Sie für die Spalte TEXT der Tabelle NEWSCORP einen Index generieren.

```
-- Löschen bei zweitem Aufruf:
-- DROP FULLTEXT INDEX ML_TEXT.NEWS_TEXT;

CREATE FULLTEXT INDEX NEWS_TEXT ON ML_TEXT.NEWSCORP (TEXT)
CONFIGURATION 'LINGANALYSIS_FULL'
TEXT ANALYSIS ON TEXT MINING ON;
```

Listing 5.3: Erzeugen des Volltextindex

Nach Ausführung des Codes sehen Sie im Schema ML_TEXT fünf durch den Index erzeugte Tabellen, siehe Abbildung 5.3.

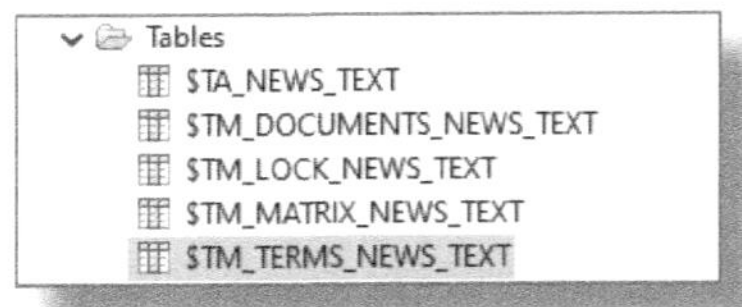

Abbildung 5.3: Tabellen des Volltextindex

Die Indextabellen sind in zwei Klassen aufgeteilt:

- eine **Textanalysetabelle**, die mit dem Präfix `$TA` beginnt und die Aufteilung der Dokumente in einzelne Wörter oder Wortgruppen (sogenannte *Token* oder *Terms*) enthält,
- vier **Text-Mining-Tabellen**, die mit dem Präfix `$TM` beginnen und aggregierte Informationen enthalten, z. B. wie häufig ein bestimmtes Wort (oder Token) in den Dokumenten vorkommt.

Die beim Erstellen des Textindex festgelegte Konfiguration (Parameter `Configuration` in Listing 5.3) bestimmt auch die Aufteilungsstrategie des Dokuments in einzelne Token. Insbesondere können Sie damit festlegen, ob die Token aus einzelnen Wörtern oder aus Wortgruppen (auch *Phrasen* genannt) gebildet werden sollen. Um die Darstellung zu vereinfachen, beschränke ich mich hier auf eine Konfiguration, bei der nur einzelne Wörter extrahiert werden. Das gezeigte Vorgehen funktioniert aber ebenso für den allgemeinen Fall, die Erläuterungen gelten analog.

Tabelle 5.2 gibt einen Überblick über die Granularität und das Namensschema der erzeugten Tabellen.

Indextabelle	Granularität
$TA_<INDEX>	Dokument, Position, Wort
$TM_DOCUMENTS_<INDEX>	Dokument
$TM_MATRIX_<INDEX>	Dokument, Wort
$TM_TERMS_<INDEX>	Wort

Tabelle 5.2: Überblick über die Indextabellen

Die Tabelle $TA_NEWS_TEXT wird beim Aufbau des Textanalyseindex befüllt, indem jedes Dokument der Quelltabelle NEWSCORP zunächst in einzelne Sätze und diese dann in einzelne Wörter aufgeteilt werden. Jede Tabellenzeile entspricht somit einem Wort in einem Satz des Dokuments. Abbildung 5.4 zeigt den Auszug der Tabelle $TA_NEWS_TEXT für ein Dokument. Pro Wort (TA_TOKEN) werden u. a. die Position im Dokument (Spalte TA_COUNTER) und der Worttyp angegeben (TA_TYPE). Zusätzlich wird eine normalisierte Form jedes Wortes angegeben (Spalten TA_NORMALIZED und TA_STEM), um Wörter mit gleichem Wortstamm zu identifizieren.

KEY	TA_COUNTER	TA_OFFSET	TA_TOKEN	TA_NORMALIZED	TA_STEM	TA_TYPE
	1	0	dollar	dollar	?	noun
	2	7	hovers	hovers	hover	noun
	3	14	around	around	?	preposition
	4	21	record	record	?	noun
	5	28	lows	lows	low	verb
	6	33	the	the	?	determiner
	7	37	us	us	we	pronoun
	8	40	dollar	dollar	?	noun
	9	47	hovered	hovered	hover	verb
	10	55	close	close	?	adverb
	11	61	to	to	?	preposition
	12	64	record	record	?	adjective
	13	71	lows	lows	low	noun
	14	76	against	against	?	preposition
	15	84	the	the	?	determiner
	16	88	euro	euro	?	noun
	17	93	on	on	?	preposition
	18	96	friday	friday	Friday	adverb
	19	103	as	as	?	preposition
	20	106	concern	concern	?	noun
	21	114	grows	grows	grow	verb

Abbildung 5.4: Textanalyseindex für ein Dokument

Die Indextabellen für das Text Mining gruppieren die einzelnen Wörter nach Dokument. Mit diesen Tabellen lassen sich somit statistische Informationen berechnen, wie die Häufigkeit eines Wortes im gesamten Korpus oder die Häufigkeit der Wörter in einem einzelnen Dokument. Die Tabelle $TM_MATRIX_NEWS_TEXT enthält die Häufigkeit jedes Wortes (Spalte TM_TERM_FREQUENCY) pro Dokument, siehe Abbildung 5.5. Jedes Dokument wird durch den Primärschlüssel (Spalte KEY) der Quelltabelle NEWSCORP identifiziert.

KEY	TM_TERM	TM_TERM_TYPE	TM_TERM_FREQUENCY
135	dollar	noun	8
135	euro	noun	4
135	schroeder	proper name	2
135	chicago	proper name	2
135	berlusconi	noun	2
135	strength	noun	2
135	concern	noun	2
135	trading	noun	2
135	markets	noun	2
135	investors	noun	2
135	analysts	noun	2
135	gerhard	proper name	1

Abbildung 5.5: Häufigkeit pro Dokument in TM_MATRIX_NEWS_TEXT

Hingegen enthält die Tabelle $TM_TERMS_NEWS_TEXT, die Sie in Abbildung 5.6 sehen, die Gesamthäufigkeit jedes Wortes (TM_TERM_TF) sowie die Anzahl der Dokumente, in denen das Wort vorkommt (TM_TERM_DF). Letztere ist die sogenannte *Dokumentenhäufigkeit*.

Raw Data | Distinct values | Analysis

Filter pattern | **5000 rows retrieved - 284 ms**

TM_TERM	TM_TERM_TYPE	TM_TERM_TF	TM_TERM_DF	TM_TERM_IDF
year	noun	1.848	994	0,8057747272695751
people	noun	2.045	798	1,0254033993977032
years	noun	1.003	671	1,1987429524601139
world	noun	1.196	666	1,2062222723745266
uk	noun	1.100	534	1,427116195640133
way	noun	631	484	1,5254271926028053
government	noun	1.158	470	1,554779383042297
week	noun	577	436	1,6298699494535533
company	noun	686	382	1,7620915293645503
news	noun	518	370	1,7940091035688084
months	noun	466	360	1,8214080732625404
home	noun	611	356	1,8325814637483102
market	noun	649	348	1,8553096896573265
country	noun	515	330	1,9084195041847578

Abbildung 5.6: Häufigkeit nach Wort in TM_TERMS_NEWS_TEXT

Mit der Tabelle $TM_TERMS_NEWS_TEXT lässt sich leicht eine sogenannte *Schlagwortwolke* (engl.: *word cloud*) erstellen. Diese können Sie unter dem Reiter ANALYSIS in der Datenvorschau erstellen. Vorher müssen Sie die Gesamtmenge filtern, z. B. durch Einschränken auf TM_TERM_DF > *100*, siehe Abbildung 5.7.

Abbildung 5.7: Schlagwörter für den Dokumentenkorpus

Die ebenfalls in Abbildung 5.3 aufgeführte Tabelle $TM_LOCK_NEWS_TEXT erfüllt eine rein technische Funktion für das Aktualisieren des Text-Mining-Index. Für unsere Betrachtung ist diese Tabelle nicht relevant.

☛ Das Bag-of-words-Modell und numerische Features

Die Häufigkeitsverteilung der Wörter pro Dokument (TM_TERM_FREQUENCY) in der Tabelle $TM_MATRIX_NEWS_TEXT ergibt zusammen mit der Dokumentenhäufigkeit der Wörter (TM_TERM_DF) aus $TM_TERMS_NEWS_TEXT numerische Attribute zu den Dokumenten. Mit diesen Informationen lässt sich eine Darstellung gemäß dem sogenannten *Bag-of-words-Modell* für die Dokumente des Korpus ableiten. Dieses Modell beschreibt jedes Dokument als Vektor, der die Häufigkeiten der einzelnen Wörter pro Dokument mit der jeweiligen Dokumentenhäufigkeit im Korpus gewichtet. Das Bag-of-words-Modell ist ein verbreitetes und simples Verfahren, um numerische Features aus Texten zu extrahieren, die dann als Eingabedaten in anderen Machine-Learning-Algorithmen zur Anwendung kommen. Weitere Erläuterungen hierzu siehe [1] und SAP Community Blog »SAP HANA Text Mining« [20].

Die Text-Mining-Tabellen enthalten nicht alle Wörter aus dem Dokumentenkorpus, sondern filtern bestimmte Wörter heraus. Dies sind zum einen sogenannte *Stoppwörter*, die sehr häufig in den Dokumenten vorkommen, zum anderen sehr seltene Wörter, die nur in wenigen Dokumenten auftreten.

☛ Konfiguration des Volltextindex

Der Volltextindex lässt sich auf vielfältige Weise konfigurieren, was wiederum Einfluss auf die Erstellung der Text-Mining-Tabellen hat:

- Filtern von Stoppwörtern: Angabe einer Liste von Wörtern, die bei der Indexbildung ignoriert werden sollen
- Extrahieren und Zählen von Wortgruppen
- Minimale bzw. maximale Häufigkeit von Wörtern, die es zu berücksichtigen gilt
- Einschränken der zu verwendenden Worttypen; standardmäßig kommen nur Nomen und Eigennamen zum Einsatz

Weitere Hinweise bieten [20] und der »Text Mining Developer Guide« [21].

Die Tabellen des Volltextindex sind für folgende Szenarien notwendig:

- Verwendung der nativen HANA-Funktionen für Text Mining in SQLScript, siehe nächster Abschnitt, oder in Python, siehe Abschnitt 5.4. Die nativen HANA-Funktionen basieren auf dem Volltextindex.
- Vorverarbeitungen der Texte wie das Entfernen von Stoppwörtern oder die Reduktion auf Stammformen. Dies zeige ich in Abschnitt 5.3.1.
- Extraktion numerischer Features aus den Indextabellen, z. B. die Repräsentierung der Dokumente gemäß dem Bag-of-words-Modell, und Verwendung dieser Features als Eingabedaten für eigene Machine-Learning-Szenarien.

5.2.2 Dokumentensuche und Schlagwörter

Die Text-Mining-Bibliothek von SAP HANA bietet folgende Funktionen:

- Suche nach passenden Dokumenten für einen vorgegebenen Suchbegriff
- Suche nach verwandten oder ähnlichen Dokumenten zu einem Dokument
- Extraktion von Schlagwörtern aus einem Dokument
- Ausmachen verwandter Begriffe zu einem Suchbegriff, mit dem sie zusammen in Dokumenten auftreten
- Autovervollständigung: den Anfang eines Suchbegriffs passend vervollständigen
- Klassifikation von Dokumenten: Dokumente in vorgegebene Kategorien einordnen

Diese Funktionen lassen sich sowohl in SQL aufrufen als auch mit dem Python ML Client nutzen. In diesem Abschnitt zeige ich Ihnen die Verwendung mit SQL, in Abschnitt 5.4 mit dem Python ML Client.

Verwendung in SQL

Die zu der obigen Auflistung passenden SQL-Funktionen sind in Tabelle 5.3 aufgeführt.

Funktion	Eingabe	Ausgabe	Beschreibung
TM_GET_RELEVANT_DOCUMENTS	Begriff	Dokumente	Passende Dokumente suchen
TM_GET_RELATED_DOCUMENTS	Dokument	Dokumente	Ähnliche Dokumente suchen
TM_GET_RELEVANT_TERMS	Dokument	Begriffe	Schlagwörter für ein Dokument
TM_GET_RELATED_TERMS	Begriff	Begriffe	Verwandte Begriffe
TM_GET_SUGGESTED_TERMS	Begriff	Begriff	Autovervollständigung
TM_CATEGORIZE_KNN	Dokument	Kategorie	Dokument kategorisieren

Tabelle 5.3: SQL-Prozeduren der Text-Mining-Bibliothek

Mit dem Code in Listing 5.4 können Sie die zu einem Dokument verwandten Dokumente finden.

```
SELECT * FROM TM_GET_RELATED_DOCUMENTS(
    DOCUMENT IN FULLTEXT INDEX WHERE KEY = 13
    SEARCH TEXT FROM ML_TEXT.NEWSCORP
    RETURN TOP 10
    KEY, CATEGORY, TEXT) AS T
```

Listing 5.4: Aufruf von TM_GET_RELATED_DOCUMENTS

Durch die WHERE-Klausel muss das Dokument eindeutig identifiziert werden. In unserem Beispiel selektieren wir das Dokument zum Schlüssel *13*. Die dritte Zeile beschreibt, in welcher Spalte (TEXT) der Tabelle (ML_TEXT.NEWSCORP) gesucht werden soll. Der Name des vorher erzeugten Volltextindex wird nicht explizit angegeben. Dieser wird automatisch genutzt, da pro Spalte einer Tabelle nur ein Volltextindex möglich ist. Mit der Option `RETURN TOP 10` bestimmen Sie, dass die *10* ähnlichsten Dokumente im Ergebnis erscheinen sollen.

Abbildung 5.8 zeigt einen Auszug aus dem Ergebnis. Die Spalte RANK gibt die Sortierung an. Die Spalte SCORE enthält eine Zahl zwischen *0* und *1*, die die Ähnlichkeit zum Referenzdokument ausdrückt.

KEY	CATEGORY	TEXT	RANK	SCORE
13	business	crude oil prices back above $50 cold weather across ...	1	1,000000...
682	business	winter freeze keeps oil above $50 oil prices carried o...	2	0,776512...
729	business	oil prices fall back from highs oil prices retreated fro...	3	0,583102...
810	business	oil prices reach three-month low oil prices have falle...	4	0,471807...
97	business	oil rebounds from weather effect oil prices recovere...	5	0,462703...
1.960	business	strong demand triggers oil rally crude oil prices surg...	6	0,361191...
2.004	business	mild winter drives us oil down 6% us oil prices have f...	7	0,351903...

Abbildung 5.8: Ausgabe der verwandten Dokumente

Betrachten wir nun die Funktion TM_GET_RELEVANT_TERMS zur Schlagwortextraktion aus einem Dokument. Als Eingabe ist auch hier ein einzelnes Dokument vorgesehen. Die Ausgabe besteht aus einer Liste von Stichwörtern. In Listing 5.5 sehen Sie, wie Sie aus dem Dokument mit dem Schlüssel *13* in der Tabelle ML_TEXT.NEWSCORP die *10* wichtigsten Schlagwörter extrahieren.

```
SELECT T.TERM, T.NORMALIZED_TERM, T.TERM_TYPE, T.SCORE FROM
TM_GET_RELEVANT_TERMS(
    DOCUMENT IN FULLTEXT INDEX WHERE KEY = 13
    SEARCH TEXT FROM ML_TEXT.NEWSCORP
    RETURN TOP 10
) AS T
```

Listing 5.5: Aufruf von TM_GET_RELEVANT_TERMS

Als Ergebnis erhalten Sie die Rückgabe in Abbildung 5.9. Die Spalte SCORE beschreibt nun auf einer Skala von *0* bis *1* die Relevanz des Schlagworts für das Dokument.

Weiterführende Erläuterungen und Beispiele zu den HANA-nativen Funktionen für Text Mining und Textanalyse finden Sie in der schon erwähnten Blogserie [20] und dem »Text Mining Developer Guide« [21].

	TERM	NORMALIZED_TERM	TERM_TYPE	SCORE
1	prices	prices	noun	0,4258035444280376391468223573610885
2	oil	oil	noun	0,3614872698943062401255588156345766
3	barrel	barrel	noun	0,3554911591738174059251775815937435
4	opec	opec	proper na...	0,2873177015565915870531910059071379
5	dollar	dollar	noun	0,2139481913799618217897346994504915
6	stockpiles	stockpiles	noun	0,2013360741886257021526773769437568
7	temperatures	temperatures	noun	0,1960897269328514269659535784740001
8	stocks	stocks	noun	0,1658913479400428714338744384804158
9	supply	supply	noun	0,1454446767794998485179291947133606
10	demand	demand	noun	0,1360038650730651388354175423955894

Abbildung 5.9: Relevante Begriffe für ein Dokument

5.3 Themenextraktion

Im letzten Abschnitt haben Sie gesehen, wie Sie einzelne Schlagwörter aus Dokumenten extrahieren können. Für jedes Dokument erhalten Sie eine individuelle Liste von Schlagwörtern. Das Verfahren der *Themenextraktion* (auch *Themenerkennung* oder *Themenmodellierung* genannt) hingegen extrahiert Gruppen von Schlagwörtern aus einer Dokumentensammlung, und zwar anhand des gemeinsamen Auftretens dieser Wörter in verschiedenen Dokumenten. Eine solche Gruppe von Wörtern wird als »Thema« bezeichnet und lässt sich oft auch als inhaltliche Gemeinsamkeit zwischen den Texten interpretieren. Jedem Dokument wird pro generiertes Thema ein Score zugewiesen, der die Wichtigkeit dieses Themas für das Dokument angibt.

Themenzuordnung für zwei Dokumente

Ein mögliches Resultat der Themenextraktion für eine Sammlung von Nachrichtenartikeln könnte wie folgt aussehen: Eines der generierten Themen wird repräsentiert durch die Stichwörter »TV«, »music«, »technology«, »phone« und »mobile«, ein anderes wird beschrieben durch Stichwörter wie »company«, »share«, »market«,

»year«, »sale« und »profit«. Die Relevanz der Themen für zwei unterschiedliche Artikel könnte so aussehen:

- Ein Bericht über ein Technologieunternehmen, der zu gleichen Teilen sowohl die Produkte der Firma als auch deren Bilanz (Gewinn, Umsatz etc.) beschreibt, erhält einen Themenscore von *0,45* für beide Themen und kleinere Scores für andere Themen.
- Ein anderer Artikel fokussiert auf die Finanzberichterstattung verschiedener Unternehmen unterschiedlicher Branchen. Dieser weist einen Themenscore von *0,9* für das Bilanzthema und kleinere Scores für andere Themen aus.

Die Themenextraktion bietet vielfältige Anwendungsmöglichkeiten: Sie kann beispielsweise zu einer explorativen Analyse eines Dokumentenkorpus herangezogen werden. Diese liefert einen Überblick, wovon eine Sammlung von Dokumenten handelt, und lässt inhaltliche Zusammenhänge zwischen Dokumenten durch ähnliche Themenverteilungen erkennen. Die Scores zu den extrahierten Themen kodieren semantische Informationen, die in den Dokumenten verborgen sind. Sie bilden eine sogenannte *latente Schicht* oder *Themenebene*. Diese Scores können als numerische Eingabevariablen für Machine-Learning-Verfahren wie Klassifikationsmodelle oder Clustering-Algorithmen verwendet werden [1, S. 312].

Dimensionalität: Themenscores vs. Bag-of-words-Modell

Sowohl der Algorithmus zur Themenextraktion als auch das bereits erwähnte Bag-of-words-Modell extrahieren aus Texten numerische Features, die in komprimierter Form statistische Informationen zu den Texten enthalten. Themenscores bilden allerdings deutlich weniger Features. Dadurch reduziert sich die Dimensionalität (Anzahl der Eingabevariablen) der Eingabedaten darauf aufbauender Algorithmen, was zu einer verkürzten Trainingszeit und einem geringeren Ressourcenbedarf während des Trainings führt.

Wir werden uns nun anhand eines englischen Beispieldokuments eine Themenextraktion entlang der folgenden Schritte ansehen:

1. Zunächst bereiten wir in Abschnitt 5.3.1 die Texte unserer Nachrichtensammlung (aus Abschnitt 5.1) dergestalt vor, dass eine sinnvolle Themenextraktion möglich ist.

2. Abschnitt 5.3.2 zeigt die Anwendung des Algorithmus *Latent Dirichlet Allocation*, der die eigentliche Themenextraktion durchführt.

3. In Abschnitt 5.3.3 werden die gebildeten Themenscores als Input für weitere Machine-Learning-Algorithmen verwendet, indem wir die Dokumente mithilfe von Dimensionsreduktionen visualisieren und mit Clustering-Verfahren zu Gruppen zusammenfassen.

5.3.1 Normalisieren der Texte

Damit die Themenextraktion brauchbare Ergebnisse liefert, sind einige Vorbereitungen notwendig. Es empfiehlt sich, die Texte vorab folgendermaßen zu verarbeiten:

- Satzzeichen entfernen
- Besonders häufige Wörter, die im letzten Abschnitt bereits erwähnten *Stoppwörter*, entfernen
- Flektierte Wörter auf ihre Stammform reduzieren – das sogenannte *Stemming*

Stoppwörter und Stemming

Bei Stoppwörtern handelt es sich um sehr häufige Wörter, wie z. B. Präpositionen (»from«, »of«) oder Artikel (»the«, »a«). Da diese in allen Dokumenten häufig vorkommen, haben sie für die statistische Bewertung eines Dokuments keine Bedeutung.

> Das Stemming fasst verschiedene Formen eines Nomens oder Verbs zusammen und kürzt sie auf den Wortstamm: Aus »falling« wird »fall«, aus »prices« wird »price«.

Der Algorithmus zur Themenextraktion analysiert die Häufigkeit des gemeinsamen Auftretens von Wörtern in unterschiedlichen Dokumenten. Würde man die Stoppwörter in den Dokumenten belassen, so würden die Themen größtenteils nur Stoppwörter enthalten und somit kein sinnvolles Ergebnis liefern. Durch das Stemming werden unterschiedliche Formen des gleichen Wortes gemeinsam gezählt, wodurch sich eine genauere Aussage über die Häufigkeit eines Wortes im Dokumentenkorpus treffen lässt.

Diese drei Verarbeitungsschritte mögen Ihnen vielleicht komplex und aufwendig erscheinen. Die gute Nachricht ist, dass der Volltextindex aus dem letzten Abschnitt bereits die notwendigen Informationen enthält und uns einige Arbeit abnimmt:

- Die Indextabelle $TA_NEWS_TEXT enthält, falls sie gebildet werden kann, die Stammform eines Wortes auf Dokumentenebene, siehe Abbildung 5.4 im vorherigen Abschnitt.
- Die Tabellen für das Text Mining, z. B. $TM_MATRIX_NEWS_TEXT, sind bereits von den Stoppwörtern bereinigt und enthalten keine Satzzeichen mehr.

Die folgenden Verarbeitungsschritte sind im Skript *Ch_5_3_1_NormalizeTexts.sql* (siehe Anhang B) aufgeführt:

1. Mit einem INNER-Join werden die Tabellen $TA_NEWS_TEXT (siehe Abbildung 5.4) und $TM_MATRIX_NEWS_TEXT (siehe Abbildung 5.5) entlang der Spalten Dokumentenschlüssel (KEY) und Token (TA_TOKEN) bzw. Wort (TM_TERM) verknüpft. Stoppwörter und Satzzeichen, die nicht in der Tabelle $TM_MATRIX_NEWS_TEXT enthalten sind, werden durch diesen Schritt entfernt.

2. Mit der Tabelle $TA_NEWS_TEXT wird jedes Wort – sofern möglich – passend ersetzt. Die Ersatzform wird mit folgender Priorität gewählt:

- Ersetzen des Wortes durch seine Stammform, falls diese vorhanden ist: Die Stammform befindet sich in der Spalte TA_STEM, die nur bei Vorliegen einer Stammform einen Wert enthält und sonst *null* ist.
- Ersetzen des Wortes durch seine Grundform, falls diese gebildet werden kann: Sie befindet sich in der Spalte TA_NORMALIZED. Bei Satzzeichen ist diese beispielsweise nicht gefüllt.
- Kein Auswechseln, sondern Verwendung des Originalworts aus der Spalte TA_TOKEN.

Die Reduktion des Wortes gemäß der Fallunterscheidung in Schritt 2 lässt sich elegant mit der SQL-Funktion `COALESCE` implementieren:

```
COALESCE(TA_STEM, TA_NORMALIZED, TA_TOKEN) as TOKEN_REDUCED
```

Diese liefert von links nach rechts den ersten übergebenen Wert, der nicht *null* ist.

3. Die einzelnen Wörter werden pro Dokument wieder zu einem ganzen Text verkettet. Dies lässt sich mit der Aggregationsfunktion STRING_AGG erreichen:

```
STRING_AGG(TOKEN_REDUCED, ' ') as TEXT_STEM
```

4. Die zusammengesetzten Texte werden gemeinsam mit den Originalschlüsseln der Dokumente in der neuen Tabelle NEWSCORP_PREP gespeichert.

Wenn Sie das Skript erfolgreich ausgeführt haben, erscheint eine neue Tabelle *NEWSCORP_PREP* im Schema ML_TEXT. Diese enthält neben der Spalte KEY (zur Identifikation der Dokumente) zwei weitere Spalten:

- TEXT_ORG: den Dokumententext, bereinigt von Satzzeichen und Stoppwörtern. Die restlichen Wörter sind in der Originalform vorhanden.
- TEXT_STEM: wie TEXT_ORG, zusätzlich sind die Wörter gemäß den oben skizzierten Verarbeitungsschritten ersetzt.

Die Tabelle NEWSCORP_PREP und die darin aufbereiteten Texte werden wir im nächsten Abschnitt als Eingabe für die Themenextraktion nutzen.

5.3.2 Der Algorithmus Latent Dirichlet Allocation

Zur Themenextraktion wird der Algorithmus *Latent Dirichlet Allocation (LDA)* verwendet. Dieser wird von der Prozedur `PAL_LATENT_DIRICHLET_ALLOCATION` implementiert, die Sie in der PAL-Dokumentation [9] unter CLUSTERING ALGORITHMS • LATENT DIRICHLET ALLOCATION finden. Der Algorithmus generiert aus einem Dokumentenkorpus – den Eingabedaten – eine vom Nutzer vorgegebene Anzahl an Themen. Diese Themen werden durch Schlagwörter (engl.: *key words*) dargestellt. Jedem Dokument wird pro Thema ein Score zugewiesen, der die Relevanz des Themas für das jeweilige Dokument beschreibt. Die Scores der verschiedenen Themen je Dokument ergeben aufsummiert *1*.

☛ Hintergrundinformationen zur Latent Dirichlet Allocation

Der Algorithmus LDA zur Themenmodellierung wird im Paper »Latent Dirichlet Allocation« von D. Blei, A. Ng und M. Jordan beschrieben [22]. In diesem Paper finden Sie die mathematischen Hintergründe des Algorithmus und eine Beschreibung, wie diese Technik im Text Mining, z. B. zur Klassifikation von Texten, verwendet werden kann.

Einen guten Übersichtsartikel zur Themenmodellierung von Texten finden Sie in [23]. Der zugrunde liegende mathematische Algorithmus kam bereits in der genetischen Forschung zum Einsatz [24, 25]. Dies zeigt, dass der Algorithmus LDA nicht nur für Textdaten, sondern vielseitig einsetzbar ist.

Die PAL-Funktion wird, analog zu den in Kapitel 2 vorgestellten PAL-Algorithmen, mithilfe von zwei Eingabeparametern aufgerufen:

- DATA: der Dokumentenkorpus als Tabelle
- PARAMETER: eine Tabelle aus Schlüssel-/Wertepaaren mit den Konfigurationsparametern für die Ausführung des Algorithmus

Die Tabelle für den Eingabeparameter DATA hat eine festgelegte Struktur:

- Die erste Spalte ist der Primärschlüssel, der jedes Dokument eindeutig identifiziert.
- In der zweiten Spalte steht der Inhalt des Dokuments. Für diese Spalte sind textartige Datentypen wie VARCHAR, NVARCHAR oder CLOB zulässig.

Zum besseren Verständnis der Konfigurationsparameter hilft es, zunächst auch einen Blick auf die Ausgabetabellen (= Rückgabeparameter) des Algorithmus zu werfen:

- DOCUMENT_TOPIC_DISTRIBUTION: Scores der Themen für jedes Dokument. Diese Tabelle beschreibt somit, wie stark ein Thema in einem Dokument vertreten ist.
- WORD_TOPIC_ASSIGNMENT: Zuweisung von Schlagwörtern (der Themen) zu Dokumenten.
- TOPIC_TOP_WORDS: Die wichtigsten Schlagwörter pro Thema. Diese Ausgabetabelle zeigt also die eingangs erwähnte Gruppierung der Themen in Schlagwörtern.
- TOPIC_WORD_DISTRIBUTION: Die Scores der einzelnen Wörter für jedes Thema. Diese Tabelle beschreibt somit, wie wichtig ein bestimmtes Wort für ein Thema ist.
- DICTIONARY: Liste aller verwendeten Wörter.

In der Eingabetabelle PARAMETER können verschiedene Parameter zur Konfiguration des Algorithmus übergeben werden, wie etwa:

- *TOPICS (verpflichtend):* Anzahl der Themen, die gebildet werden sollen

- *MAX_TOP_WORDS:* Anzahl der Schlagwörter, die pro Thema in der Tabelle TOPIC_TOP_WORDS ausgegeben werden
- *THRESHOLD_TOP_WORDS:* Untere Grenze des Scores, den ein Wort haben muss, damit es einem Thema in der Tabelle TOPIC_TOP_WORDS zugeordnet wird
- *OUTPUT_WORD_ASSIGNMENT:* Steuert, ob die Tabelle WORD_TOPIC_ASSIGNMENT gefüllt werden soll (*1* ja, *0* nein)
- *SEED:* Initialisierung des Zufallszahlengenerators mit einer Zahl

Die Parameter MAX_TOP_WORDS und THRESHOLD_TOP_WORDS sind komplementär zueinander, d. h. Sie müssen genau einen dieser Parameter übergeben.

Die Berechnung der Tabelle WORD_TOPIC_ASSIGNMENT ist laufzeitintensiv; sie lässt sich bei Bedarf über den Parameter OUTPUT_WORD_ASSIGNMENT deaktivieren.

Der Parameter SEED steuert die Zufallseffekte bei der Ausführung: Da der Algorithmus mit Zufallswerten initialisiert wird, kann es von Ausführung zu Ausführung zu anderen Themenaufteilungen kommen. Mit der Festlegung einer Zahl in SEED erhalten Sie reproduzierbare Ergebnisse.

Generieren und füllen Sie die Tabelle für die Konfigurationsparameter im Schema ML_TEXT gemäß Listing 5.6. Dieses Listing sollten Sie im Schema ML_TEXT ausführen, da wir die erstellten Tabellen im Abschnitt 5.3.3 weiterverwenden.

```
SET SCHEMA ML_TEXT;
-- Bei zweiter Ausführung: Tabelle vorher löschen
-- DROP TABLE PAL_LDA_PARAMETER_TBL;

CREATE COLUMN TABLE PAL_LDA_PARAMETER_TBL (
    "PARAM_NAME" VARCHAR(256),
    "INT_VALUE" INTEGER,
    "DOUBLE_VALUE" DOUBLE,
```

```
    "STRING_VALUE" VARCHAR(1000));

-- Pflichtparameter
INSERT INTO PAL_LDA_PARAMETER_TBL VALUES (
    'TOPICS', 10, NULL, NULL);

-- Optionale Parameter
-- Alternativ zu MAX_TOP_WORDS: Angabe THRESHOLD_TOP_WORDS
INSERT INTO PAL_LDA_PARAMETER_TBL VALUES (
    'MAX_TOP_WORDS', 10, NULL, NULL);

-- Initialisierung Zufallsgenerator
INSERT INTO PAL_LDA_PARAMETER_TBL VALUES (
    'SEED', 42, NULL, NULL);

INSERT INTO PAL_LDA_PARAMETER_TBL VALUES(
    'OUTPUT_WORD_ASSIGNMENT', 1, NULL, NULL);
```

Listing 5.6: Parametertabelle für LDA aufbauen

Die eigentliche Ausführung des Algorithmus wird in einem anonymen Block gekapselt, siehe Listing 5.7, den Sie ebenfalls im Schema ML_TEXT ausführen sollten, damit die zuvor erstellte Tabelle PAL_LDA_PARAMETER_TBL gefunden wird. Das Ergebnis wird zur weiteren Benutzung zusätzlich in HANA-Tabellen (im Schema ML_TEXT) gespeichert. Nach Ausführung des Skripts befinden sich in der HANA-Tabelle PAL_LDA_DOCUMENT_TOPIC_DIST die Themenscores pro Dokument und in der HANA-Tabelle PAL_LDA_TOPIC_TOP_WORDS die Schlagwörter pro Thema.

```
-- Vor zweiter Ausführung: Tabellen löschen
-- DROP TABLE PAL_LDA_DOCUMENT_TOPIC_DIST;
-- DROP TABLE PAL_LDA_TOPIC_TOP_WORDS;

DO BEGIN

lt_data = SELECT KEY, TEXT_STEM FROM ML_TEXT.NEWSCORP_PREP;
```

```
lt_param = SELECT * FROM PAL_LDA_PARAMETER_TBL;

CALL _SYS_AFL.PAL_LATENT_DIRICHLET_ALLOCATION (
    :lt_data,
    :lt_param,
    lt_document_topic_distribution,
    lt_word_topic_assignment,
    lt_topic_top_words,
    lt_topic_word_distribution,
    lt_dictionary,
    lt_statistics,
    lt_cv_parameter);

-- Ausgabe Themen und Schlagwörter pro Thema
SELECT * FROM :lt_topic_top_words;
-- Ausgabe Dokument zu Thema
SELECT * FROM :lt_document_topic_distribution;

-- Einfügen der Ergebnisse in DB-Tabellen zur späteren
-- Verwendung
CREATE TABLE PAL_LDA_DOCUMENT_TOPIC_DIST AS (SELECT * FROM ⏎
:lt_document_topic_distribution);
CREATE TABLE PAL_LDA_TOPIC_TOP_WORDS AS (SELECT * FROM :lt_⏎
topic_top_words);
-- Ausgelassen: weitere Ergebnistabellen speichern
END;
```

Listing 5.7: Ausführung der Latent Dirichlet Allocation

☛ Quellcode zur Themenextraktion

Den kompletten Code zur Ausführung finden Sie im Skript *Ch_5_3_2_Call_LDA_Topicextraction.sql* im Quellcodeverzeichnis (Anhang B).

In Abbildung 5.10 erhalten Sie mit den Schlagwörtern aus der Tabelle PAL_LDA_TOPIC_TOP_WORDS einen ersten Eindruck von der inhaltlichen Bedeutung der Themen.

TOPIC_ID	WORDS
0	film award show star director year good actor best role
1	game TV technology people music phone player device mobile medium
2	England game player club side wale team Ireland France cup
3	people service user system program network software site net information
4	law lord case court right decision bill home police ms
5	year world music song band record album title woman champion
6	company firm share deal market year group sale profit business
7	country government world state report eu work union people aid
8	year economy growth price rate bank figure job sale uk
9	labor party election Blair minister people brown government tax Howard

Abbildung 5.10: Schlagwörter pro Thema

Betrachten wir einige der Themen etwas genauer: Die Themen *6* und *8* handeln von Wirtschaftsnachrichten, wobei Thema *6* vor allem auf einzelne Firmen (»company«, »firm«, »share«) und Ergebnisberichte (»sale«, »profit«, »year«) fokussiert, während Thema *8* eher von Berichten zur allgemeinen Wirtschaftslage (»year«, »economy«, »growth«, »price«) geprägt ist. Im Unterschied dazu handelt z. B. Thema *0* von Filmen und allem rund um das Filmgeschehen (»film«, »award«, »star«, »director«), während Thema *2* Sportereignisse und Mannschaften umfasst (»England«, »Ireland«, »game«, »club«, »team«, »cup«). Ein tieferes Verständnis der Themen erhalten Sie, wenn Sie sich passende Dokumente zu den einzelnen Themen heraussuchen. Dies führt uns zur nächsten Ergebnistabelle.

Die Tabelle PAL_LDA_DOCUMENT_TOPIC_DIST zeigt für jedes Dokument (Spalte KEY) den Score pro Thema (Spalte PROBABILITY), siehe Abbildung 5.11. Der Score liegt zwischen *0* und *1*. Je höher der Score, desto wichtiger ist das jeweilige Thema für das Dokument.

In unserem Beispiel sieht man, dass für das Dokument *1* das Thema *1* sehr wichtig ist, da es einen Score von *0,63* hat. Die anderen Themen sind deutlich schwächer vertreten.

KEY	TOPIC_ID	PROBABILITY
1	0	0,0505050505050504
1	1	0,632996632996633
1	2	0,02356902356902357
1	3	0,12121212121212122
1	4	0,02356902356902357
1	5	0,0202020202020204
1	6	0,04377104377104377
1	7	0,02356902356902357
1	8	0,03367003367003367
1	9	0,026936026936026935
2	0	0,04054054054054054
2	1	0,04054054054054054
2	2	0,060810810810810814

Abbildung 5.11: Themenscore pro Dokument

Es gibt sowohl Dokumente, die größtenteils von einem Thema handeln, etwa das gerade betrachtete Dokument *1*, als auch solche, für die mehrere Themen relevant sind. Abbildung 5.12 zeigt die Themenscores für ein Dokument, das größtenteils von Thema *2* dominiert wird. Abbildung 5.13 hingegen zeigt das Beispiel eines Dokuments, in dem die beiden Themen *7* und *9* stark vertreten, aber auch andere Themen erkennbar sind.

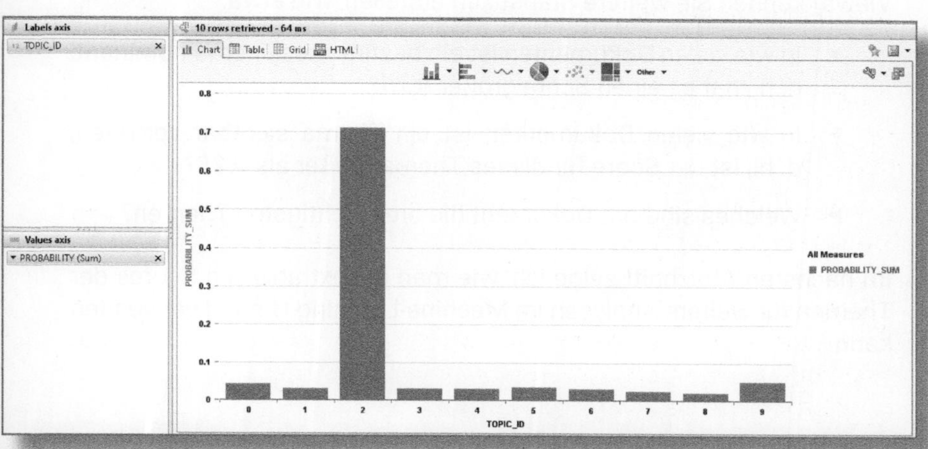

Abbildung 5.12: Themenverteilung von Dokument 873

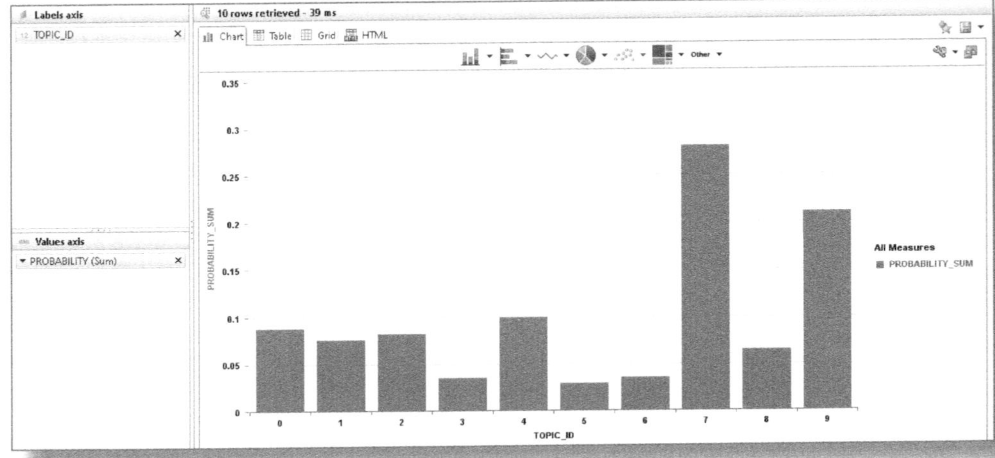

Abbildung 5.13: Themenverteilung von Dokument 1010

Mit der Funktion »Datenvorschau« (in Eclipse) können Sie ein Kreisdiagramm zeichnen, das den durchschnittlichen Score jedes Themas über alle Dokumente zeigt, siehe Abbildung 5.14.

Mit den Themenscores und einigen SQL-Handgriffen (oder Calculation Views) können Sie weitere Statistiken erstellen, wie etwa:

- In wie vielen Dokumenten ist ein bestimmtes Thema dominant, d. h., hat es einen Score größer *0.75*?
- In wie vielen Dokumenten ist ein Thema sichtbar vertreten, d. h., ist der Score für dieses Thema größer als *0.25*?
- Welches sind pro Dokument die drei wichtigsten Themen?

Im nächsten Abschnitt zeige ich, wie man die extrahierten Scores der Themen für weitere Analysen im Machine-Learning-Umfeld verwenden kann.

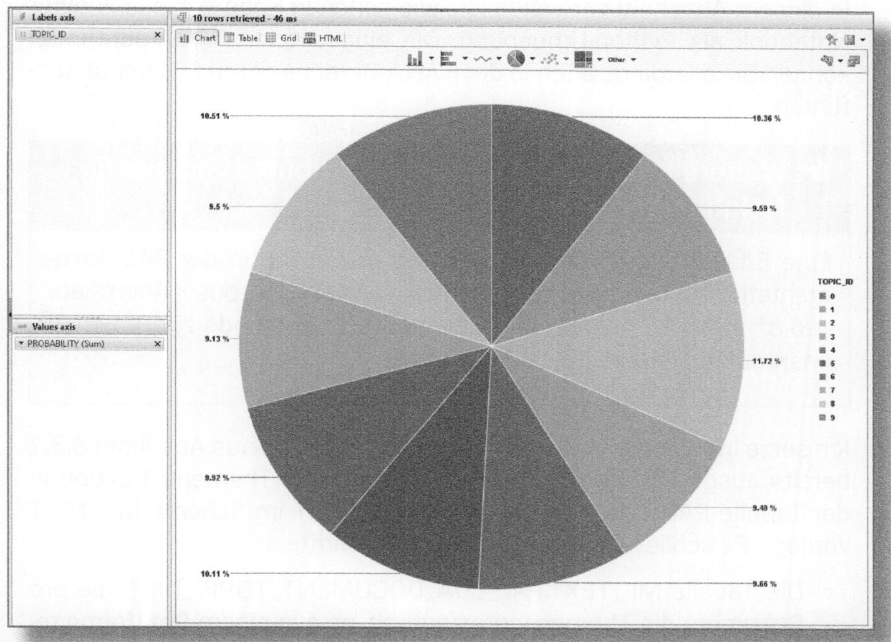

Abbildung 5.14: Anteil der Themen im gesamten Korpus

5.3.3 Visualisierung der Themenscores in Python

Die vom Algorithmus Latent Dirichlet Allocation berechneten Scores für die generierten Themen lassen sich als numerische Features der Dokumente auffassen. Beim Generieren von beispielsweise *10* Themen erhält man *10* numerische Features pro Dokument. Die gleichzeitige Visualisierung von mehr als drei numerischen Features ist allerdings generell eher schwierig. Abhilfe schaffen Algorithmen zur Dimensionsreduktion. Die PAL stellt hierzu den Algorithmus *t-distributed Stochastic Neighbour Embedding (t-SNE)* bereit. Mit dessen Anwendung lassen sich die Themenscores der Dokumente in einem Streudiagramm visualisieren und anschließend mit Clustering-Verfahren zu Gruppen zusammenfassen. Die inhaltlichen Gemeinsamkeiten zwischen Dokumenten, die sich in einer ähnlichen Verteilung der Themenscores widerspiegeln, sind somit grafisch erkennbar.

In diesem Abschnitt verwende ich, wie schon in Kapitel 4, das Jupyter Notebook als Python-Umgebung. Die eingesetzten PAL-Algorithmen können Sie allerdings auch in der HANA-Datenbank mit SQLScript ausführen.

Weitere Informationen zum t-distributed Stochastic Neighbour Embedding

Eine Erläuterung dieses Algorithmus finden Sie in der PAL-Dokumentation [9] unter PAL PROCEDURES • MISCELLANEOUS • T-DISTRIBUTED STOCHASTIC NEIGHBOUR EMBEDDING. Hintergründe zur Dimensionsreduktion bietet [12, S. 233].

Ich setze im Weiteren voraus, dass Sie alle Schritte aus Abschnitt 5.3.2 bereits ausgeführt haben und das Ergebnis der Themenextraktion in der Tabelle PAL_LDA_DOCUMENT_TOPIC_DIST im Schema ML_TEXT vorliegt. Es schließen sich nun folgende Schritte an:

1. Die Tabelle ML_TEXT.PAL_LDA_DOCUMENT_TOPIC_DIST, die pro Dokument die Themenscores enthält, wird in einem Dataframe referenziert.
2. Durch Verwendung der Pivot-Funktion des Dataframes werden die Themenscores in Spalten transponiert. Alle Themenscores zu einem Dokument stehen nun in einer Zeile.
3. Der t-SNE-Algorithmus wird zur Dimensionsreduktion und Visualisierung der auf drei Dimensionen projizierten Daten in einem Streudiagramm eingesetzt. Jeder Punkt im Streudiagramm entspricht nun einem Dokument.
4. Abschließend erfolgt das Clustering der Dokumente mit den projizierten Features und die Visualisierung der Clusterzuweisung in einem Streudiagramm.

Quellcode zur Themenvisualisierung

Den kompletten Quellcode zu allen vier Schritten finden Sie im Skript *Ch_5_3_3_TopicVisualisation.py* im Quellcodeverzeichnis (Anhang B).

Im Weiteren zeige ich das Vorgehen anhand von Ausschnitten aus dem Quellcode.

Zunächst erstellen Sie einen Dataframe, der die Tabelle PAL_LDA_DOCUMENT_TOPIC_DIST repräsentiert. Dieser zeigt für jedes Dokument (Spalte KEY) und Thema (TOPIC_ID) den Score (Spalte PROBABILITY), siehe Listing 5.8 und Abbildung 5.15.

```
from hana_ml import dataframe

connection = dataframe.ConnectionContext(KEY = 'DEV')
df = connection.table('PAL_LDA_DOCUMENT_TOPIC_DIST',
    schema = 'ML_TEXT')

# Beispielausgabe
df.sort(['KEY','TOPIC_ID']).head(20).collect()
```

Listing 5.8: HANA Dataframe mit Ergebnis der Themenextraktion

	KEY	TOPIC_ID	PROBABILITY
0	1	0	0.050505
1	1	1	0.632997
2	1	2	0.023569
3	1	3	0.121212
4	1	4	0.023569
5	1	5	0.020202
6	1	6	0.043771
7	1	7	0.023569
8	1	8	0.033670
9	1	9	0.026936
10	2	0	0.040541
11	2	1	0.040541

Abbildung 5.15: Ausgabe der Themenscores

Die Scores zu den einzelnen Themen sind in verschiedenen Zeilen dargestellt. Für die Verwendung der PAL-Funktion ist es aber notwendig, dass sämtliche Features zu einem Dokument in *einer* Tabellenzeile stehen. Dies realisieren Sie mit der Dataframe-Methode `pivot_table`: Wie in Listing 5.9 gezeigt, werden die Themen-IDs (Spalte `TOPIC_ID`) in einzelne Spalten verteilt, in denen der Themenscore (`values = 'PROBABILITY'`) des Themas pro Dokument (`index = 'KEY'`) abgebildet wird.

```
topics_pivot = df.pivot_table(columns = 'TOPIC_ID',
    values = 'PROBABILITY',
    index = 'KEY',
    aggfunc = 'AVG')

topics_pivot.collect()
```

Listing 5.9: Transponieren der Themenscores in Spalten

Als Ergebnis erhalten Sie die Ausgabe in Abbildung 5.16: Alle Themenscores zu einem Dokument stehen nun in einer Zeile.

	KEY	4	5	6	0	2	1	9	8	7	3
0	1	0.023569	0.020202	0.043771	0.050505	0.023569	0.632997	0.026936	0.033670	0.023569	0.121212
1	2	0.472973	0.040541	0.155405	0.040541	0.060811	0.040541	0.047297	0.047297	0.047297	0.047297
2	3	0.043860	0.052632	0.061404	0.070175	0.342105	0.070175	0.070175	0.087719	0.096491	0.105263

Abbildung 5.16: Ergebnis des Pivot-Befehls

Der Dataframe `topics_pivot` besitzt für jedes Dokument 10 Features und hat das passende Format, um den Algorithmus t-SNE anzuwenden. Listing 5.10 zeigt, wie Sie die Klasse `TSNE` initialisieren und die Methode `fit_predict` einsetzen. Letztere berechnet aus den Eingabedaten in `topics_pivot` einen neuen Dataframe `df_tsne_res`, der eine Projektion der Themenscores auf drei Dimensionen enthält.

```
from hana_ml.algorithms.pal.tsne import TSNE

tsne = TSNE(n_iter = 500,
```

```
    random_state = 1,
    n_components = 3,
    angle = 0.0,
    exaggeration = 20,
    learning_rate = 200,
    perplexity = 30,
    object_frequency = 50,
    thread_ratio = 0.5)

df_tsne_res, stats, obj = tsne.fit_predict(
    data = topics_pivot,
    key = 'KEY')

df_tsne_res.collect()
```

Listing 5.10: Anwenden des t-SNE-Algorithmus

Das Ergebnis nach Ausführen des Codes lässt sich durch verschiedene Konfigurationsmöglichkeiten beeinflussen:

- `random_state`: wirkt auf die Initialisierung des Algorithmus. Je nach Wert wird eine andere Projektion gebildet, und es ändert sich folglich die Visualisierung im Streudiagramm. Es lohnt sich, zunächst verschiedene Werte auszuprobieren und dann einen festzulegen, der Ihnen eine gute Visualisierung sicherstellt. Wenn Sie als Wert *0* übergeben, findet immer eine zufällige Initialisierung statt.
- `n_components`: bestimmt die Anzahl der Dimensionen der Ausgabedaten; erlaubte Werte sind *2* oder *3*.
- `exaggeration`: beeinflusst den Abstand zwischen Punktwolken im Ergebnis. Größere Werte bewirken, dass verschiedene Punktwolken in der Visualisierung deutlicher voneinander getrennt erscheinen.

Auch die Parameter `n_iter`, `angle`, `learning_rate` und `perplexity` beeinflussen das Ergebnis. Abbildung 5.17 zeigt beispielhaft den Inhalt vom Dataframe `df_tsne_res` nach der Ausführung von Listing 5.10. Pro Dokument (Spalte KEY) existieren nun nur noch drei Features, bezeichnet durch `X`, `Y` und `Z`. Diese drei Features tragen für sich keine

Semantik, enthalten aber die ursprünglichen Themenscores in kodierter Form.

	KEY	x	y	z
0	1	29.313887	-9.941541	-4.775856
1	2	-14.169135	-14.741251	-3.152347
2	3	-12.002411	11.851415	-1.963400
3	4	-30.605350	5.173104	9.996662
4	5	20.333631	0.553058	23.388927
...	...	...	...	...

Abbildung 5.17: Ergebnis des t-SNE-Algorithmus

Der Algorithmus t-SNE projiziert die Ausgangsdaten (mit 10 Features) somit auf Punkte in drei Dimensionen. Die Vorschrift (mathematisch die *Funktion*) zur Abbildung der Punkte wird vom Algorithmus so gewählt, dass die Informationen über die Abstände zwischen den Originalpunkten in der Projektion möglichst gut erkennbar sind: Zwei Punkte, die in den Ausgangsdaten nahe beieinander liegen, liegen im Ergebnis ähnlich dicht zusammen. Voneinander entfernte Punkte sind auch im Ergebnis voneinander getrennt. Somit eignet sich die reduzierte Datenmenge zur Visualisierung von Gruppen und zum Erkennen von Zusammenhängen in den Daten. Wie in Listing 5.11 gezeigt, können Sie die dreidimensionalen Daten mit einem Streudiagramm darstellen. Die dritte Koordinate (z) wird durch die Einfärbung der Punkte dargestellt.

```
pd_res = df_tsne_res.collect()

pd_res.plot(kind = 'scatter',
    x = 'x',
    y = 'y',
    c = 'z',
    cmap = 'coolwarm')
```

Listing 5.11: Streudiagramm vom t-SNE-Ergebnis

Die Visualisierung sehen Sie in Abbildung 5.18. Jeder Punkt entspricht nun einem Dokument. Man kann einzelne Gruppen ausmachen, die sich in bestimmten Regionen mit höherer Dichte konzentrieren.

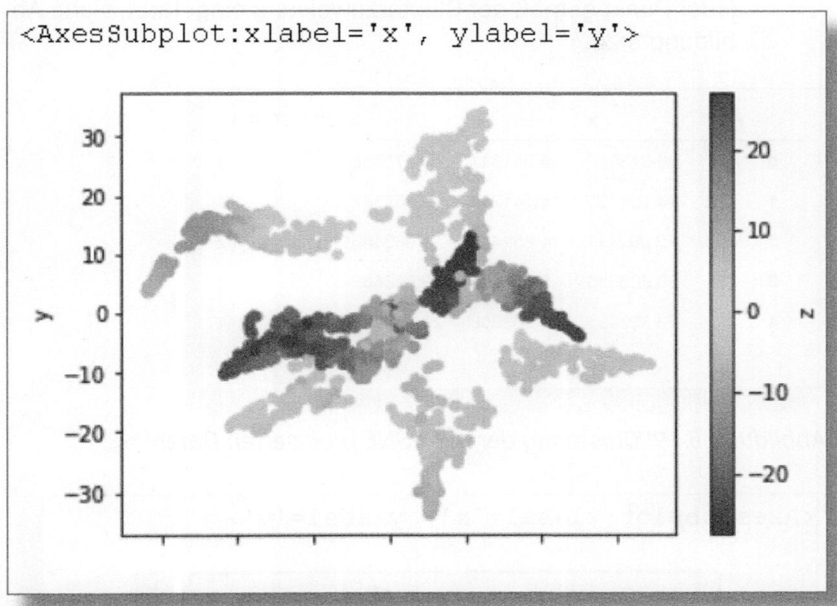

Abbildung 5.18: Streudiagramm der projizierten Daten

Mit einem Clustering-Verfahren lassen sich die visuell erkennbaren Gruppen zusammenfassen und die einzelnen Dokumente darin zuordnen. Hierfür bietet sich das im Abschnitt 4.3.2 vorgestellte Verfahren DBSCAN an. Dieser Algorithmus arbeitet dichtebasiert, d. h., Punkte in Regionen mit hoher Dichte werden zu Clustern zusammenfasst. Dazu können Sie folgendermaßen vorgehen:

- Sie führen mit dem DBSCAN-Algorithmus ein Clustering der Daten im Dataframe `df_tsne_res` – den auf drei Dimensionen projizierten Daten aus Listing 5.11 – aus.
- Als Ergebnis erhalten Sie den Dataframe `df_cluster_assignment` mit den Clusterzuweisungen pro Dokument. Diesen verknüpfen Sie über eine JOIN-Operation mit den Daten im

Dataframe `df_tsne_res` und erhalten als Ergebnis Abbildung 5.19.

- Sie erstellen erneut ein Streudiagramm. Diesmal erscheint jeder Punkt gemäß der Clusterzuweisung eingefärbt, siehe Abbildung 5.20.

	KEY	x	y	z	CLUSTER_ID
0	1	29.313887	-9.941541	-4.775856	0
1	2	-14.169135	-14.741251	-3.152347	1
2	3	-12.002411	11.851415	-1.963400	2
3	4	-30.605350	5.173104	9.996662	3
4	5	20.333631	0.553058	23.388927	4
...	...	...	...	...	...

Abbildung 5.19: Clustering der mit t-SNE projizierten Daten

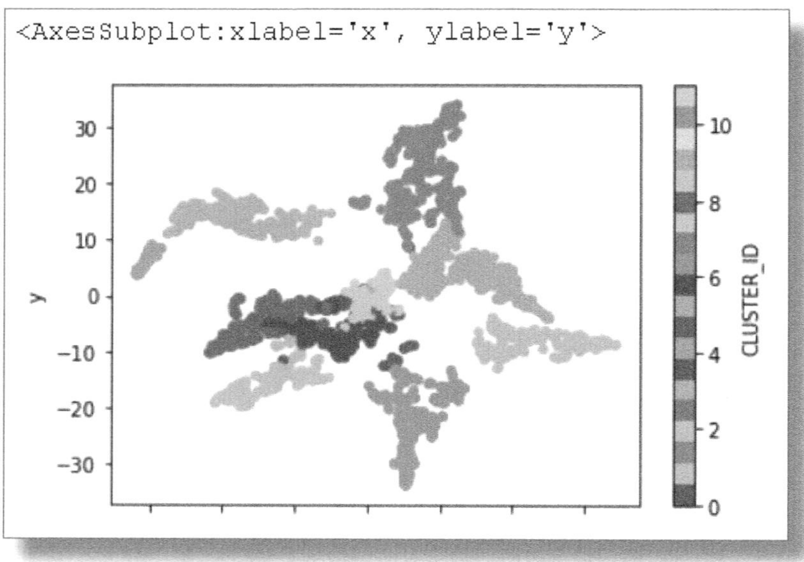

Abbildung 5.20: Streudiagramm mit Clusterzuweisung

> **☛ Quellcode zum Clustern der projizierten Daten**
>
> Den vollständigen Code hierzu finden Sie im bereits erwähnten Skript *Ch_5_3_3_TopicVisualisation.py* ab dem Block »Clustern der projizierten Daten«.

5.4 Textklassifikation mit dem Python ML Client

Der Python ML Client bietet ab Version 2.8 die Nutzung der HANA-Funktionen zum Text Mining in Python. In diesem Abschnitt zeige ich den Einsatz der Funktion *Textklassifikation*. Diese kategorisiert Dokumente mithilfe von Referenzdokumenten, bei denen die Kategorie vorgegeben ist.

Das Vorgehen gliedert sich in folgende Schritte:

1. Als Grunddatenmenge wird der Dokumentenkorpus von Nachrichten aus Abschnitt 5.1 verwendet. Jedes Dokument ist in eine von fünf Kategorien eingeteilt.
2. Aus dem Dokumentenkorpus wird eine Teilmenge von Referenzdokumenten und eine Teilmenge von Testdokumenten selektiert.
3. Der Klassifikationsalgorithmus verwendet die bekannte Kategorienzuordnung der Referenzdokumente, um die Kategorie der Testdokumente vorherzusagen.
4. Durch Vergleich der vorhergesagten und der tatsächlichen Kategorien der Testdokumente wird die Verallgemeinerungsfähigkeit des Algorithmus ermittelt.

Das Vorgehen ist vergleichbar mit den Klassifikationsanalysen von strukturierten Daten aus Abschnitt 2.1.

Die Textklassifikation gehört ebenso zur Kategorie der beaufsichtigten Lernalgorithmen (vgl. Abschnitt 1.2.2). Die Funktion kapselt zwei Schritte in einem: Aus den Eingabedokumenten werden zunächst numerische Features extrahiert. Diese numerischen Features werden als Eingabe für den Algorithmus *Nächste-Nachbarn-Klassifizierung* (engl.: *k-nearest neighbours – k-NN*) verwendet. Bei diesem Klassifikationsalgorithmus entfällt der separate Trainingsschritt der Modellerstellung.

☛ Extraktion von numerischen Features aus Texten

Die meisten Klassifikationsalgorithmen können nur numerische Eingabedaten verarbeiten. Vor Anwendung dieser Algorithmen müssen deshalb aus den Texten zunächst numerische Features extrahiert werden. Die Funktion »Textklassifikation« nutzt dafür den in Abschnitt 5.2 vorgestellten Text-Mining-Index der HANA-Datenbank. Mit diesem wird implizit das Bag-of-words-Modell erstellt, das Informationen über die Verteilung der Wörter in den einzelnen Dokumenten enthält, siehe Abschnitt 5.2.1.

Betrachten wir nun die Implementierung in Python: Zunächst werden die Dokumente der Tabelle NEWSCORP aus dem Schema ML_TEXT in einem Dataframe referenziert. Da die Textklassifikation eine bestimmte Struktur als Eingabe erwartet, werden die Spalten des Dataframes entsprechend umbenannt, siehe Listing 5.12. Zusätzlich wird die Spalte TEXT in den Datentyp `NVARCHAR(5000)` umgewandelt.

```
from hana_ml import dataframe

connection = dataframe.ConnectionContext(KEY = 'DEV')

df_newscorp = connection.table('NEWSCORP',
    schema = 'ML_TEXT')

# Umwandeln von CLOB nach NVARCHAR
df_text = df_newscorp.cast('TEXT', 'NVARCHAR(5000)')

# Spalten umbenennen nach Vorgabe Textklassifikation
df_input_knn = df_text.select(('KEY','ID'),
    ('TEXT','CONTENT'),
    'CATEGORY')
```

```
# Ausgabe der Daten zur Kontrolle
df_input_knn.collect()
```

Listing 5.12: HANA Dataframe für den Dokumentenkorpus

Der Dataframe `df_input_knn` enthält nun die Dokumente in der für die Textklassifikation korrekten Form. Aus ihm selektieren Sie die Referenzdokumente, repräsentiert durch `df_reference`, und die Testdokumente, repräsentiert durch `df_input_test`, wie in Listing 5.13.

```
# Referenzdokumente => die ersten 1000 Dokumente
df_reference = df_input_knn.filter('ID <= 1000')

# Testdokumente => Zufällig 250 mit ID > 1000
df_test = df_input_knn.filter('ID > 1000').head(250)

# Zielvariable CATEGORY entfernen
df_input_test = df_test.drop('CATEGORY')
df_input_test.collect()
```

Listing 5.13: Splitten der Dokumentenmenge

Nun können Sie die Funktion `text_classification` aus dem Paket `hana_ml.text.tm` aufrufen. Sie erhält folgende Eingabeargumente:

- `pred_data` = den Dataframe mit den Dokumenten, deren Kategorie vorhergesagt werden soll,
- `ref_data` = den Dataframe, der die Referenzdokumente mit bekannter Kategorienzuordnung enthält,
- `k_nearest_neighbour` = die Anzahl der benachbarten Dokumente aus der Referenzmenge, die pro Dokument für die Klassifikation verwendet werden (siehe folgenden Hinweiskasten).

Details zu Nächste-Nachbarn-Klassifizierung (k-NN)

Mit den numerischen Features aus dem Bag-of-words-Modell lässt sich eine *Distanz* definieren, die die Ähnlichkeit zwischen den einzelnen Dokumenten beschreibt. Diese Distanz basiert auf dem in

Abschnitt 5.2.2 bei der Dokumentensuche vorgestellten »Ähnlichkeitsscore«. Die Nächste-Nachbarn-Klassifizierung nutzt diese Distanz folgendermaßen:

Für ein Eingabedokument, zu dem die Kategorie prognostiziert werden soll, werden diejenigen Dokumente *(k)* der Referenzmenge selektiert, die dem Eingabedokument am meisten ähneln. Für *k = 5* wären das beispielsweise die fünf ähnlichsten Dokumente. Die Kategorie, die unter den selektierten Referenzdokumenten am häufigsten vorkommt, ergibt dann die vorhergesagte Kategorie für das Eingabedokument. Die Python-API für PAL bietet mit den Klassen `KNNClassifier` und `KNNRegressor` auch die direkte Verwendung der Nächste-Nachbarn-Klassifizierung in anderen Szenarien außerhalb der Textklassifikation an.

Weitere Erläuterungen zum Algorithmus k-NN finden Sie im Wikipedia-Artikel [26].

Listing 5.14 zeigt den Aufruf der Funktion `text_classification`. Das Ergebnis der Klassifikation wird im Dataframe `res` gespeichert. Abbildung 5.21 zeigt die Rückgabe der Funktion. Zu jedem Dokument (Spalte ID) werden nun die möglichen Kategorien (CATEGORY_VALUE) zusammen mit der auf dem Score basierenden Reihenfolge (RANK) aufgeführt. Der Score ist die vom Algorithmus berechnete Wahrscheinlichkeit, dass das Dokument zu dieser Kategorie gehört. Die Kategorie mit RANK = *1* ist die wahrscheinlichste Kategorie für das Dokument gemäß der Prognose des Algorithmus.

```
from hana_ml.text.tm import text_classification

res = text_classification(pred_data = df_input_test,
    ref_data  = df_reference,
    k_nearest_neighbours = 5,
    thread_ratio = 0.5)

res.select('ID','RANK','CATEGORY_VALUE','SCORE').collect()
```

Listing 5.14: Aufruf der Textklassifikation

	ID	RANK	CATEGORY_VALUE	SCORE
0	1091	1	entertainment	0.03209062599897779394231278615734482
1	1091	2	business	0.01550889349764646325813277627503339
2	1091	3	sport	0.01054621968464867186321409775473512
3	1092	1	sport	0.1116827176054984022135485588478332
4	1092	2	entertainment	0.04537241423501871956380782080486824
...	...	...	...	...
372	1511	1	business	0.0348924426220708350232513339506113
373	1511	2	tech	0.01518136979861864875596122459455728

Abbildung 5.21: Ergebnis der Textklassifikation

Für den Vergleich zwischen prognostizierter und korrekter Kategorie reduzieren Sie die Ergebnismenge (`res`) auf die Sätze mit *RANK = 1* und verknüpfen die Prognose (`res_predicted`) mit den Eingabedaten (`df_input_knn`), in denen auch für die Dokumente der Testmenge die richtige Kategorie hinterlegt ist, siehe Listing 5.15.

```
res_predicted = res.filter('RANK = 1').select('ID',
    'CATEGORY_VALUE',
    'SCORE')

compare = res_predicted.alias('RES').join(
    df_input_knn.alias('INP'),
    condition = 'RES.ID = INP.ID',
    how = 'inner',
    select = [('RES.ID','KEY'),
    ('INP.CATEGORY','CAT_ACTUAL'),
    ('RES.CATEGORY_VALUE','CAT_PREDICTED'),
    ('RES.SCORE','SCORE')
    ])

compare.sort(['KEY','CAT_ACTUAL']).collect()
```

Listing 5.15: Vergleich von Prognose und Ist

Der Dataframe `compare` enthält pro Dokument jeweils die korrekte und die prognostizierte Kategorie. Durch Aggregation der Daten können Sie zählen, wie viele Dokumente aus den Testdaten pro Kategorie richtig einsortiert wurden, siehe Listing 5.16 und Abbildung 5.22.

```
compare_agg = compare.agg(
    agg_list = [('count','KEY','col_count')],
    group_by = ['CAT_ACTUAL','CAT_PREDICTED'])
.sort(['CAT_ACTUAL','CAT_PREDICTED'])

compare_agg.collect()
```

Listing 5.16: Zählen der richtigen und falschen Klassifikationen

	CAT_ACTUAL	CAT_PREDICTED	col_count
0	business	business	56
1	business	entertainment	2
2	business	politics	1
3	business	sport	1
4	business	tech	1
5	entertainment	business	1
6	entertainment	entertainment	35
7	entertainment	politics	2
8	entertainment	tech	4

Abbildung 5.22: Anzahl der korrekten und falschen Klassifikationen

Aus dem Ergebnis der Aggregation bzw. Abbildung 5.22 können Sie ablesen, dass ein Großteil der Dokumente richtig klassifiziert wurde. Die Zeilen mit Übereinstimmung in CAT_ACTUAL und CAT_PREDICTED geben die Anzahl der korrekt klassifizierten Dokumente an. Die von den Klassifikationsalgorithmen bekannten Bewertungskriterien, wie die Konfusionsmatrix und daraus abgeleitete Kennzahlen (siehe Abschnitt 2.1.2), lassen sich für dieses Szenario analog berechnen.

Einfluss der Parameter untersuchen

Führen Sie die Textklassifikation erneut aus, wobei Sie den Parameter `k_nearest_neighbours` variieren. Wie verändert sich die Prognosegenauigkeit? Verändern Sie auch die Anzahl der Referenzdokumente, indem Sie mal mehr und mal weniger Dokumente aufnehmen.

Themenextraktion und Klassifikation kombinieren

Die in Abschnitt 5.3 beschriebene Technik zur Themenextraktion erlaubt es, eine flexibel wählbare Anzahl an numerischen Features (in Form der Themenscores) aus den Dokumenten zu bilden. Diese numerischen Features können Sie wiederum als Input für beliebige Klassifikationsalgorithmen der PAL verwenden, z. B. die logistische Regression oder Support Vector Machine. Dies gibt Ihnen eine größere Freiheit bei der Wahl der Klassifikationsverfahren.

6 Integration in SAP-Anwendungen

In diesem Kapitel skizziere ich, wie Sie die in den vorhergehenden Kapiteln erlernten Techniken in SAP-Anwendungen integrieren können. Dazu gehören HANA-native Applikationen, ABAP-basierte Systeme, S/4, BW/4 und SAP Data Intelligence.

6.1 Vergleich der SAP-Produkte und -Techniken

Folgende SAP-Produkte bieten Machine-Learning-Funktionen an oder erlauben die Integration der HANA-Funktionen:

- SAP HANA als Stand-alone-Lösung oder SAP HANA Cloud
- SAP S/4HANA
- SAP Business Warehouse: BW/4HANA oder BW on HANA
- SAP Predictive Analytics
- SAP Data Intelligence
- SAP Analytics Cloud
- SAP AI Business Services

Tools wie SAP Analytics Cloud oder Data Intelligence gestatten die grafische und geführte Modellierung von ML-Szenarien. Für codebasierte Entwicklungen auf der Basis von HANA-Funktionen bieten sich folgende Implementierungstechniken an:

- HANA-native Entwicklung mit SQLScript
- ABAP-basierte Entwicklung mit eingebettetem SQLScript
- Verwendung des Machine Learning Client für HANA in Python oder R Script

6.1.1 Native SAP-HANA-Entwicklung

Betrachten wir zunächst den Ansatz, die Machine-Learning-Funktionen in einer eigenständigen HANA-Datenbank einzusetzen, die nicht als Systemdatenbank für ein BW- oder S/4-System genutzt wird. Bei diesem Szenario implementieren Sie die Logik in SQLScript und verwenden HANA-native Artefakte wie Datenbankprozeduren, Tabellenfunktionen oder Calculation Views (siehe Abschnitt 6.2). Zusätzlich können Sie von Python direkt auf die Datenbank zugreifen und mit den in Kapitel 4 gezeigten Techniken Daten untersuchen oder ML-Algorithmen in SAP HANA ausführen.

Aus der Nutzung des Dienstes SAP HANA Cloud, der über die *SAP Business Technology Platform (SAP BTP)* als ein von der SAP verwalteter Datenbankdienst (engl.: *managed database service*) bereitgestellt wird, ergeben sich Vorteile wie ein geringerer Einrichtungs- und Wartungsaufwand für eine HANA-Instanz oder eine flexible Skalierung von Speicher- und Rechenressourcen. Da der Cloud-Dienst quartalsweise aktualisiert wird, erhalten Sie regelmäßig den neuesten Stand der nativen HANA-Bibliotheken, etwa der PAL oder APL, und somit sehr schnell Zugriff auf neue, spannende Funktionen.

Mit den Applikationsframeworks SAP XSA (für HANA On-Premise) oder SAP CAPM (Cloud Application Programming Model für HANA Cloud) können Sie die ML-Algorithmen in eigenentwickelte Applikationen integrieren oder in einem Webservice kapseln und somit den externen Zugriff ermöglichen.

6.1.2 SAP S/4HANA

Für S/4HANA liefert die SAP standardmäßig Prognoseapplikationen zur Unterstützung verschiedener Geschäftsprozesse aus. Diese Applikationen nutzen das virtuelle S/4-Datenmodell der jeweiligen Module und trainieren Machine-Learning-Modelle in der HANA-Datenbank. Eigene Modelle können Sie mit dem Tool *Intelligent Scenario Lifecycle Management (ISLM)* trainieren und verwalten. Dieses Tool unterstützt zwei Ansätze:

1. *Embedded Machine Learning:* Verwendung der PAL und APL der HANA-Instanz des S/4-Systems

2. *External Machine Learning:* Einbindung von externen Prognosefunktionen aus SAP Data Intelligence (SAP DI)

Beim ersten Ansatz werden die ML-Algorithmen in der HANA-Instanz des S/4-Systems ausgeführt. ISLM bietet hierzu ein UI, mit dem Sie neue Machine-Learning-Szenarien erstellen, die Sie im S/4-Framework »Embedded Analytics« oder in eigener ABAP-Businesslogik verwenden können. Weitere Informationen hierzu finden Sie im SAP-Blog »Leveraging Machine Learning with the ISLM Framework« [27].

Wenden Sie hingegen gemäß dem zweiten Ansatz SAP DI an, findet der gesamte Entwicklungsprozess der ML-Modelle in der Software SAP Data Intelligence statt. Nach dem Trainingsprozess werden die produktionsreifen Modelle von SAP DI zur externen Nutzung in einem Webservice gekapselt. Dieser Webservice lässt sich im S/4-System in ISLM einbinden und wird zum Zeitpunkt der Prognosebildung aufgerufen.

6.1.3 SAP BW/4HANA oder BW on HANA

In SAP BW wird mit BW/4HANA der frühere Analyse-Prozessdesigner (APD) durch den *SAP-HANA-Analyseprozess (HAP)* ersetzt. Mit diesem können Sie auf Basis von BW-Infoprovidern verschiedene Analyseszenarien durchführen. Der HAP führt die komplette Verarbeitungslogik in der Datenbank unter Verwendung der HANA-Algorithmen aus. Über eine grafische Modellierungsoberfläche können Sie eine kleine, vorgegebene Auswahl der PAL-Algorithmen wie K-Means-Clustering oder Zeitreihenanalysen auf verschiedene BW-Infoprovider anwenden. Der Expertenmodus des HAP bietet die Möglichkeit, existierende Datenbankprozeduren einzubinden oder in einem SQL-Editor ad hoc eigene Skripte zu implementieren. Damit können Sie die ML-Funktionen von SAP HANA im BW flexibel nutzen. Für die prototypische, experimentelle Entwicklung des SQLScript-Codes ist die zusätzliche Verwendung einer nativen SQL-Konsole (außerhalb des HAP, wie in Kapitel 2 dargestellt) sehr hilfreich, da sich in der SQL-Konsole gut Zwischenergebnisse anzeigen lassen.

Sobald Sie passende ML-Modelle entwickelt haben und die Strukturen der Eingabe- und Ausgabedaten festgelegt sind, können Sie die zugehörigen Logiken via SQLScript in BW-Transformationen einbinden. Auch in HANA-nativen Objekten gekapselte Machine-Learning-Logiken lassen sich in SAP BW konsumieren. Dies skizziere ich im Abschnitt 6.2.

PAL in SQLScript und der SAP-HANA-Analyseprozess

Das Video-Tutorial »Introduction to Predictive Analytics on SAP HANA« von Lambertus Oosthuizen (SAP-Lernplattform von Espresso Tutorials, 2017) zeigt Beispiele für die Verwendung der PAL in SQLScript und des HAP in SAP BW: *https://et.training/video/272/introduction-to-predictive-analytics-on-sap-hana* (Anmeldung erforderlich).

6.1.4 SAP Predictive Analytics

SAP Predictive Analytics (SAP PA) ist eine Data Science Workbench, in die sich HANA-Algorithmen integrieren lassen. Dieses Produkt wird von der SAP nicht weiterentwickelt und nur noch bis Ende 2022 gewartet. SAP PA ist nicht zu verwechseln mit der in diesem Buch intensiv behandelten Predictive Analysis Library in SAP HANA, die fortlaufend weiterentwickelt wird.

Als Alternativen zu SAP PA kommen je nach Anwendungsfall eine native HANA-Entwicklung, SAP Data Intelligence oder SAP Analytics Cloud infrage.

6.1.5 SAP Data Intelligence

SAP Data Intelligence (SAP DI) basiert auf dem SAP Data Hub und beinhaltet u. a. Funktionen zur Datenintegration, Metadatenmodellierung wie auch zum Machine Learning. Die Modellierung erfolgt grafisch mithilfe von Datenflüssen und eingebetteten Operatoren. Zudem ist eine skriptbasierte Entwicklung mit dem Jupyter Notebook möglich. Im Bereich Machine Learning werden insbesondere folgende Funktionen angeboten:

- **HANA-ML-Operatoren:** In Datenflüssen können Operatoren zum Verwenden der PAL/APL-Funktionen einer angebundenen HANA-Datenbank integriert werden.
- **Python, R:** Ebenso können in Datenflüssen Operatoren mit eigenentwickelter Skriptlogik integriert werden, die Machine-Learning-Bibliotheken der jeweiligen Sprache nutzen.
- **Templates für Machine-Learning-Szenarien:** Für Anwendungsfälle wie Text Mining oder Bilderkennung werden out of the box nutzbare Vorlagen angeboten.

6.1.6 SAP Analytics Cloud

SAP Analytics Cloud (SAC) ist ein Frontend-Tool zum Erstellen von Berichten und analytischen Anwendungen. Die Komponente »Smart Predict« erweitert SAC um Data-Mining-Funktionen wie Klassifikationsmodelle, Clustering oder Zeitreihenanalyse. Die Prozesse sind weitgehend geführt und automatisiert. Technisch basiert diese Komponente auf den Algorithmen der APL. Wenn Sie bereits mit Smart Predict gearbeitet haben, werden Sie bei der Implementierung der APL von einem hohen Wiedererkennungswert profitieren.

Buchtipp: SAP Analytics Cloud

Eine ausführliche Darstellung der Komponente Smart Predict finden Sie im Buch »Smart Predict in SAP Analytics Cloud (SAC)« von D. Vahlkamp und L. Vahlkamp (Espresso Tutorials, 2020).

6.1.7 SAP AI Business Services

Die bisher aufgeführten Funktionen haben alle einen direkten oder indirekten Bezug zu den in diesem Buch behandelten HANA-Funktionen. Anders sieht das für die *SAP AI Business Services* als Nachfolger der »SAP Leonardo Machine Learning Foundation« aus. Dies sind eigenständig einsetzbare Cloud-Dienste, die Sie im SAP BTP Cockpit finden. Hier werden u. a. geboten:

- **Klassifikation und Vervollständigung von Datensätzen** *(Data Attribute Recommendation)*: Datensätze mit Klassifikationsalgorithmen einordnen und fehlende Attribute durch Klassifikations-/Regressionsalgorithmen ergänzen
- **Dokumentenklassifizierung** *(Document classification)*: Dokumente kategorisieren
- **Entitäten-Extraktion aus Dokumenten** *(Document Information Extraction)*: Informationen aus Dokumenten wie Rechnungsbelegen extrahieren, z. B. Belegnummer, Kontonummer oder Geschäftspartner

6.1.8 Python, SQLScript oder ABAP

Werfen wir nun noch einen Blick auf die verwendeten Sprachen und Implementierungstechniken zur Nutzung der HANA-Funktionen. In den ersten explorativen und experimentellen Phasen der Modellentwicklung ist der Einsatz von SQL und Python sehr hilfreich. Wie Sie in Kapitel 4 gesehen haben, bietet Python vielfältige Visualisierungstechniken. Die HANA-Algorithmen sind durch die vom Python ML Client bereitgestellten APIs leicht anwendbar und lassen sich somit schnell ausprobieren sowie miteinander vergleichen. SQLScript eignet sich für komplexe Transformationen zum Aufbereiten und Verknüpfen der Daten sowie zum Trainieren und Bewerten der ML-Modelle. Sobald vielversprechende Modelle identifiziert sind und die Struktur der Eingabedaten klar ist, lohnt sich eine Konsolidierung des SQL-Codes durch Kapselung in HANA-nativen Objekten wie Datenbankprozeduren oder Tabellenfunktionen.

Sofern Sie die ML-Funktionen in der ABAP-Applikationsschicht integrieren, z. B. in einem S/4-System oder in SAP BW, können ABAP-verwaltete Datenbankobjekte verwendet werden. So kann die SQL-Logik zum Trainieren eines Modells in einer ABAP-verwalteten Datenbankprozedur (AMDP) gekapselt und diese wiederum über einen ABAP-Report oder Webservice aufgerufen werden. Auch die Einbettung der AMDP in eine BW-Transformation ist möglich, wodurch das Modelltraining anschließend über einen Ladeprozess gestartet wird. Außerdem lässt sich die Prognosebildung über ABAP-CDS-Tabellenfunktionen realisieren und von dort in ein Datenziel schreiben oder direkt im Reporting einbinden.

Im Unterpaket `artifacts` bietet der Python ML Client sogar Funktionen zum automatischen Generieren der beschriebenen HANA-Prozeduren und ABAP-Objekte an.

Dieses Buch handelt hauptsächlich von den in SAP HANA eingebauten Machine-Learning-Verfahren. Es sei aber erwähnt, dass Python selbst schon viele Bibliotheken für Machine Learning anbietet, z. B. Scikit-Learn, Pytorch oder Pycaret. Python-basierte Algorithmen in Datenflüssen können Sie durch Python-Operatoren in SAP DI integrieren. Eigenständige Python-Skripte lassen sich auch in der SAP BTP Extension Suite (vormals SAP Cloud Platform) hosten, z. B. in der Cloud Foundry oder der Laufzeitumgebung Kyma.

6.2 PAL-Prognosemodelle in Calculation Views

Es ist möglich, die PAL-Funktionen in HANA-Artefakte wie Prozeduren oder Tabellenfunktionen einzubinden und dann in verschiedenen Szenarien einzusetzen. Ich zeige beispielhaft das folgende Vorgehen:

1. Eine Tabellenfunktion für das Training und die Anwendung eines Klassifikationsmodells wird implementiert.
2. Die Tabellenfunktion wird in einen Calculation View eingebunden.
3. Der Calculation View kann zur Prognosebildung in SAP BW in einen Composite Provider eingebunden werden.

Als Vorlage für die Implementierung der Tabellenfunktion dienen die Schritte aus Abschnitt 2.1. Insbesondere werden die Prozeduren `PAL_DECISION_TREE` zum Trainieren eines Entscheidungsbaums und `PAL_DECISION_TREE_PREDICT` zur darauf aufbauenden Prognosebildung verwendet. Der Code aus dem erwähnten Abschnitt wird mit kleinen Anpassungen in die Tabellenfunktion `TRAIN_AND_PREDICT` integriert. Die Tabellenfunktion übernimmt das Training des Modells, die Prognosebildung für die Testdaten sowie die Berechnung der Konfusionsmatrizen für die Trainings- und Testdaten.

Die Ergebnisse der Schritte liegen zunächst intern in getrennten Tabellenvariablen vor. Da die Tabellenfunktion nur eine einzige Tabelle als Rückgabeparameter erlaubt, werden die Ergebnisse der einzelnen Schritte vor der Ausgabe in einer einzigen Tabelle zusammengefasst, die zur Unterscheidung des Ergebnistyps eine zusätzliche Spalte TYPE beinhaltet. Die Tabellenfunktion weist somit folgende Informationen in dem Rückgabeparameter aus:

- die Definition (MODEL_CONTENT) des trainierten Modells (TYPE = *MODEL*), siehe Abbildung 6.1
- die Konfusionsmatrix für die Trainingsdaten (TYPE = *MATRIX_TRAIN*) und Testdaten (TYPE = *MATRIX_TEST*), siehe Abbildung 6.2
- die Prognose für die Testdaten (TYPE = *PREDICT*), siehe Abbildung 6.3

Beachten Sie, dass je nach Ausprägung von TYPE andere Spalten der Rückgabetabelle relevant sind. Die drei gezeigten Abbildungen stellen jeweils andere Spalten der Tabelle dar.

TYPE	ROW_INDEX	MODEL_CONTENT	ACTUAL_CLASS	PREDICTED_CLASS
MODEL	0	{"CurrentVersion":"VERSION1.3","DataDict...	?	?
MODEL	1	:[[134,68],[0.6633663366336634,0.33663366...	?	?
MODEL	2	rator":"EQUAL","PredicateType":"SimplePr...	?	?
MODEL	3	"Operator":"EQUAL","PredicateType":"Sim...	?	?

Abbildung 6.1: Modelldefinition in der Ausgabe der Tabellenfunktion

	TYPE	RO...	MODEL_...	ACTUAL_CLASS	PREDICTED_CLASS	ROW_COUNT
4	MODEL	3	"Operat...	?	?	?
5	MATRIX_TRAIN	?	?	1	1	794
6	MATRIX_TRAIN	?	?	1	0	206
7	MATRIX_TRAIN	?	?	0	1	262
8	MATRIX_TRAIN	?	?	0	0	738
9	MATRIX_TEST	?	?	0	0	5.001
10	MATRIX_TEST	?	?	0	1	1.962
11	MATRIX_TEST	?	?	1	0	244
12	MATRIX_TEST	?	?	1	1	793

Abbildung 6.2: Ausgabe der Konfusionsmatrizen

TYPE	RO...	MODEL_...	ACT...	PRE...	ROW...	CUSTOMERID	SCORE	CONFIDENCE
PREDICT	?	?	?	?	?	15.671.322	0	0,627118644...
PREDICT	?	?	?	?	?	15.793.854	1	0,574257425...
PREDICT	?	?	?	?	?	15.756.539	0	0,515151515...

Abbildung 6.3: Prognoseausgabe der Tabellenfunktion

Quellcode für die Tabellenfunktion

Den Quellcode für die Tabellenfunktion `TRAIN_AND_PREDICT` finden Sie in der Datei *Ch_6_Tablefunction_Train_and_Predict.sql* im Quellcodeverzeichnis (Anhang B).

Wie Sie in Abschnitt 2.1.1 bzw. Abschnitt 4.3.1 gesehen haben, können Sie den Trainingsprozess durch Hyperparameter beeinflussen. Indem man die Definition der Tabellenfunktion um passende Eingabeparameter erweitert, lassen sich diese Hyperparameter von außen übergeben. Die hier verwendete Tabellenfunktion besitzt den Eingabeparameter `i_max_depth`, der den Wert des Hyperparameters *MAX_DEPTH* vorgibt. Dieser Hyperparameter steuert die maximale Tiefe des Entscheidungsbaums, siehe die Erläuterungen zur Modellkomplexität im Abschnitt 2.1.1. Somit lässt sich die Auswirkung des Hyperparameters durch Aufruf der Tabellenfunktion mit verschiedenen Eingabewerten untersuchen.

Ein Calculation View, der die Tabellenfunktion `TRAIN_AND_PREDICT` aufruft, ist schnell erstellt und sieht folgendermaßen aus:

- Datenkategorie = *CUBE*
- Projektionsknoten unterhalb des Aggregationsknotens anlegen mit der Tabellenfunktion als Datenquelle (siehe Abbildung 6.4)
- Spalten ROW_COUNT und CONFIDENCE als Kennzahlen definieren (siehe Abbildung 6.5)
- Zum Eingabeparameter `i_max_depth` der Tabellenfunktion einen passenden Eingabeparameter des Calculation Views erstellen und mappen (hier nicht gezeigt)
- Anlage der eingeschränkten Kennzahlen COUNT_PREDICTED_0 und COUNT_PREDICTED_1 zur Einschränkung der Kennzahl ROW_COUNT auf Basis der prognostizierten Klasse (Spalte PREDICTED_CLASS) (siehe Abbildung 6.6)

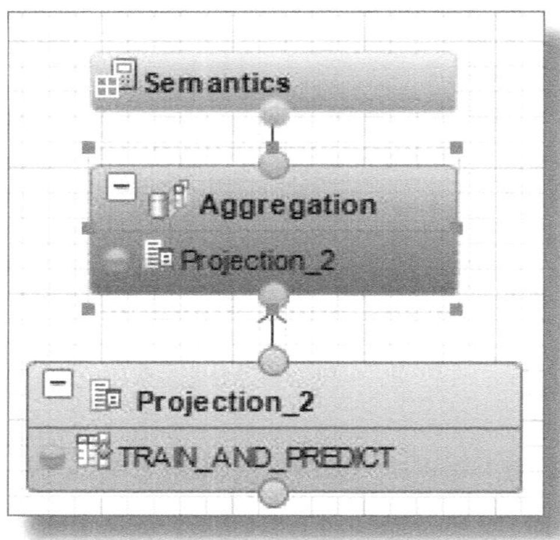

Abbildung 6.4: Designbereich des Calculation Views

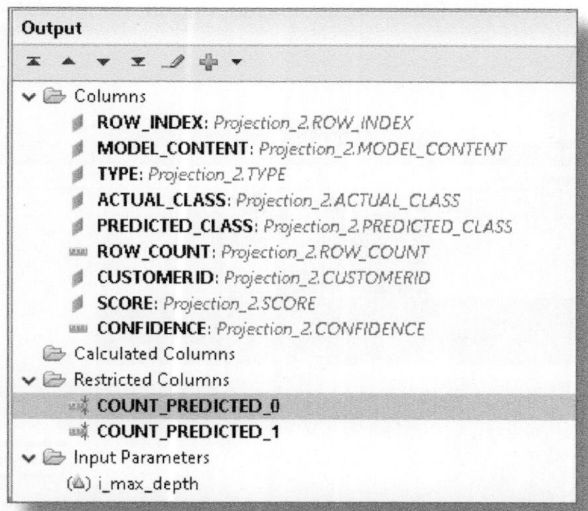

Abbildung 6.5: Ausgabespalten des Calculation Views

Properties

General

Property	Value
Name	COUNT_PREDICTED_0
Label	COUNT_PREDICTED_0
Length	
Scale	
Data Type	INTEGER
Column	ROW_COUNT
Hidden	False
Expression	("PREDICTED_CLASS" = '0')

Abbildung 6.6: Eingeschränkte Kennzahl im Calculation View

Im Zuge der Datenvorschau können Sie den Calculation View ausführen und damit den Trainings- und Prognoseprozess in der Tabellenfunktion anstoßen. Mithilfe verschiedener Diagrammtypen visualisieren Sie das Ergebnis, z. B. den Anteil der korrekt klassifizierten Sätze (COUNT_PREDICTED_0_SUM & COUNT_PREDICTED_1_SUM) je nach tatsächlicher Klasse (ACTUAL_CLASS), siehe Abbildung 6.7.

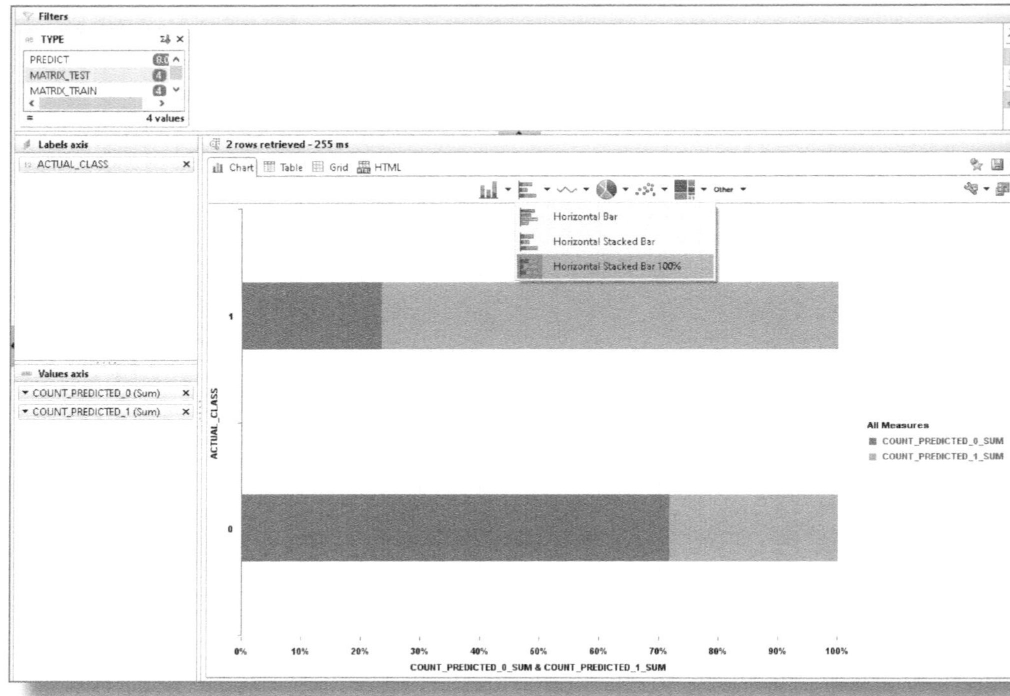

Abbildung 6.7: Visualisierung der Prognose für die Testdaten

In SAP BW lässt sich ein Calculation View u. a. als Part Provider in einen Composite Provider einbinden. Die Verwendung im Composite Provider erlaubt es, die Prognosebildung in Echtzeit beim Aufruf eines Berichts durchzuführen.

Das Trainieren des Modells lässt sich als eher zeitintensiver Prozess auch in eine SQLScript-basierte Transformation auslagern. So kann das trainierte Modell zur späteren Verwendung gespeichert werden, statt es bei jeder Berichtsausführung neu zu trainieren.

Abbildung 6.8 zeigt die Architektur der BW-Integration mit separatem Trainingsprozess und anschließender Prognosebildung.

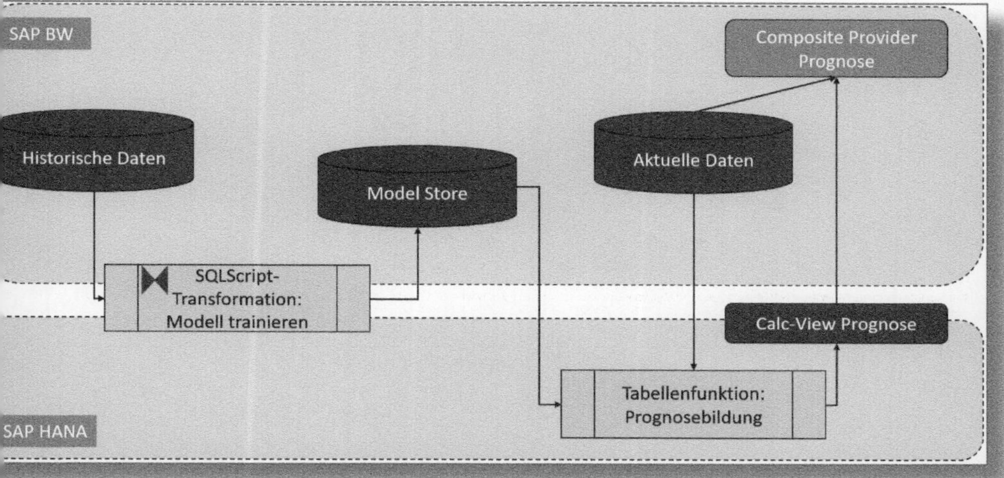

Abbildung 6.8: Architektur zur BW-Integration

7 Aufbau einer Testumgebung

Erfahren Sie in diesem Kapitel, wie Sie eine eigene Testumgebung aufsetzen, um die nun bekannten ML-Techniken auszuprobieren. Dabei skizziere ich die Einrichtung einer HANA-Instanz und beschreibe die Installation der Python-Tools.

7.1 Einrichten der HANA-Instanz

Wenn Sie keinen Zugriff auf eine produktive HANA-Datenbank haben oder die Machine-Learning-Bibliotheken dort nicht aktiviert sind, können Sie eine eigene HANA-Instanz erstellen. Dazu gibt es u. a. folgende Möglichkeiten:

- Sie installieren die *HANA Express Edition (HXE)* auf einem eigenen Server oder einer virtuellen Maschine.
- Sie erstellen eine vorkonfigurierte HANA-Instanz mithilfe einer Lösungsvorlage aus der *SAP Cloud Appliance Library (SAP CAL)*.

Die Einrichtung einer Instanz in der SAP CAL ist meist mit wenigen Klicks abgeschlossen. Allerdings fallen Nutzungskosten für Rechen- und Speicherressourcen an, die Ihnen der Cloud-Betreiber in Rechnung stellt. HXE lässt sich dagegen mit niedrigeren Kosten betreiben. Sie bietet außerdem den Vorteil, dass Sie dort bei Bedarf die Automated Predictive Library nachträglich installieren können. In den meisten Vorlagen von SAP CAL ist die APL nicht installiert und lässt sich nur mit Zugriff auf den SAP Marketplace installieren.

HANA Express Edition

Widmen wir uns zunächst der HXE: Lange Zeit war es möglich, im Google Marketplace mit wenigen Klicks eine lauffähige Instanz der HANA Express Edition zu erstellen. Diese Option wurde von der SAP mittlerweile zurückgezogen. Die SAP bietet nur noch Images für die HXE an, die Sie aber manuell installieren müssen. Das Vorgehen dafür gliedert sich in die folgenden Schritte:

1. Einrichten einer virtuellen Maschine mit Linux bei einem Anbieter für virtuelle Server oder auf einem eigenen System
2. Installation von HANA Express
3. Aktivieren des Script Servers
4. Zuweisen von Berechtigungen
5. Installation der APL (optional)

Die Einrichtung einer virtuellen Maschine und Installation der HXE finden Sie ausführlich in einem Blog von J. Brandeis [28] beschrieben. Dort wird detailliert gezeigt, wie Sie bei einem Webhoster einen virtuellen Server erstellen, eine Linux-Umgebung einrichten und dort die HXE installieren. Die aktuell (Juli 2022) verfügbare Version der HXE ist 2.0 SPS06. Die Beispiele in diesem Buch wurden mit 2.0 SPS05 getestet. Alle Beispiele sollten aber zumindest ab SPS04 lauffähig sein.

Nach der Installation der HXE müssen Sie den Script Server aktivieren. Dieser übernimmt die Ausführung der PAL- und APL-Funktionen. Er muss pro Tenant (Mandant), in dem die PAL-/APL-Funktionen ausgeführt werden sollen, einzeln gestartet werden. Loggen Sie sich dazu auf der System-Datenbank der HXE mit dem User SYSTEM ein und führen Sie folgende Codezeile aus, wobei Sie *<TENANT>* durch den Namen des Tenants ersetzen (z. B. *HXE*):

```
ALTER DATABASE <TENANT> ADD 'scriptserver'
```

Das detaillierte Vorgehen und weitere Hintergrundinformationen zum Aktivieren des Script Servers finden Sie in der SAP Note 1650957.

Die nun folgenden Schritte werden wieder im spezifischen Tenant ausgeführt. Die (optionale) Ausführung des folgenden Befehls führt Sie zu einer längeren Liste mit allen installierten PAL-Funktionen, siehe Abbildung 7.1.

```
SELECT * FROM "SYS"."AFL_FUNCTIONS" WHERE PACKAGE_NAME = 'PAL';
```

	FUNCTION_OID	SCHEMA_NAME	AREA_NAME	PACKAGE_NAME	FUNCTION_NAME
1	328.655	_SYS_AFL	AFLPAL	PAL	FORECASTWITHGEOR
2	328.656	_SYS_AFL	AFLPAL	PAL	POLYNOMIALREGRESSION
3	328.657	_SYS_AFL	AFLPAL	PAL	FORECASTWITHPOLYNOMIALR
4	328.658	_SYS_AFL	AFLPAL	PAL	POLYNOMIALREGRESSIONNOEXCEPTION
5	328.659	_SYS_AFL	AFLPAL	PAL	FORECASTWITHPOLYNOMIALRNOEXCEPTION
6	328.660	_SYS_AFL	AFLPAL	PAL	LOGISTICREGRESSION
7	328.661	_SYS_AFL	AFLPAL	PAL	LOGISTICREGRESSION__OVERLOAD_2_3
8	328.662	_SYS_AFL	AFLPAL	PAL	FORECASTWITHLOGISTICR
9	328.663	_SYS_AFL	AFLPAL	PAL	LRMCTR
10	328.664	_SYS_AFL	AFLPAL	PAL	LRMCTE
11	328.665	_SYS_AFL	AFLPAL	PAL	KNN

Abbildung 7.1: Auszug der installierten PAL-Funktionen

Für die Ausführung der PAL-Funktionen muss Ihrem Nutzer eine der folgenden Rollen zugewiesen sein:

- AFL__SYS_AFL_AFLPAL_EXECUTE
- AFL__SYS_AFL_AFLPAL_EXECUTE_WITH_GRANT_OPTION

Während die PAL standardmäßig installiert ist, müssen Sie die APL manuell installieren. Sie können diese mit dem Download-Manager der HXE herunterladen. Am einfachsten ist es, den Download innerhalb der virtuellen Maschine der HXE zu starten. Die Anleitung zur Installation der APL finden Sie in der Dokumentation »Getting Started with SAP HANA 2.0, express edition«, die der HXE beigefügt ist.

Für die Ausführung der APL-Prozeduren muss die Rolle APL_EXECUTE Ihrem User gemäß Listing 7.1 zugewiesen werden.

```
CALL _SYS_REPO.GRANT_ACTIVATED_ROLE ('sap.pa.apl.base.↩
roles::APL_EXECUTE','<IHR_USER>');
```

Listing 7.1: Zuweisen der Berechtigung für die APL

Nach erfolgreicher Installation testen Sie die Funktionsfähigkeit der APL mit der Prozedur `APL_AREA_PING_PROC` aus Listing 7.2, die zudem

Informationen über die installierte Version der APL ausgibt (siehe die Rückgabe aus Abbildung 7.2).

```
DO BEGIN
    _SYS_AFL.APL_AREA_PING_PROC(ping);

SELECT * from :ping;

END;
```

Listing 7.2: Testen der APL

	name	value
1	APL.Version.Major	4
2	APL.Version.Minor	200
3	APL.Version.ServicePack	1911
4	APL.Version.Patch	0
5	APL.Info	Automated Predictive Library
6	AFLSDK.Version.Major	2
7	AFLSDK.Version.Minor	16
8	AFLSDK.Version.Patch	0
9	AFLSDK.Info	2.16.0
10	AFLSDK.Build.Version.Major	2
11	AFLSDK.Build.Version.Minor	11
12	AFLSDK.Build.Version.Patch	0
13	AutomatedAnalytics.Version.Major	10
14	AutomatedAnalytics.Version.Minor	1911
15	AutomatedAnalytics.Version.ServicePack	1
16	AutomatedAnalytics.Version.Patch	0
17	AutomatedAnalytics.Info	Automated Analytics - Unlicensed Version

Abbildung 7.2: Status der APL-Komponente

Lösungsvorlagen aus der SAP CAL

Die SAP CAL bietet eine Vielzahl vorkonfigurierter Lösungsvorlagen (siehe *https://cal.sap.com*), die mit wenigen Klicks installiert werden können. Es sind vor allem diverse Vorlagen für die Anlage von BW/4- oder S/4-Systemen mit integrierter HANA-Datenbank verfügbar. Standardmäßig ist PAL und bei manchen S/4-Vorlagen auch die APL installiert. Achten Sie bei Auswahl der Vorlagen stets auf die verwendete

HANA-Version, da neuere Versionen mehr Machine-Learning-Algorithmen enthalten und bestehende erweitert werden.

Der Cloud-Dienst »SAP HANA Cloud« der Business Technology Platform bietet in der *lizenzierten* Version den Zugriff auf die PAL und APL. Bei der Cloudversion profitieren Sie von quartalsweisen Updates, die häufig auch Weiterentwicklungen der ML-Bibliotheken enthalten. In der kostenfreien Trial-Version der HANA Cloud ist der Script Server, Stand Juli 2022, nicht verfügbar und somit die PAL/APL leider nicht nutzbar.

7.2 Einrichten der Python-Umgebung

Für die Nutzung des Python Client für Machine Learning sind eine Python-Umgebung mit diversen Bibliotheken und die Installation des SAP HANA Client (HDB-Client) erforderlich.

Den HDB-Client können Sie hier herunterladen: *https://tools.hana.ondemand.com/#hanatools* und der Anleitung unter *https://developers.sap.com/tutorials/hana-clients-install.html* folgend installieren.

Im Python-Umfeld ist es sinnvoll, für spezifische Einsatzzwecke jeweils eigene Umgebungen zu definieren, in denen die notwendigen Pakete in passenden Versionen installiert sind. Das Programm *Anaconda Navigator* bietet Funktionen zum Erstellen von Umgebungen und Verwalten der installierten Pakete. Für die Einrichtung einer Python-Umgebung mit Anaconda gehen Sie wie folgt vor:

1. Laden Sie den Anaconda-Installer herunter und installieren Sie Anaconda.
2. Erstellen Sie eine Python-Umgebung in Anaconda.
3. Installieren Sie die relevanten Python-Pakete für den Machine Learning Client.
4. Installieren Sie weitere verwendete Python-Bibliotheken.
5. Installieren Sie Jupyter Notebook oder JupyterLab.

Eine Anleitung zum Herunterladen und Installieren von Anaconda finden Sie unter *https://docs.anaconda.com/anaconda/install/windows/*.

Öffnen Sie den *Anaconda Navigator* und erstellen Sie im Reiter ENVIRONMENTS eine neue Umgebung, die Sie z. B. *HANA ML* nennen. Wählen Sie unter PACKAGES *Python* aus, siehe Abbildung 7.3.

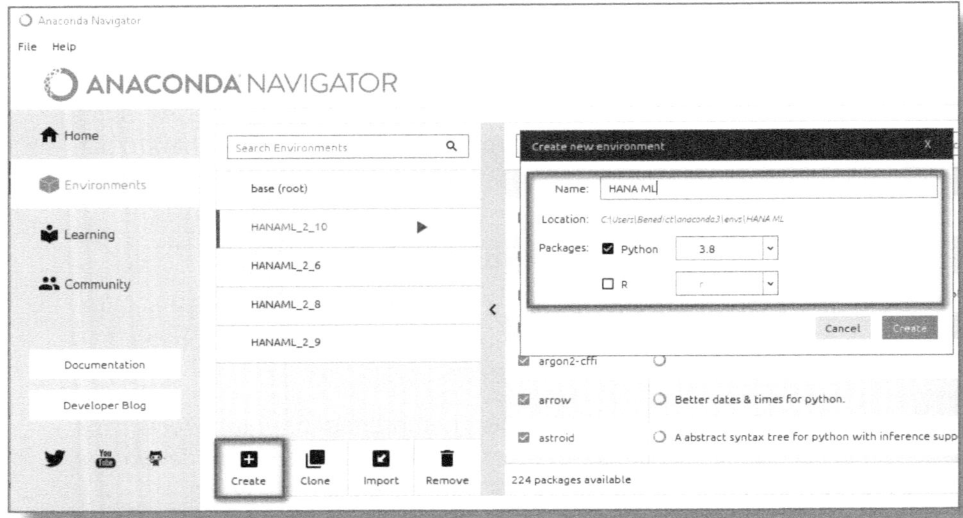

Abbildung 7.3: Erstellen einer neuen Python-Umgebung in Anaconda

Wir erinnern uns: Der Python Client für Machine Learning wird im Paket `hana-ml` bereitgestellt (vgl. Abschnitt 1.4). Im Paketindex von Anaconda existiert dieses Paket nicht. Sie müssen stattdessen den Befehl *PIP* verwenden. Öffnen Sie dazu in der neu erstellten Umgebung eine Kommandozeile, indem Sie in Anaconda auf den Pfeil neben der gewünschten Umgebung klicken und OPEN TERMINAL wählen, siehe Abbildung 7.4.

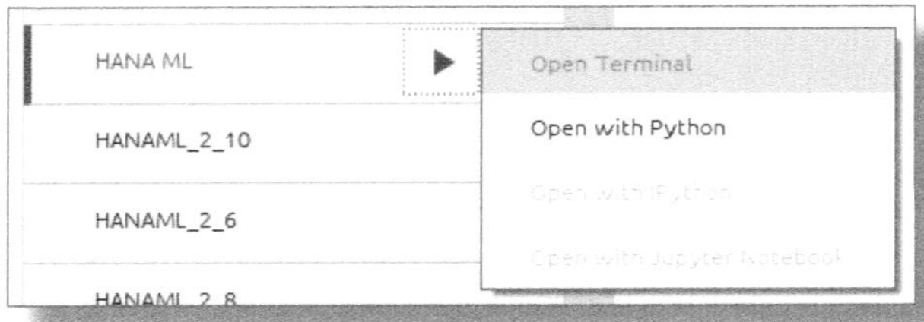

Abbildung 7.4: Kommandozeile in der Python-Umgebung öffnen

In der Konsole führen Sie nun diesen Befehl aus:

```
pip install hana-ml
```

Nach erfolgreicher Installation erhalten Sie in der Eingabeaufforderung eine Rückmeldung über die installierten Pakete, siehe Abbildung 7.5.

```
Successfully installed Deprecated-1.2.13 colorama-0.4
.4 cycler-0.11.0 hana-ml-2.10.21091803 hdbcli-2.10.15
 htmlmin-0.1.12 kiwisolver-1.3.2 matplotlib-3.4.3 num
py-1.21.4 pandas-1.3.4 pillow-8.4.0 pydot-1.4.2 pypar
sing-3.0.5 python-dateutil-2.8.2 pytz-2021.3 schedule
-1.1.0 six-1.16.0 tqdm-4.62.3 wrapt-1.13.3

(HANA ML) C:\Users\        >
```

Abbildung 7.5: Installierte Pakete

Im Zuge der Installation des Pakets `hana-ml` werden automatisch weitere benötigte Pakete eingerichtet, u. a.:

- `hdbcli`: Python-Treiber für den HDB-Client,
- `matplotlib`: Bibliothek zum Plotten von Diagrammen,
- `pandas`: Bereitstellung von Datenstrukturen für Python.

Folgende Pakete sind außerdem hilfreich, sodass auch deren Installation empfehlenswert ist:

- `shapely`: Dieses Paket wird für bestimmte Funktionen zur Verarbeitung räumlicher Daten (engl.: spatial data) der HANA-ML-Bibliothek benötigt. In diesem Buch wurden diese Funktionen nicht betrachtet; allerdings erhalten Sie bei Herstellen der Verbindung zur HANA-Datenbank eine Warnmeldung, solange diese Bibliothek nicht installiert ist.
- `plotly`: Dieses Paket benötigen Sie für die Beispiele in Abschnitt 4.2.2.

Nun installieren Sie das Jupyter Notebook und/oder JupyterLab. Beides wird Ihnen bereits unter dem Punkt HOME der Anaconda-Umgebung zur Installation angeboten. Anschließend können Sie beide Programme direkt starten. Achten Sie stets darauf, die richtige Umgebung im Dropdown-Menü ❶ auszuwählen, siehe Abbildung 7.6. Möchten Sie ganze Python-Skripte oder Applikationen entwickeln, können Sie in Anaconda auch Entwicklungsumgebungen (IDE) installieren. Hier bieten sich *Spyder* oder *Visual Studio Code* an.

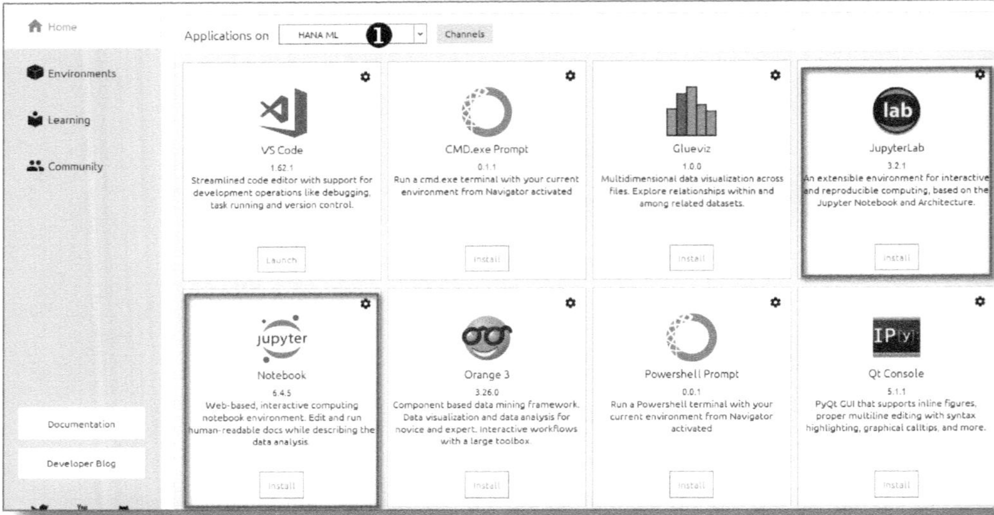

Abbildung 7.6: Installation von JupyterLab oder Jupyter Notebook

Sofern Sie die Beispiele aus Abschnitt 4.2.2 im JupyterLab ausprobieren möchten, beachten Sie, dass Plotly-Diagramme im JupyterLab standardmäßig nicht gerendert werden. Sie müssen dazu eine Erweiterung installieren. Öffnen Sie erneut ein Terminal in der Umgebung *HANA ML* und geben Sie folgenden Befehl ein:

```
jupyter labextension install jupyterlab-plotly
```

Die korrekte Funktionsweise von Plotly in JupyterLab können Sie dann mit den Skripten aus Abschnitt 4.2.2 testen.

8 Fazit und Ausblick

Zusammenfassung

Sie haben mit diesem Buch einen Überblick über die vielfältigen Machine-Learning-Funktionen der SAP HANA erhalten.

In SQLScript haben Sie unter Verwendung der Predictive Analysis Library Klassifikations- und Clustering-Algorithmen eingesetzt. Ebenfalls in SQLScript folgten Datenuntersuchungen mit der Automated Predictive Library und das (anschließende) Training von Klassifikationsmodellen. Sie haben gesehen, dass neben dem Training eines ML-Modells auch das Bewerten und Testen des Modells wichtig ist. Dazu wurden verschiedene Techniken gezeigt wie Erfolgskennzahlen, die Konfusionsmatrix und Profitkurven, insbesondere die ROC-Kurve. Letztere habe ich Ihnen nur in der APL gezeigt, sie lässt sich aber auch für PAL-Modelle erstellen.

Während die Implementierung über SQLScript für SAP-erfahrene Entwickler die erste Wahl ist, haben Sie einen weiteren Implementierungsansatz mittels Python kennengelernt: Mit dem Jupyter Notebook können Sie nun in einem agilen und explorativen Ansatz Daten untersuchen und verschiedene ML-Techniken ausprobieren. Durch den Einsatz des Python Machine Learning Client für SAP HANA sind SAP-HANA-Algorithmen in Python nahtlos verwendbar. Dies konnten Sie anhand verschiedener Algorithmen wie Random Forests, neuronaler Netze oder diverser Clustering-Algorithmen ausprobieren. Auch das direkte Speichern der trainierten Modelle für eine spätere Verwendung zur Prognosebildung in Python (oder auch in SQLScript) habe ich Ihnen gezeigt.

Durch die von SAP HANA angebotenen Techniken zum Text Mining eröffnet sich die Möglichkeit, auch unstrukturierte Daten mit ML-Techniken zu analysieren. Dazu gehören die einfachere Ähnlichkeitssuche oder die Schlagwortextraktion, aber auch komplexere Techniken wie die Themenextraktion oder Dimensionsreduktion von numerischen

Features, wobei Letztere sogar ein Clustering und Visualisieren von Dokumenten ermöglicht.

Die Integrationsmöglichkeiten der ML-Funktionen in SAP-Anwendungen habe ich im letzten Kapitel aufgezeigt und verschiedene Implementierungsansätze skizziert. Sowohl in den »klassischen« Kernprodukten wie S/4 oder BW/4 lassen sich die ML-Techniken verwenden als auch in neueren Produkten wie SAP Data Intelligence oder SAP HANA Cloud.

Weitere interessante Techniken

Nachdem Sie in diesem Buch das wesentliche Rüstzeug für die Anwendung der ML-Funktionen von SAP HANA erhalten haben, möchte ich Sie dazu anregen, eigenständig die weiteren – hier nicht behandelten – Funktionen auszuprobieren. Es lohnt sich u. a. ein Blick auf folgende Techniken:

- Algorithmen für die Zeitreihenanalysen
- PAL-Prozeduren mit einheitlichen Interfaces (Unified Interfaces) und pivotisierten Eingabedaten
- Pipelines und Auto ML in der Python ML API

Für die Zeitreihenanalyse finden Sie in SAP HANA vielfältige und bekannte Algorithmen, etwa:

- ARIMA, Auto Arima, VARMA
- (Bayesian) Change Point Detection
- Wavelet-Transformation und Fast Fourier Transform (FFT)
- Glättungsverfahren: Single, Double, Triple Exponential Smoothing
- Hierarchischer Forecast
- Automated Timeseries Analysis (durch APL bereitgestellt)

Mit diesen Algorithmen können Sie u. a. Prognosen für die zukünftige Entwicklung von Zeitreihen erstellen, Änderungszeitpunkte erkennen, Korrelationen in Zeitreihen berechnen oder Trends und saisonale Effekte extrahieren. Die Algorithmen können sowohl mit dem Python ML Client als auch mit SQLScript verwendet werden.

Wie schon in der Einleitung zu Kapitel 2 angedeutet, werden im Bereich der *Unified Interfaces* der PAL Prozeduren angeboten, die für ein Analyseszenario jeweils unterschiedliche Trainingsalgorithmen bzw. Modelltypen unterstützen. Dadurch lassen sich verschiedene Algorithmen mit einer einzigen Prozedur ausprobieren. Derartige Prozeduren mit vereinheitlichten Interfaces werden für folgende Szenarien angeboten:

- Klassifikationsprobleme
- Regressionsprobleme
- Clusteranalysen
- Glättungsverfahren für die Zeitreihenanalyse

Mit der Prozedur `PAL_UNIFIED_CLASSIFICATION` etwa können Sie Klassifikationsmodelle der Typen Entscheidungsbaum, Random Forest, Support Vector Machine, logistische Regression, Naive Bayes u. a. trainieren. Die zugehörige Prognosefunktion wird dann über die Prozedur `PAL_UNIFIED_CLASSIFICATION_PREDICT` bereitgestellt. Die Wahl des Algorithmus lässt sich über einen Eingabeparameter leicht steuern. Der Python ML Client stellt die passenden Funktionen durch die Klasse `UnifiedClassification` des Unterpakets `hana_ml.algorithms.pal` bereit.

Für die Prozeduren im Bereich »einheitliche Interfaces« wird jeweils auch eine Variante angeboten, die *pivotisierte Eingabedaten* unterstützt. Die pivotisierten Eingabedaten besitzen eine einheitliche bzw. harmonisierte Tabellenstruktur, bei der die verschiedenen Attribute/ Features zu einer Instanz über mehrere Zeilen verteilt sind, die Werte der Attribute aber immer in der gleichen Spalte stehen, siehe Abbildung 8.1. Dadurch lassen sich ohne Veränderung der Tabellenstruktur neue Features hinzufügen oder nicht benötigte entfernen. Diese Form der Datendarstellung ist verwandt zu der im BI-Kontext eingesetzten

Darstellung von Kennzahlen im *Kontenmodell*. Die Verwendung der einheitlichen Interfaces und pivotisierter Eingabedaten erleichtert das Ausprobieren verschiedener Ansätze für eine Problemstellung und erlaubt es Ihnen, konfigurierbaren, wiederverwendbaren Code für das Training und die Anwendung von ML-Modellen zu schreiben.

ID	Variable	Value
10011	AGE	25
10011	CREDITSCORE	350
10011	GEOGRAPHY	Germany
10011	EXITED	0
10012	AGE	45
⋮	⋮	⋮
10014	CREDITSCORE	700
10014	GEOGRAPHY	France
10014	EXITED	1

Abbildung 8.1: Eingabedaten in pivotisierter Form

Der Python ML Client bietet auch die Möglichkeit, mehrere Verarbeitungsschritte aus Datentransformationen und Modelltraining bzw. Modellanwendung zu einer *Pipeline* zu verknüpfen. Beispielsweise kann eine Pipeline aus einer Sequenz der folgenden Schritte bestehen:

1. Behandeln fehlender Werte in den Eingabedaten
2. Reskalieren der numerischen Features
3. Dimensionsreduktion
4. Trainieren/Anwenden eines ML-Modells

Wie im Schritt 4 angedeutet, lässt sich diese Pipeline dann sowohl beim Training als auch der Anwendung (und Bewertung) des Modells einsetzen. Die entsprechenden Funktionen werden durch die Klasse `Pipeline` im Unterpaket `hana_ml.algorithms.pal.pipeline` bereitgestellt.

Im Bereich *Auto ML* werden Techniken zum automatisierten Trainieren von Modellen mit verschiedenen Konfigurationen angeboten. Die Klasse `AutomaticClassification` beispielsweise trainiert für zu einem Klassifikationsproblem gegebene Eingabedaten unterschiedliche Modelltypen mit verschiedenen Hyperparameterkombinationen und Strategien zur Vorverarbeitung der Daten. Das beste Modell wird in mehreren Stufen durch die Verwendung von genetischen Algorithmen ermittelt.

Ausblick

Die neueren SAP-HANA-Releases 2.0 SPS05 und 2.0 SPS06 bieten bereits viele interessante neue Funktionen, etwa die zuvor beschriebenen Prozeduren mit einheitlichen Interfaces. Auch der Python ML Client wird laufend weiterentwickelt, um noch mehr Funktionen der PAL/APL in Python verfügbar zu machen. Für die Zukunft ist zu erwarten, dass die ML-Funktionen der HANA-Datenbank sowohl für PAL als auch für APL weiterentwickelt und um neue Funktionen ergänzt werden. Die SAP erweitert den Funktionsumfang der in SAP HANA verfügbaren Algorithmen auf Basis von Kriterien wie der Relevanz der Algorithmen gemäß Marktanalysen im ML-Umfeld, dem Funktionsumfang von anderen Datenbankprodukten oder dem Bedarf an bestimmten Algorithmen für SAP-eigene Applikationen (siehe den Einleitungstext in [9]).

Machine Learning und künstliche Intelligenz sind sehr dynamische Felder, auf denen es aktuell und in den nächsten Jahren viele Entwicklungen und neue Ansätze geben wird. Um von diesen Entwicklungen zu profitieren, sollten Sie auch Algorithmen, die extern über Python (oder R) bereitgestellt werden, für Daten in SAP HANA nutzbar machen. Hierbei können Produkte wie SAP Data Intelligence, das sowohl HANA-native Algorithmen als auch Python und R unterstützt, oder die Laufzeitumgebungen in der SAP BTP Extension Suite wie Kyma oder die Cloud Foundry helfen. Interessant werden hierfür zukünftig sicher auch die neueren Dienste *SAP AI Core* und *SAP AI Launchpad* der SAP

BTP sein. Diese bieten zentrale Dienste und Zugriffspunkte für das Trainieren, Bewerten, Verwalten und Ausführen von ML-Modellen.

Für den erfolgreichen Einsatz von Machine Learning im SAP-Umfeld werden somit hybride Architekturen für den Einsatz von HANA-nativen und externen Algorithmen notwendig sein. Mit SAP HANA kann dann eine zentrale Daten- und Analytikplattform mit starken Machine-Learning-Funktionen entstehen.

Sie haben das Buch gelesen und sind mit unserem Werk zufrieden? Bitte schreiben Sie uns eine Rezension!

Unser Newsletter

Bleiben Sie stets informiert!

Aktuelle Neuerscheinungen und exklusive Rabattaktionen einmal im Monat per Mail direkt an Sie:

Melden Sie sich noch heute an unter *http://newsletter.espresso-tutorials.de*.

A Der Autor

Dr. Benedict Baur ist freiberuflicher Berater und Entwickler mit den Schwerpunkten SAP Business Warehouse, SAP HANA und Predictive Analytics. Er entwickelt und konzipiert Lösungen in diesen Themenfeldern und berät insbesondere bei der HANA-optimierten Modellierung. In seinem Spezialgebiet Calculation Views hält er Schulungen und bietet Coachings an. Darüber hinaus berät er Kunden beim Einsatz von Machine Learning sowohl mit SAP-Technologien als auch mit Python.

Er hat an der Technischen Universität Kaiserslautern Mathematik studiert und dort promoviert. Nebenberuflich hält er an diversen Hochschulen Vorlesungen in den Bereichen Mathematik und Data Science.

Bleiben Sie gerne mit mir in Kontakt über mein LinkedIn-Profil (*https://kurzelinks.de/drbb*):

B Quellcodeverzeichnis

Skript	Beschreibung
Ch_1_Create_ML_Datamodel.sql	Demodatenmodell erstellen
Ch_1_Drop_ML_Datamodel.sql	Sämtliche erzeugten Schemata und Tabellen zum Demodatenmodell löschen
Ch_1_Churn_Modelling.csv	CSV-Datei mit Abwanderungsdaten
Ch_1_Iris_Plantid.csv	CSV-Datei mit IRIS-Daten (ergänzt um Primärschlüssel)
Ch_2_1_PAL_Churn_Dec_Tree_Train_Test.sql	Klassifikationsmodell mit Entscheidungsbäumen trainieren und testen
Ch_2_2_PAL_Churn_KMeans.sql	Clustering mit K-Means
Ch_2_2_PAL_Churn_Cluster_Assignment.sql	Clusterzuweisung mit gespeichertem Modell
Ch_3_1_1_ProfileData.sql	Statistiken mit Profile Data berechnen
Ch_3_1_1_ProfileData_ExtractIntervall.sql	Intervalle extrahieren bei Profile Data
Ch_3_1_2_Key_Influencers.sql	Einflussgrößen ermitteln
Ch_3_1_2_Uebung_Einfluss_Variablen_Analysieren.sql	Übung zu Key Influencers
Ch_3_2_1_APL_Create_Model_and_Train.sql	Modell trainieren
Ch_3_2_1_Get_Model_Info.sql	Metadaten aus Modell extrahieren
Ch_3_2_2_APL_Apply_Model_and_Test.sql	Modell anwenden
Ch_3_2_3_Export_ROC_Curve.sql	ROC-Kurve berechnen
Ch_3_2_3_Export_Detected_Curve.sql	Detected Curve berechnen
Ch_4_1_1_Dataframe.py	HANA Dataframe verwenden
Ch_4_2_1_Visualiser.py	Visualisierung mit dem Python ML Client
Ch_4_2_2_PythonLibraries.py	Visualisierung mit Plotly und Matplotlib

Skript	Beschreibung
Ch_4_3_1_PAL_RandomFor_NN.py	Random Forests und neuronale Netze
Ch_4_3_2_Clustering_DBScan.py	Clustering
Ch_4_3_3_SaveModel.py	Modelle speichern
Ch_4_4_1_APL.py	APL in Python
Ch_5_1_PrepareDataModel.sql	Datenmodell für Text Mining erstellen
Ch_5_3_1_NormalizeTexts.sql	Texte normalisieren
Ch_5_3_2_Call_LDA_Topicextraction.sql	Themenextraktion mit Latent Dirichlet Allocation
Ch_5_3_3_TopicVisualisation.py	Visualisierung der Themenscores in Python
Ch_5_4_kNN_Classification.py	Textklassifikation mit Python
Ch_6_Tablefunction_Train_and_Predict.sql	Tabellenfunktion für Training und Prognose

C Literaturverzeichnis

[1] Provost F.; Fawcett T.: Data Science für Unternehmen, 1. Auflage, Frechen (mitp Verlag), 2017. Für die Begriffserläuterungen siehe dort das Glossar auf S. 409ff.

[2] Datenmenge »Churn Modelling«, heruntergeladen von *https://www.kaggle.com/shubh0799/churn-modelling?select=Churn_Modelling.csv*, aufgerufen am 09.01.2022

[3] Datenmenge »Iris Flower Dataset«, heruntergeladen von *https://www.kaggle.com/arshid/iris-flower-dataset*, aufgerufen am 24.01.2022 und ergänzt

[4] Datenmenge »Customer Mall Segmentation«, heruntergeladen von *https://github.com/SteffiPeTaffy/machineLearningAZ/blob/master/Machine%20Learning%20A-Z%20Template%20Folder/Part%204%20-%20Clustering/Section%2024%20-%20K-Means%20Clustering/Mall_Customers.csv*, aufgerufen am 24.01.2022

[5] Python Machine Learning Client for SAP HANA (hana-ml), *https://pypi.org/project/hana-ml/*, aufgerufen am 01.07.2022

[6] Breddemann, L.: Blog »Machine learnings of hana, odbc, and macos«: *https://www.lbreddemann.org/machine-learnings-of-hana-odbc-and-macos/#quick-solution*, aufgerufen am 01.07.2022

[7] Brandeis, J.: SQLScript für SAP HANA, 2. Auflage, Bonn (SAP Press Rheinwerk Verlag), 2020

[8] Wikipedia-Artikel »Beurteilung eines binären Klassifikators«: *https://de.wikipedia.org/wiki/Beurteilung_eines_bin%C3%A4ren_Klassifikators*, aufgerufen am 04.07.2022

[9] Offizielle SAP-Dokumentation zu den PAL-Prozeduren: *https://help.sap.com/docs/SAP_HANA_PLATFORM/2cfbc5cf2bc14f028cfbe2a2bba60a50/c9eeed704f3f4ec39441434db8a874ad.html?locale=en-US*, aufgerufen am 04.07.2022

[10] Offizielle SAP-Dokumentation zu der APL: *https://help.sap.com/viewer/p/apl*, aufgerufen am 04.07.2022. Unter dem Link »SAP HANA Automated Predictive Library Developer Guide« finden Sie die detaillierte Dokumentation der APL-Prozeduren

[11] Wikipedia-Artikel »Gradient boosting«, im Abschnitt »Gradient tree boosting« wird die Anwendung mit Entscheidungsbäumen beschrieben. Die Bedeutung der »Learning Rate« wird im Abschnitt »Shrinkage« beschrieben: *https://en.wikipedia.org/wiki/Gradient_boosting*, aufgerufen am 04.07.2022

[12] Geron, A.: Hands-On Machine Learning with Scikit-Learn, Keras & TensorFlow, 2. Auflage, Sebastopol, Kanada (O'Reily Verlag), 2019

[13] Hastie, T.; Tibshirani R.; Friedman, J.: The Elements of Statistical Learning, 2. Auflage, New York, NY (Springer), *https://doi.org/10.1007/978-0-387-84858-7*

[14] Vapnik, V. N.: The Nature of Statistical Learning Theory, 2. Auflage, New York, NY (Springer), *https://doi.org/10.1007/978-1-4757-3264-1*

[15] 8 Tactics to Combat Imbalanced Classes in Your Machine Learning Dataset: *https://machinelearningmastery.com/tactics-to-combat-imbalanced-classes-in-your-machine-learning-dataset/*, aufgerufen am 24.02.2021

[16] Wikipedia-Artikel »DBSCAN«: *https://de.wikipedia.org/wiki/DBSCAN*, aufgerufen am 06.04.2022

[17] Wikipedia-Artikel »Clusteranalyse«, Abschnitt »Dichtebasierte Verfahren«: *https://de.wikipedia.org/wiki/Clusteranalyse#Dichtebasierte_Verfahren*, aufgerufen am 06.04.2022

[18] SAP HANA Real Time Sentiment Analysis and Text Mining app: *https://blogs.sap.com/2015/07/03/sap-hana-real-time-sentiment-analysis-and-text-mining-app/*, aufgerufen am 04.07.2022

[19] Green, D.; Cunningham, P.: Practical Solutions to the Problem of Diagonal Dominance in Kernel Document Clustering, Proc. ICML 2006, siehe auch *http://mlg.ucd.ie/datasets/bbc.html*, abgerufen am 16.05.2021

[20] SAP Community Blog »SAP HANA Text Mining«: *https://blogs.sap.com/2018/02/16/sap-hana-text-mining/*, aufgerufen am 04.07.2022

[21] SAP HANA Text Mining Developer Guide: *https://help.sap.com/viewer/c9a927c6404a46de8c6789dab28ed66d/LATEST/en-US/6f476894de93488589ccea8234c06955.html*, aufgerufen am 04.07.2022

[22] Blei, D.; Ng, A.; Jordan, M.: Latent Dirichlet Allocation, Journal of Machine Learning Research, Vol. 3 (2003), Volltext hier: *https://jmlr.csail.mit.edu/papers/v3/blei03a.html*

[23] Blei, D.: Probabilistic Topic Models, Comm. of the ACM, Vol. 55 (2012), Volltext hier: *https://cacm.acm.org/magazines/2012/4/147361-probabilistic-topic-models/fulltext*

[24] Pritchard, J.; Stephens, M.; Donelly, P.: Inference of Population Structure using Multilocus Genotype Data, Genetics, Vol. 155 (2000), Volltext hier: *https://www.genetics.org/content/155/2/945*

[25] Wikipedia-Artikel zu Latent Dirichlet Allocation: *https://de.wikipedia.org/wiki/Latent_Dirichlet_Allocation* und *https://en.wikipedia.org/wiki/Latent_Dirichlet_allocation*, aufgerufen am 29.07.2021

[26] Wikipedia-Artikel »k-nearest neighbors algorithm«: *https://en.wikipedia.org/wiki/K-nearest_neighbors_algorithm*, aufgerufen am 26.11.2021

[27] Banda, V. R.: Leveraging Machine Learning with the ISLM Framework: *https://blogs.sap.com/2020/11/23/leveraging-machine-learning-with-the-islm-framework/*, aufgerufen am 05.05.2022

[28] Brandeis, J.: How-To: SAP HANA Express Installation in der eigenen Cloud: *https://www.brandeis.de/blog/sap-hana-express-installation-in-der-eigenen-cloud/*, aufgerufen am 04.07.2022

Empfehlungen zum Literaturverzeichnis

Für Ihre weitere Recherche im Bereich Machine Learning sind insbesondere folgende Bücher aus dem Literaturverzeichnis hilfreich:

Das Buch [1] beschreibt aus einer fachlichen und konzeptuellen Sicht die Anwendung von Machine Learning im Bereich Data Science und veranschaulicht die verschiedenen Fragestellungen mit konkreten Use-Cases. Die zentralen Konzepte, Verfahren und Vorgehensweisen von Machine Learning werden detailliert und anschaulich beschrieben.

Das Buch [12] handelt – wie der Name schon vermuten lässt – von Machine Learning mit Python-Techniken. Die Funktionsweise und Implementierung der verschiedenen Python-Bibliotheken wird mit Beispielskripten beschrieben, die man schnell selbst ausprobieren kann. Die Bibliothek Scikit-Learn bietet gängige und verbreitete Algorithmen, wie z. B. Regressionsverfahren oder Entscheidungsbäume, die sich auch in der PAL wiederfinden. Somit können die Erläuterungen dieser Algorithmen analog auf die entsprechenden HANA-Funktionen übertragen werden.

Lesern, die den mathematischen Hintergrund zu Machine Learning durchdringen wollen, seien die Bücher [13] oder [14] empfohlen.

Auch Wikipedia – sowohl deutsch- als auch englischsprachig – bietet interessante Artikel zu Machine-Learning-Themen.

D Index

K

L

M

N

O

P

E Disclaimer

Die in diesem Werk wiedergegebenen Gebrauchsnamen, Handelsnamen, Warenbezeichnungen usw. können auch ohne besondere Kennzeichnung Marken sein und als solche den gesetzlichen Bestimmungen unterliegen. Sämtliche in diesem Werk abgedruckten Bildschirmabzüge unterliegen dem Urheberrecht der SAP SE, Dietmar-Hopp-Allee 16, 69190 Walldorf.

In dieser Publikation wird auf Produkte der SAP SE Bezug genommen. SAP, R/3, SAP NetWeaver, Duet, PartnerEdge, ByDesign, SAP BusinessObjects Explorer, StreamWork und weitere im Text erwähnte SAP-Produkte und -Dienstleistungen sowie die entsprechenden Logos sind Marken oder eingetragene Marken der SAP SE in Deutschland und anderen Ländern. Business Objects und das Business-Objects-Logo, BusinessObjects, Crystal Reports, Crystal Decisions, Web Intelligence, Xcelsius und andere im Text erwähnte Business-Objects-Produkte und -Dienstleistungen sowie die entsprechenden Logos sind Marken oder eingetragene Marken der Business Objects Software Ltd. Business Objects ist ein Unternehmen der SAP SE. Sybase und Adaptive Server, iAnywhere, Sybase 365, SQL Anywhere und weitere im Text erwähnte Sybase-Produkte und -Dienstleistungen sowie die entsprechenden Logos sind Marken oder eingetragene Marken der Sybase Inc. Sybase ist ein Unternehmen der SAP SE. Alle anderen Namen von Produkten und Dienstleistungen sind Marken der jeweiligen Firmen. Die Angaben im Text sind unverbindlich und dienen lediglich zu Informationszwecken. Produkte können länderspezifische Unterschiede aufweisen.

Der SAP-Konzern übernimmt keinerlei Haftung oder Garantie für Fehler oder Unvollständigkeiten in dieser Publikation. Der SAP-Konzern steht lediglich für SAP-Produkte und -Dienstleistungen nach der Maßgabe ein, die in der Vereinbarung über die jeweiligen Produkte und Dienstleistungen ausdrücklich geregelt ist. Aus den in dieser Publikation enthaltenen Informationen ergibt sich keine weiterführende Haftung.

Weitere Bücher von Espresso Tutorials

Johannes Gerbershagen:

SAP®-Praxishandbuch ABAP Core Data Services (CDS)

- Core Data Services in der Eclipse-IDE
- Verwendung in UI5-Applikationen
- Das virtuelle Datenmodell als Alternative zum BW
- Viele Übungsprogramme/Screenshots für Anfänger und Fortgeschrittene

http://5426.espresso-tutorials.de

Tobias Steckenborn:

Schnelleinstieg in SAP® Cloud Platform Workflow

- Optimierung des Geschäftsprozessmanagements mit SAP
- Modellierung von Geschäftsprozessen mit BPMN
- Gestaltung von Workflows auf SAP Cloud Platform
- Erstellung von Oberflächen zur Bearbeitung von Aktivitäten eines Workflows

http://5427.espresso-tutorials.de

Eik Sunke:

Cloud-Entwicklung in SAP HANA®

- Einstieg in die cloudbasierte Softwareentwicklung
- SAP-HANA-XSA-Plattform für eigene Softwareprojekte verwenden
- Entwickeln mit HANA CDS, Java, Node.js, Python und SAPUI5
- Inklusive vollständiger MTA-Beispielanwendung

http://5516.espresso-tutorials.de

Viktor Laufer, Rüdiger Deppe:

ABAP-Programmierung unter SAP S/4HANA®

- Entwicklungsumgebung: HANA-Objekte mit Eclipse entwickeln
- Datenbankprogrammierung: Sichten auf der SAP-HANA-Datenbank anlegen
- Vergleich: SQLScript versus die alten ABAP-Befehle
- HANA-spezifische Techniken: Textsuche und Entscheidungstabellen

http://5533.espresso-tutorials.de

Tobias Steckenborn:

Schnelleinstieg SAP Business Technology Platform (BTP) – Services und Integration

- Anwendungsentwicklung in der Cloud
- Verwendung des SAP Cloud Application Programming Model
- Unterstützende Services der Cloud-Foundry-Umgebung
- Überblick über Integrationsmöglichkeiten

http://5642.espresso-tutorials.de

Johannes Gerbershagen:

Praxishandbuch SAP® Gateway

- Basis des Programmiermodells ABAP RESTful
- SAP-seitige Implementierung des OData-Protokolls
- Schnittstelle für UI5-Apps
- Praxisnahe Tipps für Entwicklung, Test und Debugging

http://5648.espresso-tutorials.de